中等职业教育课程创新精品系列教材

电工技术基础与技能

主　编　秦小滨　彭　超　刘利峰
副主编　李国清　李贤强　徐明灿
参　编　张成和　吴建辉　马　杰　彭科林

北京理工大学出版社
BEIJING INSTITUTE OF TECHNOLOGY PRESS

内容简介

本书是根据教育部中等职业教育的培养目标，以就业为导向，以培养技能型人才为出发点编写的。本书共分为5个模块，主要包括电气行业的发展趋势、MF-47型指针式万用表、会闪光的音乐小熊猫、一室一厅照明电路、三相正弦交流电源及安全用电。学生通过实训任务加深对电工基础知识的理解，掌握电工的基本操作技能。本书突出知识的应用，体现“够用、实用”的原则，知识和技能的安排从简单到复杂，从单一到综合，符合中职学生的认知规律。

本书可作为中等职业学校电子技术应用、机电一体化、电气运行与控制等电气电力专业的教学用书，也可作为相关专业工程技术人员的岗位培训教材。

图书在版编目(CIP)数据

电工技术基础与技能 / 秦小滨，彭超，刘利峰主编. -- 北京：北京理工大学出版社，2022.4
ISBN 978-7-5763-1163-1

Ⅰ. ①电… Ⅱ. ①秦… ②彭… ③刘… Ⅲ. ①电工技术-中等职业教育-教材 Ⅳ. ①TM

中国版本图书馆CIP数据核字(2022)第045564号

出版发行 / 北京理工大学出版社有限责任公司
社　　址 / 北京市海淀区中关村南大街5号
邮　　编 / 100081
电　　话 / (010)68914775(总编室)
(010)82562903(教材售后服务热线)
(010)68944723(其他图书服务热线)
网　　址 / http://www.bitpress.com.cn
经　　销 / 全国各地新华书店
印　　刷 / 定州市新华印刷有限公司
开　　本 / 889毫米×1194毫米　1/16
印　　张 / 15
字　　数 / 302千字
版　　次 / 2022年4月第1版　2022年4月第1次印刷
定　　价 / 42.00元

责任编辑 / 陆世立
文案编辑 / 陆世立
责任校对 / 周瑞红
责任印制 / 边心超

前言

本书是根据教育部中等职业教育的培养目标，以就业为导向，以培养技能型人才为出发点编写的。在编写的过程中，遵循有关中等职业教育改革的指导思想，严格按照教学大纲的要求，注重体现本课程的基础平台性质。在内容的安排和深度的把握上，以“够用、实用”为原则，传授必备的理论知识，注重培养学生运用所学知识分析和解决实际问题的能力。

1. 构思特色与创新

本书遵循“咨询、计划、决策、实施、控制、检查、评估”七步法，引导学生运用知识、技能去分析问题、解决问题，激发学生的学习兴趣与求知欲，注重知识和技术的综合性及对学生的职业岗位实践技能的培养。

2. 内容特色与创新

将“7S 现场管理”作为每个模块的学习任务，从任务前的 7S 自检到任务后的 7S 检查评估、整改，进行反复强化训练，逐渐养成良好的职业习惯，提升学生职场竞争力。

3. 方法特色与创新

在组织结构中，将引导教学法、案例教学法等多种教学方法与具体的知识点相结合，使学生在个人或各类学习活动中，有节奏地、自主地去探究相关知识，完成学习任务。

4. 突出实践教学

电工技术基础与技能课是一门实践性、综合性很强的专业课，需要课堂理论教学与现场参观实习相结合进行教学；同时，要更多地安排学生实践动手操作，才能够使学生很好地掌握每一项技能。另外，教师要亲自指导学生完成课程实习，内容与课堂教学相呼应，不仅增加了学生的感性知识，还提高了学生的操作能力，并在实习中培养学生的专业兴趣，了解当前企业文化、生产一线各个岗位的实际情况，使学生学习更具有针对性。

5. 教材选择

本课程充分考虑原有教材内容烦琐、理论性太强的问题，在借鉴优秀教材和网络资源的基础上取其精华，编制符合中职学生实际情况和电气行业主要岗位能力要求的教材；同时主讲教师及时把新的内容补充到教学内容中。在教学活动中，经常邀请电气技术类专家到学校进行专业知识讲座，并对授课过程进行指导。

由于编者水平有限，书中不足之处在所难免，恳请广大读者批评指正。

目录

模块一

电气行业的发展趋势

电气设备是我们生产、生活之中不可缺少的一部分。作为电气专业的学生，有必要了解电气行业发展状况、电气行业用工需求、电气行业员工职业能力，只有这样才能知道社会需要什么、企业需要什么、自己需要什么，才能胜任岗位工作，成为行业中的佼佼者，更好地服务社会。

任务一 电气产业（行业）发展背景的认识

一、学习目标

【知识目标】

★电气行业的发展现状；

★电气行业发展的政策；

★电气行业发展的前景。

【能力目标】

对照内容，确定学习方向。

【素质目标】

★正确认知电气行业的发展现状及前景；

★具备一定的分析问题、解决问题的能力。

二、工作任务

1. 通过阅读，分析电气产业发展现状及趋势；
2. 和老师沟通，解决当下认知中存在的问题。

三、实施过程

❖想一想

1. 你知道哪些与电气产业有关的企业，几个同学一起，至少说一个，并简要介绍企业的情况。

2. 重庆市电气行业发展情况如何？举出几个在重庆落户的电气行业的相关企业。

3. 你所在的区县有哪些电气行业的企业？你了解他们吗？

【知识链接】

电气行业发展的背景

随着我国经济的飞速发展，各行各业的企业数目逐渐增多，规模不断扩大。人们的生产生活、工作、学习等领域，都离不开电气行业的供给。因此，在经济发展的同时，社会对电力电气的需求量也不断上升。电气行业为其他行业提供发展的基础，为国家经济的发展做出了巨大的贡献。基于电气行业与我国经济发展的密切关系，本行业在未来具有发展前景。

然而，由于我国电气设备行业存在基础薄弱、缺乏自主知识产权、电气设备落后、企业对低压电器和高压电器产品开发不重视、原材料使用不合理、企业执行电子产品国际标准落后等诸多问题，制约着我国电气行业的发展。为了顺利地推进经济的发展，国家出台了一系列相应的政策，促进电气行业的发展。

2014 年 12 月，“中国制造 2025”这一概念被首次提出，并于 2015 年 3 月 25 日在国务院常务会审议通过了《中国制造 2025》表明国家对制造业的发展有了正确的认知。作为国民经济的主体，制造业是立国之本、兴国之器、强国之基，只要有制造业的发展，必然会促进电气行业的发展，如图 1-1-1 所示。

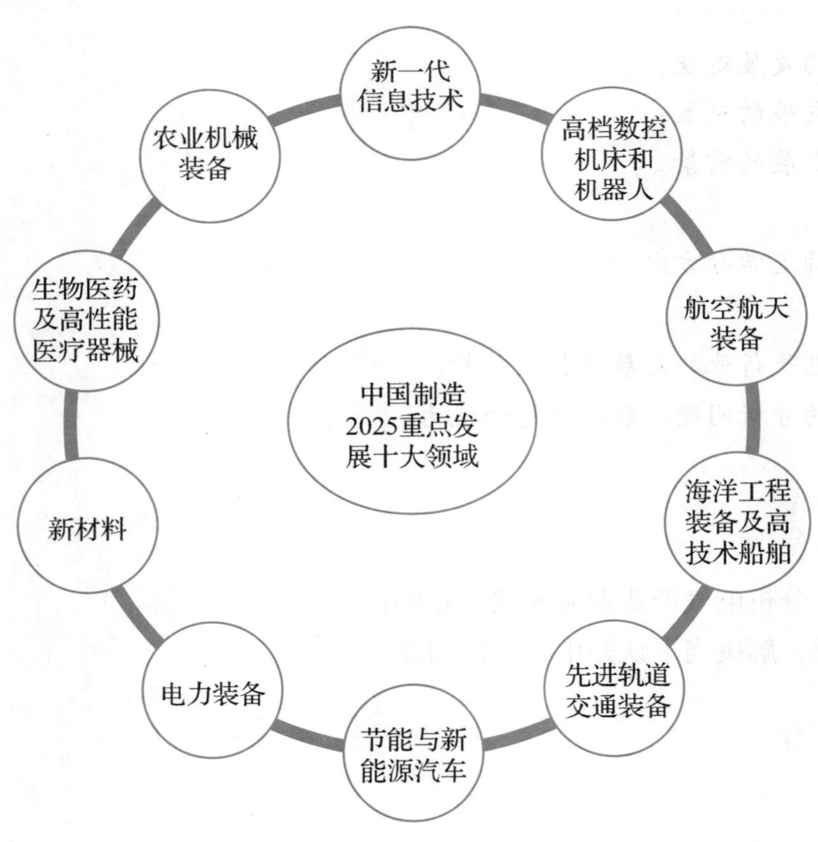

图 1-1-1　中国制造 2025 重点发展十大领域

2015 年 3 月 28 日，国家发展改革委、外交部、商务部联合发布了《推动共建丝绸之路经济带和 21 世纪海上丝绸之路的愿景与行动》。“一带一路”经济区开放后，承包工程项目突破 3000 个。同年，我国企业共对“一带一路”相关的 49 个国家进行了直接投资，投资额同比增长 18.2%。我国承接“一带一路”相关国家服务外包合同金额 178.3 亿美元，执行金额 121.5 亿美元，同比分别增长 42.6%和 23.45%。这一主导性的经济策略，促进了电气行业的快速发展。

作为世界制造业发展的重要推动力量，我国一直推行的两化深度融合与德国践行的“工业 4.0”有异曲同工之妙。随着人工智能技术、互联网技术的发展，制造业智能化、互联网化趋势将进一步向产品及解决方案延伸。业内专家分析认为，在互联网技术的发展和应用的助推下，电气产业（行业）正在对传统制造业的发展方式带来颠覆性、革命性的影响。

然而，我国电气工业与国际先进水平相比还存在一定的差距，主要表现在：一是产品质量不稳定，部分产品可靠性、一致性、稳定性较差。例如，风电装机规模全球第一，但可利用小时年均不到 2000 小时，发电量低于跨国集团同类产品质量。此外，我国电气企业或产品世界品牌极少，而全球 50 多家电气跨国企业中有 80 多个世界品牌在中国制造。此种现象表明，国内电气企业的加工能力很强，但创新能力不够，电气工业大而不强。二是自主创新力较弱，在中小企业表现尤为突出。以电机为例，高效节能型电机比例目前仅占 3%，而西门子、ABB、AB 公司研发的高效和超高效电机已经形成产业化和市场化，效率达 95%，并符合欧洲标准 1 级能效标准。作为国家经济发展的主要助推力，电气行业的发展迫在眉睫。

❖ 议一议

我国电气行业的发展存在哪些问题？

你如何看待电气行业的发展趋势？

❖ 理一理

请同学们对本任务所学内容，根据自己所学情况进行整理，在表 1-1-1 中做好记录。

表 1-1-1　知识点检查记录表

检查项目	理解概念		回忆		复述		存在的问题
	能	不能	能	不能	能	不能	
电气专业							
电气专业发展的政策							
电气专业的发展现状							
电气专业的发展趋势							

❖ 评一评

请同学们对学习过程进行评估，并在表 1-1-2 中记录。

表 1-1-2 评估表

<table>
<tr><td colspan="3">姓名</td><td colspan="4">学习 1</td><td colspan="2">日期</td></tr>
<tr><td colspan="3">班级</td><td colspan="4">工作任务 1</td><td colspan="2">小组</td></tr>
<tr><td colspan="3"></td><td colspan="4"></td><td colspan="2"></td></tr>
<tr><td colspan="2">1-优秀</td><td>2-良好</td><td colspan="2">3-合格</td><td colspan="2">4-基本合格</td><td colspan="2">5-不合格</td></tr>
<tr><td colspan="3">确定的目标</td><td>1</td><td>2</td><td>3</td><td>4</td><td>5</td><td>观察到的行为</td></tr>
<tr><td rowspan="8">工作过程评估</td><td rowspan="2">专业能力</td><td>专业需求认识</td><td></td><td></td><td></td><td></td><td></td><td></td></tr>
<tr><td>专业素养认识</td><td></td><td></td><td></td><td></td><td></td><td></td></tr>
<tr><td rowspan="2">方法能力</td><td>收集信息</td><td></td><td></td><td></td><td></td><td></td><td></td></tr>
<tr><td>文献资料整理</td><td></td><td></td><td></td><td></td><td></td><td></td></tr>
<tr><td rowspan="2">社会能力</td><td>相互协作</td><td></td><td></td><td></td><td></td><td></td><td></td></tr>
<tr><td>同学及老师支持</td><td></td><td></td><td></td><td></td><td></td><td></td></tr>
<tr><td rowspan="2">个人能力</td><td>执行力</td><td></td><td></td><td></td><td></td><td></td><td></td></tr>
<tr><td>专注力</td><td></td><td></td><td></td><td></td><td></td><td></td></tr>
</table>

四、知识拓展

电气行业发展现状及发展趋势分析

如今电气行业的智能化已经成为发展趋势，智能电机的开发和推广大大推动了电气行业的发展。智能电机的使用都已经达到了国际先进水平，并且这样的产业可以带动全国相关产业的不断发展，将自动化产业带上了一个新的高度，形成了新的发展趋势。

智能电机的服务领域是非常广泛的，其在机电行业中也是重要的设备之一。例如，在数控机床中，智能电机具有重要的作用，其应用将越来越广泛。

在使用智能电机的同时，一定要懂得产品的工作原理，这样才能更好地运用到实际的生产中。智能电机在设备内运行，需要有全方位的控制，并且可以反映实时参数，方便优化电气设备的配置，从而将电机的使用效率调整到最佳。

使用智能电机的优势在于可以进一步提高生产的速度和效率，并且大大节约了机器的消耗。利用智能电机，可以从通信的方式上进行全面的控制，这样可以指定模拟的动向，通过

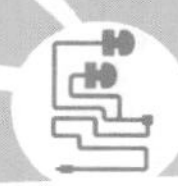

智能系统将信息和数值进行传递，并且在一定程度上节省了用户的设计空间，从性能上进行了彻底的优化，从根本上提高了设备的生产效率。

配电变压器行业发展趋势研究预测

随着我国“节能降耗”政策的不断深入，国家鼓励发展节能型、低噪声、智能化的配电变压器产品。目前，在网运行的部分高能耗配电变压器已不符合行业发展趋势，面临着技术升级、更新换代的需求，将逐步被节能、节材、环保、低噪声的变压器所取代。

但要实现电源与电网的平衡，我国仍须提高电网的输配电能力，使之与电源规模相匹配。可见未来几年，电网建设和城乡配电网改造仍是我国电力工业的首要任务，配电变压器的市场需求量有望保持较强劲的增长。

1. 节能型油浸式变压器

油浸式配电变压器按损耗性能分为 S9、S11、S13 系列，相比之下 S11 系列变压器的空载损耗比 S9 系列低 20%，S13 系列变压器的空载损耗比 S11 系列低 25%。目前，国家电网公司已经广泛使用 S11 系列配电变压器，并正在城网改造中逐步推广 S13 系列，未来一段时间 S11、S13 系列油浸式配电变压器将完全取代现有在网运行的 S9 系列。

尽管我国配电变压器行业竞争激烈，但对具有新技术、新材料、新工艺的生产企业来说机遇大于挑战。在国家产业政策和“节能降耗”政策的推动下，行业内规模较小、技术研发能力较弱的企业将面临淘汰，具备节能型、低噪声、智能化配电变压器产品研发和生产能力的企业将进一步扩大市场份额，未来市场前景广阔。

2. 非晶合金变压器

非晶合金变压器兼具节能性和经济性，其显著特点是空载损耗很低，仅为 S9 系列油浸式变压器的 20%左右，符合国家产业政策和电网节能降耗的要求，是目前节能效果较理想的配电变压器，特别适用于农村电网等负载率较低的地方。

尽管国家发改委早于 2005 年开始鼓励和推广非晶合金变压器，但受制于原材料产能不足的制约，我国非晶合金变压器一直未进行大规模生产。

目前，在网运行使用的非晶合金变压器占配电变压器的比例为 7%～8%，全国范围内仅上海、江苏、浙江等地区大批量采用非晶合金变压器。随着安泰科技非晶合金带材生产线的达产，原材料制约问题得以解决，未来 5～10 年非晶合金变压器将在全国范围内得到推广使用，市场潜力巨大。

五、能力延伸

1. 收集资料，了解促进电气行业发展的政策有哪些。
2. 电气行业的发展趋势是怎样的？

任务二 新技术的认识

一、学习目标

【知识目标】

★电气专业的主要技术领域；

★电气专业技术领域的发展趋势；

★电气行业的新技术。

【能力目标】

★了解现代电气行业的技术发展趋势；

★确定目标，掌握企业需求的新技术。

【素质目标】

★掌握企业需求的技术能力；

★具备一定分析问题、解决问题的能力。

二、工作任务

1. 通过阅读、分析资料，让学生了解优秀员工的特点，塑造职业意识。
2. 讨论产业结构振兴规划，对本专业有一个全新的认识。
3. 和老师沟通，解决当下认知中存在的问题。

三、实施过程

❖试一试

简述电气行业新、旧技术的优缺点。

介绍一下你知道的电气行业新技术的应用方向。

❖想一想

1. 电气行业的新技术会给人们的生产和生活带来怎样的变化？
2. 现代生活最需要的新技术有哪些？
3. 作为一名电气专业的技术人员，你最希望看到什么样的新技术？

【知识链接】

在中国经济发展突飞猛进的今天，传统的电子技术遭遇现代智能化的冲击，一系列促进

电气行业发展的政策应运而生，加上现代企业发展的需求，电气行业在技术上有了日新月异的变化。

如今，电气行业的新发明、新技术仍然不断涌现，凝结了无数人的智慧和汗水，让我们一起去感受电气行业新技术的魅力吧。

1. 无线电力传输

无线电力传输技术是指利用无线电波的方式将电厂的电能直接传送到用电场所，再利用特殊的接收装置将收集的无线电波转化为电能，即使是在车中，也可以源源不断地获得周围电能，从此世界将开启无电缆时代，如图 1-2-1 所示。

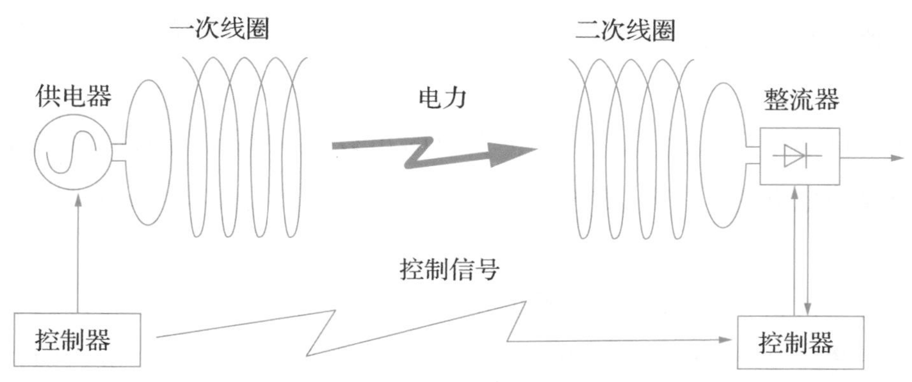

图 1-2-1　无线电力传输

2. 水做的变压器

水能做变压器吗？答案是可以的，纯净的水是良好的绝缘体，可以替代现有的油浸、环氧树脂等方式成为变压器的主绝缘体，使电力变压器更加安全、环保。

3. 大数据应用

科学家利用现代互联网的大数据，精确预测天气的趋势，利用精确的风力能向、太阳光能数据，再辅以涡轮机每隔几秒对风速和能量输出进行记录，以人工智能软件对这些数据进行处理，结果使风能预测达到前所未有的精度，大数据应用如图 1-2-2 所示。

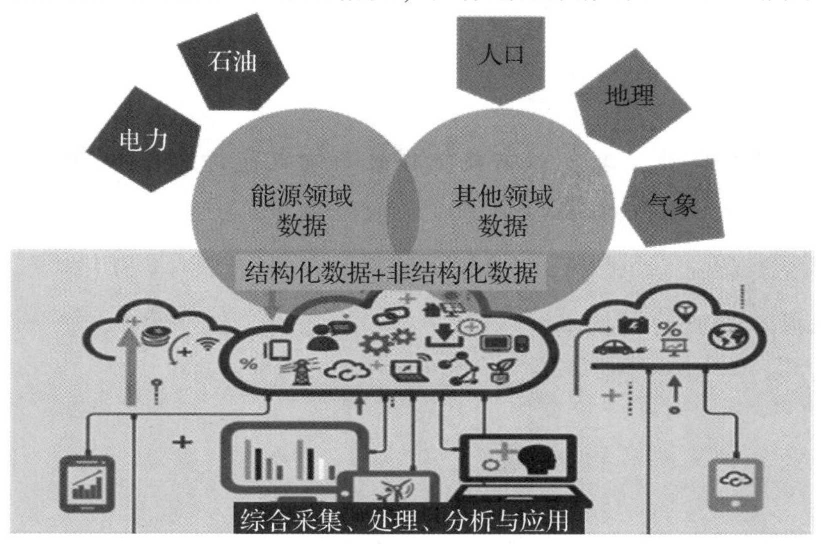

图 1-2-2　大数据应用

4. 液体转化燃料电池

美国华盛顿大学曾经展示过一种新型燃料电池，利用钼系金属的化学反应，能将任何类型的液体燃料转化为电力。

5. 储存电能的金属线

美国佛罗里达大学的科学家在铜线上包裹了一层由合金纳米丝构成的外套，两根这样的线包裹在一起，中间以一层塑料薄片隔开就形成了一个超级电容器。

6. 交流无功融冰

在寒冷的天气里，结冰往往造成电网输电线路的瘫痪。高压线上的结冰，可以使铁塔崩塌，线缆拉张断裂。利用交流无功融冰技术则可以很好地解决这些问题。

7. 病毒发电

美国能源部的科学家们已经开发出了，发电时可以利用某种病毒将机械能转化为电能的技术。他们已经成功地创造了一种发电机，借此产生足够的电流来操作小型液晶显示器。

8. 道路充电

汽车一边运行一边自行充电？这个看似不可实现的充电技术已经面世。实验人员将公共道路相同的混凝土砖块置于展台两边的白色基座中，基座内藏有发电机。两边砖块上各放置一个全尺寸轮胎，两者以电线连接，中间连着一个灯泡，灯泡发亮表明轮胎带电。

9. “白菜价”太阳能电池板

如果太阳电池板的价格与白菜价格相当，并应用于太阳能发电，这会给昂贵的多晶硅太阳能电池发电产业带来革命性影响。该新型透明太阳能电池主要通过吸收红外光、非可见光来产生电力。之后，其中纳入了近红外光敏感聚合物并使用银纳米线复合薄膜作为顶端透明电极。

❖议一议

电气行业的新技术发展有必要吗？

作为一名电气专业的学生，我们只需要把握最新的电气行业技术吗？

你打算如何把握本专业的新技术？

❖做一做

以小组为单位，相互讨论，你们了解哪些电气行业的新技术？

❖ 理一理

请同学们对本任务所学内容，根据自己所学情况进行整理，在表 1-2-1 中做好记录。

表 1-2-1　知识点检查记录表

检查项目	理解概念		回忆		复述		存在的问题
	能	不能	能	不能	能	不能	
电气行业新技术							
电气行业发展新技术的必要性							
电气行业新技术的发展方向							

❖ 评一评

请同学们对学习过程进行评估，并在表 1-2-2 中记录。

表 1-2-2　评估表

<table>
<tr><td colspan="3">姓名</td><td colspan="5">学习 1</td><td colspan="2">日期</td></tr>
<tr><td colspan="3">班级</td><td colspan="5">工作任务 1</td><td colspan="2">小组</td></tr>
<tr><td colspan="3"></td><td colspan="5"></td><td colspan="2"></td></tr>
<tr><td colspan="2">1-优秀</td><td colspan="2">2-良好</td><td colspan="2">3-合格</td><td colspan="2">4-基本合格</td><td colspan="2">5-不合格</td></tr>
<tr><td colspan="4">确定的目标</td><td>1</td><td>2</td><td>3</td><td>4</td><td>5</td><td>观察到的行为</td></tr>
<tr><td rowspan="8">工作过程评估</td><td rowspan="2">专业能力</td><td colspan="2">电气行业新领域</td><td></td><td></td><td></td><td></td><td></td><td></td></tr>
<tr><td colspan="2">电气行业新技术</td><td></td><td></td><td></td><td></td><td></td><td></td></tr>
<tr><td rowspan="2">方法能力</td><td colspan="2">收集信息</td><td></td><td></td><td></td><td></td><td></td><td></td></tr>
<tr><td colspan="2">文献资料整理</td><td></td><td></td><td></td><td></td><td></td><td></td></tr>
<tr><td rowspan="2">社会能力</td><td colspan="2">相互协作</td><td></td><td></td><td></td><td></td><td></td><td></td></tr>
<tr><td colspan="2">同学及老师支持</td><td></td><td></td><td></td><td></td><td></td><td></td></tr>
<tr><td rowspan="2">个人能力</td><td colspan="2">执行力</td><td></td><td></td><td></td><td></td><td></td><td></td></tr>
<tr><td colspan="2">专注力</td><td></td><td></td><td></td><td></td><td></td><td></td></tr>
</table>

四、知识拓展

我国芯片设计水平基本与国外同步，但很多关键芯片依赖进口，工艺技术严重滞后。总体来看，中国集成电路产业无论是在设计、制造环节还是封装环节等，均与国际先进水平存在着较大差距。

中国芯片制造业现有产能与市场需求存在巨大差距，工艺技术严重滞后。在先进工艺方面，具备先进制造技术的仅有中芯国际 1 家，技术水平与国际先进水平相差 1.5 代。十大制造企业中的天津中环、吉林华微以器件制造为主，西安微电子以航天器件和集成电路为主要业务。

即使是封装行业，中国企业与国际先进水平依然存在差距。具备先进封装技术（三维封装）的仅江苏新潮科技 1 家。中国至今尚无法制造超过 1200 个以上 Bumping 引擎的高密度集成电路封装，技术水平与国际上相差 5 年以上。

任务三　新材料、新能源的认识

一、学习目标

【知识目标】

★电气产业的新材料；

★电气产业的新能源；

★电气产业新材料和新能源的完美结合。

【能力目标】

对照学习内容，了解合理利用材料和能源的方法。

【素质目标】

★正确认知电气产业发展新材料、新能源的必要性；

★具备一定分析问题、解决问题的能力。

二、工作任务

1. 通过阅读资料，掌握电气行业新材料的性能；
2. 通过阅读资料，掌握电气行业新能源的发展方向；
3. 和老师沟通，解决当下认知中存在的问题。

三、实施过程

❖想一想

1. 电气产业的新材料有哪些？几个同学一起，至少说两种，并简要介绍新材料在电气行业里的应用。

2. 电气行业应用的新能源有哪些？举出几个并说明其在电气行业的应用。

3. 你认为电气行业的新材料、新能源的应用有必要吗？请说明理由。

【知识链接】

电气行业的新宠儿——纳米材料

目前，新技术不断涌现，电气行业的发展需要不断地更新方向，必须摆脱曾经单一、大规模、劳动密集型的电子产品生产状况，推行集电子、智能、机械于一体的新产品，也必须培养把握高新技术的高科技型人才。产品需求的变化首先表现在电气行业材料的更新。近年来，材料的变化十分明显，主要体现在纳米技术应用下的纳米材料在电气行业的应用。

在纳米材料的研究与发展过程中，碳基材料一直扮演着重要的角色。碳基材料是材料界中一类非常具有魅力的物质，金刚石、石墨、无定形碳等都已经被广泛应用。近年来，随着纳米技术的兴起，零维纳米结构的富勒烯和一维纳米结构的碳纳米管，也都展现出了巨大的应用价值和广阔的应用前景。

1. 纳米半导体材料

纳米科学技术是20世纪80年代末期诞生的新技术，它被公认为21世纪的三大科学技术之一。经过多年的发展，现今纳米半导体器件技术不断进步，其组件的特征尺寸在不断减小，小到纳米尺寸将引起质变，如图1-3-1所示。晶体管的基础是P-N结，当固体器件的尺寸达到纳米级时，一个简单的P-N结两侧N型和P型区域中都出现了反型层，即耗尽区。通常这个区的尺寸接近微米量级。因为要保持晶态结构，掺杂浓度受到限制，势垒宽度不能无限地小下去，整个P-N结的尺寸将不小于微米级。如果晶体管的尺寸小到仅剩反型区，则将失去P-N结的特性，也就失去了微电子器件的基础，这就意味着达到了微电子器件的极限。集成度不断提高的发展趋势，将电子器件逼进了纳米电子器件的领域。

纳米半导体器件的出现，给科技发展带来了新的机遇。其中纳米半导体的制备技术经历了以下三个阶段。

第一阶段：单一材料和单相材料，即纳米晶或纳米相。

第二阶段：纳米复合材料。通常采用纳米微粒与纳米微粒的复合、纳米微粒同常规块体之间的复合及复合纳米薄膜。

第三阶段：纳米组装体系、纳米尺度的图案材料。其基本内涵是纳米颗粒及纳米丝、管为基本单元在一维、二维及三维空间之中组装排列成具有纳米结构的体系。其中包括纳米阵

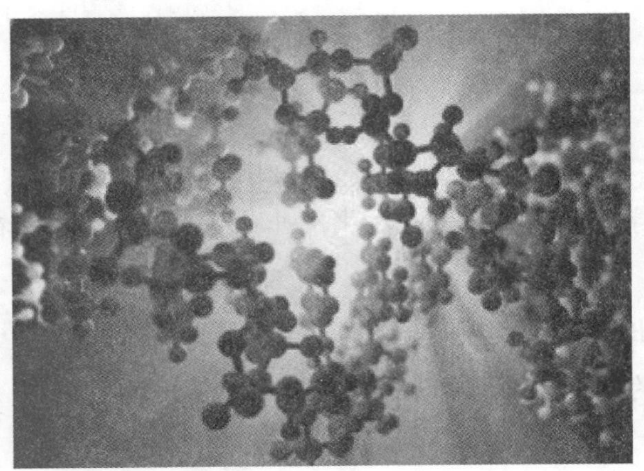

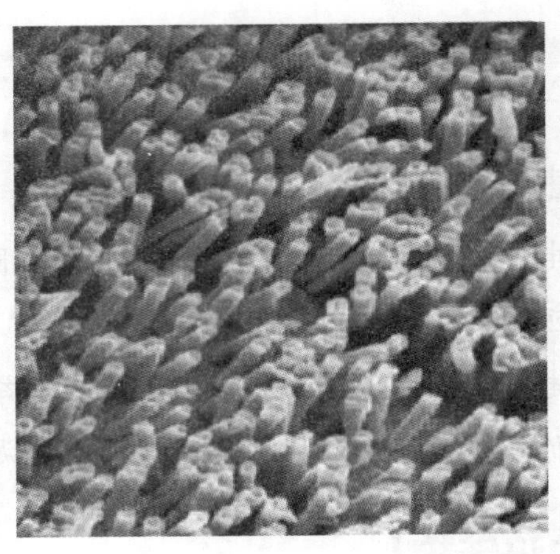

图 1-3-1　纳米半导体材料

列体系、介空组装体系、薄膜镶嵌体系。

当前半导体纳米技术的研究和应用主要在材料和制备、微电子和计算机技术、医学与健康、航天和航空、环境和能源、生物技术等方面。用纳米半导体材料制作的器材质量更小、硬度更强、寿命更长、维修成本更低、设计更方便。利用纳米技术还可以制作出特定性质的材料或自然界不存在的材料，以满足特定的需要。

因而，基于纳米半导体材料的固态量子器件的研究受到了广泛重视，而且在光电子器件、量子干涉器件、通信技术、集成电路技术等方面取得了较大的进展。

2. 纳米电池

纳米即 10^{-9} 米，纳米电池即用纳米材料制作的电池，如图 1-3-2 所示。纳米材料具有特殊的微观结构和物理化学性能，如量子尺寸效应、表面效应和隧道量子效应等。

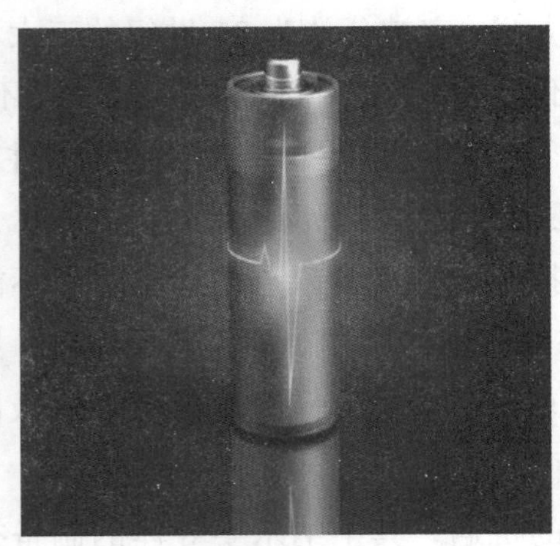

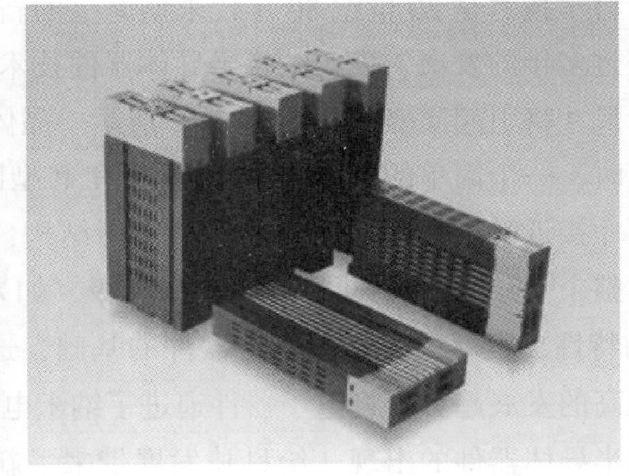

图 1-3-2　纳米电池

目前，国内技术成熟的纳米电池是纳米活性碳纤维电池。其主要用于电动汽车、电动摩托、电动助力车。这种电池可充放电循环 1000 次，连续使用时间可达 10 年，一次充电只需 20 分钟左右。

纳米电池由正负电极、电解质、聚合物隔离膜组成，纳米电池的负极材料是纳米化的天然石墨，正极是纳米化材料，采用由 PP 和 PE 复合的多层微孔膜作为隔离膜，并在电解质中

加入导电的纳米碳纤维。电池的正极由铝箔与电池正极连接，中间是聚合物的隔膜，它把正极与负极隔开，由纳米石墨组成的电池负极，由铜箔与电池的负极连接。电池的上下端之间是电池的电解质，电池由金属外壳密闭封装。纳米电池在充电时，正极中的锂离子通过聚合物隔膜向负极迁移；在放电过程中，负极中的锂离子通过隔膜向正极迁移。利用嵌入/脱嵌过程，实现电池的反复充放电。

采用的是卷绕式，制成 14500、18650、26650 等型电池。用铝箔收集正极电流并引出，用铜箔收集负极电流并引出。

LINGTH 集团公司研发的纳米电池通过特制的大球磨机及特殊工艺，将电池正极材料、负极材料纳米化，使电极材料的粉末粒度从 5μm 降至 150nm 左右，降低了电池材料的体积，提高了电池密度，电池的振实密度由 1. 2g/cm 提高到 2. 4g/cm，从而提高电池的容量，并加入导电性良好的纳米碳纤维，提高了电池的充放电性能，使电池容量提高 20%左右，充放电性能提高 30%。

3. 纳米发电机

纳米发电机是基于规则的氧化锌纳米线的纳米发电机。纳米发电机的产能机理是压电效应——某些金属，例如氧化锌金属线，能够在屈伸变化间产生电流的一种现象。这些金属丝直径为 100~800nm，长度为 100~500nm。例如，美国乔治亚理工学院的研究人员已利用纳米技术通过轻叩手指获得电流——这使得使用手机及其他掌上设备的用户进一步接近自行供电时代。该大学材料科学与工程专业资深教授王中林说：“通过纳米技术，我们甚至可以将变化多样的生物机械能转变为电能，这项技术可将多种形式的机械能转变为电能。”

王中林相信纳米发电机无论在生物医学、军事、无线通信和无线传感方面都将有广泛的重要应用。他说：“这一发明可以整合纳米器件，实现真正意义上的纳米系统，它可以收集机械能，比如人体运动、肌肉收缩等所产生的能量；震动能，比如声波和超声波产生的能量；流体能量，比如体液流动、血液流动和动脉收缩产生的能量，并将这些能量转化为电能提供给纳米器件。这一纳米发电机所产生的电能足够供给纳米器件或系统所需，从而让无纳米器件或纳米机器人实现能量自供。”

鞋内装上一个“纳米发电机”，人们一边走路一边便可给手机充电。在不久的将来，这将有望成为现实。

王中林还表示，单个的纳米发电机虽然研发出来了，但其毕竟功率有限。未来真正投入使用的话，必须有大量的纳米发电机共同工作，组成一个“发电机组”。因此，课题组下一步的工作便是研发出多个纳米发电机联合发电的装置。

纳米技术在电气行业的广泛应用，必将带给电气行业新的机遇，也给电气行业的发展带来一个质的飞跃。

行业发展能源新方向——可再生能源的应用

电气行业经历着新技术注入和新材料的变革，从而为新能源的利用提供了可靠的技术和物质支撑。同时，固有能源的逐渐减少或枯竭，也让人类看到了寻找可再生新能源的重要性。为了更好地促进能源的开发和利用，国家出台了相应的政策。

2015 年 12 月国家能源局发布《可再生能源发电全额保障性收购管理办法（征求意见稿）》，时隔 3 月，可再生能源全额保障收购办法正式落地。2016 年 3 月，全额保障收购办法正式落地，推动能源结构调整、促进可再生能源发展方向明确。新能源带给电气行业的机遇和挑战，主要表现在以下方面。

1. 新能源汽车不同环节格局各异

未来几年，国内和全球新能源汽车产量仍将维持快速增长势头。新能源汽车厂商的发展，将拉动上游各产业链板块需求增长。

动力电池环节格局已基本稳定（CR4 为 62%），企业扩产热情不减，2020 年已实现供需平衡。

电机电控企业因大多是供应客车、专用车及低端乘用车，更有发展潜江的高端乘用车电控及动力总成领域格局尚未形成，优势企业将技术制胜。

2. 电力设备机会在电改、配网、“一带一路”

未来几年电网投资或将维持 0~20%的增长幅度，但电改的推进或将推动新商业模式的创新；电能替代、分布式能源等新接入方式的增加对配网投资提出新的需求；配网节能作为国网鼓励的商业模式成长空间大，龙头企业有机会；“一带一路”倡议下，我国电工装备因局部更高性价比，有望在海外获得快速发展。

3. 多种因素驱动下工控自动化需求持续向上

工控自动化行业尚处于成长期，受人工替代、进口替代、解决方案能力提升等各种驱动因素影响，国内工控各环节仍有很大发展空间。

4. 新能源发电：高转换效率是方向

风电装机未来几年可能会维持稳定，增长点主要来自中东部低风速和海上风电；光伏装机未来几年大概率会出现缓慢下滑的趋势，但受分布式能源、领跑者计划等的影响，高效产品越来越受到重视。

❖议一议

1. 电气行业的新材料有哪些优点？

2. 电气行业的新能源有哪些？

❖理一理

请同学们对本任务所学内容，根据自己所学情况进行整理，在表 1-3-1 中做好记录。

表 1-3-1　知识点检查记录表

<table>
<tr><th rowspan="2">检查项目</th><th colspan="2">理解概念</th><th colspan="2">回忆</th><th colspan="2">复述</th><th rowspan="2">存在的问题</th></tr>
<tr><th>能</th><th>不能</th><th>能</th><th>不能</th><th>能</th><th>不能</th></tr>
<tr><td>电气行业新材料</td><td></td><td></td><td></td><td></td><td></td><td></td><td></td></tr>
<tr><td>电气行业新能源</td><td></td><td></td><td></td><td></td><td></td><td></td><td></td></tr>
<tr><td>电气行业新材料的应用</td><td></td><td></td><td></td><td></td><td></td><td></td><td></td></tr>
<tr><td>电气行业新能源的优点</td><td></td><td></td><td></td><td></td><td></td><td></td><td></td></tr>
</table>

❖评一评

请同学们对学习过程进行评估，并在表 1-3-2 中记录。

表 1-3-2　评估表

<table>
<tr><td colspan="3">姓名</td><td colspan="3">学习 1</td><td colspan="3">日期</td></tr>
<tr><td colspan="3">班级</td><td colspan="3">工作任务 1</td><td colspan="3">小组</td></tr>
<tr><td colspan="3"></td><td colspan="3"></td><td colspan="3"></td></tr>
<tr><td colspan="2">1-优秀</td><td colspan="2">2-良好</td><td colspan="2">3-合格</td><td colspan="2">4-基本合格</td><td>5-不合格</td></tr>
<tr><td colspan="3">确定的目标</td><td>1</td><td>2</td><td>3</td><td>4</td><td>5</td><td>观察到的行为</td></tr>
<tr><td rowspan="8">工作过程评估</td><td rowspan="2">专业能力</td><td>对新材料的认识</td><td></td><td></td><td></td><td></td><td></td><td></td></tr>
<tr><td>对新能源的认识</td><td></td><td></td><td></td><td></td><td></td><td></td></tr>
<tr><td rowspan="2">方法能力</td><td>收集信息</td><td></td><td></td><td></td><td></td><td></td><td></td></tr>
<tr><td>文献资料整理</td><td></td><td></td><td></td><td></td><td></td><td></td></tr>
<tr><td rowspan="2">社会能力</td><td>相互协作</td><td></td><td></td><td></td><td></td><td></td><td></td></tr>
<tr><td>同学及老师支持</td><td></td><td></td><td></td><td></td><td></td><td></td></tr>
<tr><td rowspan="2">个人能力</td><td>执行力</td><td></td><td></td><td></td><td></td><td></td><td></td></tr>
<tr><td>专注力</td><td></td><td></td><td></td><td></td><td></td><td></td></tr>
</table>

四、能力延伸

1. 收集资料，了解电气行业的新材料、新能源有哪些。
2. 了解电气行业的新材料、新能源的应用。

任务四 电气行业员工职业能力分析

一、学习目标

【知识目标】

★电气产业发展现状及趋势；

★行业人才需求状况；

★主要企业所需人才能力分析；

★电气专业对应的职业岗位分析。

【能力目标】

对照分析内容，确立自己的学习目标。

【素质目标】

★塑造一丝不苟的敬业精神；

★树立安全第一的职业意识；

★具备一定分析问题、解决问题的能力。

二、工作任务

1. 通过阅读相关资料，分析电气产业发现状况及趋势，了解工作前景。
2. 讨论行业人才需求状况及主要企业人才能力分析，了解本专业岗位所需能力。
3. 和老师沟通，解决当下认知中存在的问题。

三、实施过程

❖试一试

写出自己的优点。

要求：每人在5min内写出自己的3个优点。

❖想一想

1. 知识是越多越好还是越少越好？
2. 素质是越高越好还是越低越好？
3. 技术是越高越好还是越低越好？
4. 你知道电气企业对员工有哪些要求吗？你能否达到合格的标准？

5. 要成为一名优秀的毕业生和一名非常优秀的技术人员或工程师，你应当如何去做？如何实现？

【知识链接】

电气行业迫在眉睫的人才需求

现代电气行业的设备更新很快，对员工的要求也会有相应的改变，针对现代企业发展的要求，以及多方面人才调研的结果，不难发现，在我国电气工业转型升级的关键期，急需大量综合能力强的高素质技能型专业人才。

在《中国制造2025》、“一带一路”倡议及《中国新能源和可再生能源“十三五”规划》及《重庆市电力工业发展状况及十三五规划》等系列政策的助推下，电气行业的未来发展方向为电力系统智能化、电源结构清洁化、电力发展国际化。为此，广大电气工业将实施质量品牌战略，转型升级的中心任务就是向质量效益转变，通过提高传统产业技术水平，提升产品质量，用新技术改造提升传统生产工艺，同时大力培育战略性新兴产业，积极采用高效、节能、环保的电气设备。转型升级的关键是以创新为驱动力，其核心是加强电气行业人才培养。2016 年 12 月，教育部、人力资源社会保障部、工业和信息化部等部门共同编制的《制造业人才发展规划指南》中，公布了制造业十大重点领域人才需求预测，如表 1-4-1 所示。

表 1-4-1 制造业十大重点领域人才需求预测 单位：万人

序号	十大重点领域	2015 年	2020 年		2025 年	
		人才总量	人才总量	人才缺口	人才总量预测	人才缺口预测
1	新一代信息技术产业	1050	1800	750	2000	950
2	高档数控机床和机器人	450	750	300	900	450
3	航空航天装备	49. 1	68. 9	19. 8	96. 6	47. 5
4	海洋工程装备及高技术船舶	102. 2	118. 6	16. 4	128. 8	26. 6
5	先进轨道交通装备	32. 4	38. 4	6	43	10. 6
6	节能与新能源汽车	17	85	68	120	103
7	电力装备	822	1233	411	1731	909
8	农机装备	28. 3	45. 2	16. 9	72. 3	44
9	新材料	600	900	300	1000	400
10	生物医药及高性能医疗器械	55	80	25	100	45

由预测数据可知，电力装备领域到 2025 年人才缺口为 909 万。

同时，随着重庆产业结构的转型，以及神华万州港电、施耐德（电工）重庆有限公司等大型新能源电气（力）企业落户万州，外环高压环线燃气建设工程、新长滩电站等电气产业项目和建设万州区城市功能恢复电网改造、贝壳山天然气供气工程、万州桥变电站新建工程、

220kV 高梁变电站新建工程、110kV 周家坝输变电新建工程等项目，都迫切需要大量的电气类优质劳动力和技能型人才。

做一名合格的电气行业人

在现代企业里，对电气专业的学生而言，他们需要具备一定的职业能力去适应企业的需求，从而更好地承担工作任务。职业能力包括专业能力、社会能力和方法能力 3 个方面。现代电气企业对专业人才的能力需求如下。

1. 专业能力

1）阅读一般性英语技术资料和进行简单口头交流的能力；

2）计算机操作与应用能力；

3）工程计算能力；

4）电气识图与绘图能力；

5）计算机绘图能力；

6）自动设备和生产线控制方法选择的能力；

7）电工基本技能应用能力；

8）电子基本技能应用能力；

9）工厂常用电气控制设备应用能力；

10）单片机、PLC 技术应用能力；

11）检测技术与常用电工仪表应用能力；

12）调速技术应用能力；

13）自动化设备与生产线安装调试及操作能力；

14）自动化设备生产线故障排除与维护管理能力；

15）生产组织能力；

16）质量管理能力。

2. 社会能力

1）具备良好的思想政治素质、行为规范和职业道德；

2）具有较强的计划组织协调能力、团队协作能力；

3）具有较强的开拓发展的创新能力；

4）具有较强的口头与书面表达能力、人际沟通能力。

3. 方法能力

1）具有较好的学习新技能与知识的能力；

2）具有较好的解决问题的方法能力、制定计划的能力；

3）具有查找维修资料、文献等取得信息的能力；

4）具有较好的逻辑性、合理性的科学思维方法能力。

综上所述，作为一名电气专业的学生，我们将为自己的所选专业深感自豪，同时，我们也必须看到这一专业对人才的要求。我们必须从专业能力、社会能力和方法能力等方面进行自我提升，让自己在各个方面成为一名合格的现代企业需要的新型技术人才。

❖ 议一议

为了适应专业岗位能力，我们需要在哪些方面进行自我提升？

❖ 理一理

请同学们对本任务所学内容，根据自己所学情况进行整理，在表 1-4-2 中做好记录。

表 1-4-2　知识点检查记录表

<table>
<tr><th rowspan="2">检查项目</th><th colspan="2">理解概念</th><th colspan="2">回忆</th><th colspan="2">复述</th><th rowspan="2">存在的问题</th></tr>
<tr><th>能</th><th>不能</th><th>能</th><th>不能</th><th>能</th><th>不能</th></tr>
<tr><td>行业人才需求状况</td><td></td><td></td><td></td><td></td><td></td><td></td><td></td></tr>
<tr><td>企业人才能力分析</td><td></td><td></td><td></td><td></td><td></td><td></td><td></td></tr>
<tr><td>岗位职业分析</td><td></td><td></td><td></td><td></td><td></td><td></td><td></td></tr>
</table>

❖ 评一评

请同学们对学习过程进行评估，并在表 1-4-3 中记录。

表 1-4-3　评估表

<table>
<tr><td colspan="3">姓名</td><td colspan="3">学习 1</td><td colspan="3">日期</td></tr>
<tr><td colspan="3">班级</td><td colspan="3">工作任务 1</td><td colspan="3">小组</td></tr>
<tr><td colspan="3"></td><td colspan="3"></td><td colspan="3"></td></tr>
<tr><td colspan="2">1-优秀</td><td colspan="2">2-良好</td><td colspan="2">3-合格</td><td colspan="2">4-基本合格</td><td>5-不合格</td></tr>
<tr><td colspan="3">确定的目标</td><td>1</td><td>2</td><td>3</td><td>4</td><td>5</td><td>观察到的行为</td></tr>
<tr><td rowspan="8">工作过程评估</td><td rowspan="2">专业能力</td><td>市场需求现状</td><td></td><td></td><td></td><td></td><td></td><td></td></tr>
<tr><td>人才能力</td><td></td><td></td><td></td><td></td><td></td><td></td></tr>
<tr><td rowspan="2">方法能力</td><td>收集信息</td><td></td><td></td><td></td><td></td><td></td><td></td></tr>
<tr><td>文献资料整理</td><td></td><td></td><td></td><td></td><td></td><td></td></tr>
<tr><td rowspan="2">社会能力</td><td>相互协作</td><td></td><td></td><td></td><td></td><td></td><td></td></tr>
<tr><td>同学及老师支持</td><td></td><td></td><td></td><td></td><td></td><td></td></tr>
<tr><td rowspan="2">个人能力</td><td>执行力</td><td></td><td></td><td></td><td></td><td></td><td></td></tr>
<tr><td>专注力</td><td></td><td></td><td></td><td></td><td></td><td></td></tr>
</table>

四、知识拓展

优秀员工与普通员工的区别

优秀员工与普通员工表面上区别不大，只不过优秀员工多做了一些，而普通员工少做了一些。优秀员工会积极、主动地完成工作，普通员工往往需要催促和监督。

无论是面对上司时还是其他人员时，优秀员工总是保持合理的工作状态，普通员工则难以维持。最终，工作成果会真实反映不同员工的工作能力。

初次上岗的时候，优秀员工会发现自己的很多不足，会提醒自己努力匹配岗位需求。优秀员工在遇到没有做好的工作时，会自我反思，以追求能力提升、经验提升，而不是抱怨他人、抱怨环境。

优秀员工会时长期保持良好的精神面貌和气质，遇事心态积极，并且用积极性和乐观心态影响其他人和客户。

优秀员工认为身边的每一种工作都是自己锻炼、提高的机会，甚至会主动多花时间提升自己。

优秀员工知道自己想要升职，必须要与领导及其他部门配合好，时时处处从公司整体利益出发思考问题，而且从不会通过压低别人来抬高自己。

五、能力延伸

1. 从身边的亲戚和朋友及家人那里了解电气行业有哪些岗位。
2. 从身边的亲戚和朋友及家人那里了解电气行业待遇、企业要求有哪些。
3. 为自己拟定一份专业学习计划，按照本模块所学的知识严格要求自己。

模块二

MF-47 型指针式万用表

现代生活离不开电，不论是电类专业和非电类专业的学生，都有必要学习一定的用电知识及电工仪器仪表的操作技能。本模块以最常用的电工仪表——MF-47 型指针式万用表为载体，通过 5 个任务的学习，让学生由浅入深地逐渐掌握直流电路的相关理论知识，并在此基础上学会常用仪器仪表的使用，同时学会万用表的使用，了解指针式万用表的工作原理，并具备排除常见故障的能力。

任务一 MF-47 型指针式万用表电路的识读

一、学习目标

【知识目标】

★能识读简单的实物电路，知道电路组成的基本要素和电路模型，会识读简单电路图；

★知道导线截面的选择、导线颜色的含义；

★知道常用电路控制器件（熔断器、断路器、开关及继电器等）的功能与作用。

【能力目标】

能识读简单电路图，并对电路进行分析。

【素质目标】

★塑造一丝不苟的敬业精神；

★培养勤奋、节俭、务实、守纪的职业素养；

★树立安全第一的职业意识；

★具备一定分析问题、解决问题的能力。

二、工作任务

1. 获取必要的信息，了解万用表电路的组成、电路图的构成、电路图符号。
2. 小组讨论，完成引导问题。

3. 和老师沟通，解决存在的问题。
4. 记录工作过程，填写相关任务。
5. 撰写汇报材料。
6. 小组汇报演示。

三、实施过程

职场演练

请同学们在 3min 内按 7S 现场管理的要求对自己的学习区域进行自检，对不合格项进行整改，并在表 2-1-1 中做好相应的记录。

表 2-1-1　自检记录表

项次	检查内容	检查状况	检查结果
整理	学习区域是否有与学习无关的东西	□是　□否	□合格　□不合格
	学习工具、资料等摆放是否整齐有序	□是　□否	□合格　□不合格
整顿	学习工具和生活用具是否杂乱放置	□是　□否	□合格　□不合格
	学习资料是否随意摆放	□是　□否	□合格　□不合格

❖看一看

如图 2-1-1 所示，看看 MF-47 型万用表及万用表内部电路。指针（机械）式万用表由机械部分、显示部分及电器部分三大部分组成，机械部分包括外壳、挡位开关旋钮及电刷部分，显示部分是表头，电器部分由测量线路板、电子元器件（电阻、电位器、电容、二极管等）部分组成。

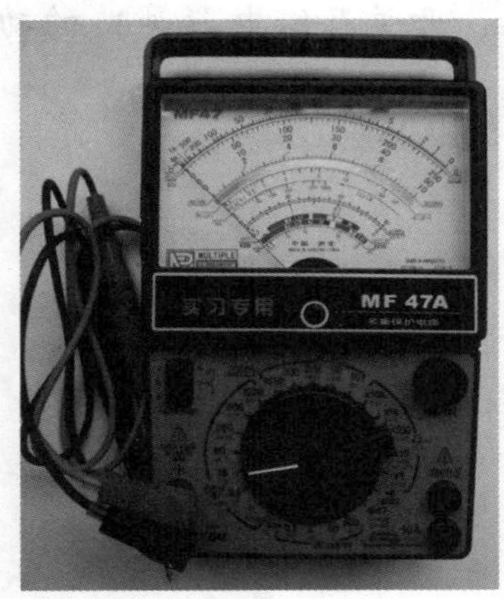

(a)万用表实物图

(b)万用表内部电路

图 2-1-1　万用表及其内部电路

❖想一想

1. 图 2-1-1（b）所示电路板中，哪些电气元件是你认识的？哪些不认识？

2. 电路一般由哪几部分组成？各部分有什么作用？

3. 电路的主要作用是什么？

4. 请画出 5 个以上常用的电路符号，并对应写出名称。

5. 电路中常用的控制器件一般有哪些？

6. 熔断器的功能是什么？

7. 可快速更换的基本熔断器有哪几种？

8. 断路器有什么作用？有哪几种类型？

9. 开关有什么作用？开关中的“极”和“掷”有什么含义？

10. 继电器有什么作用？

11. 按继电器接通与断开的方式，继电器可分为几种？简要介绍每种继电器。

12. 在初中物理中，我们对电路进行了学习，图 2-1-2 所示的小灯泡发光电路是一个十分简单而又完整的典型电路。

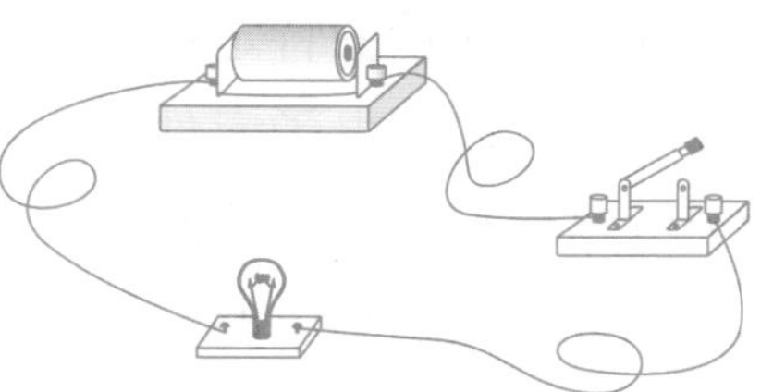

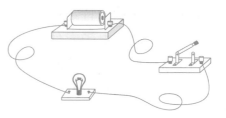

图 2-1-2　小灯泡发光电路

结合初中物理所学知识，分析图 2-1-2 电路，由________、________、________和________ 4 个基本部分组成的闭合回路。以上电路中，干电池是________，灯泡是________。

❖ 做一做

1. 对照图 2-1-2 连接电路。注意：连接电路时开关应处于断开状态。

2. 闭合开关，灯泡________（发光/不发光），说明________（有/没有）电流通过灯泡，该状态被称为闭路状态或通路状态。

3. 断开开关，灯泡________（发光/不发光），说明________（有/没有）电流通过灯泡，该状态被称为断路状态或开路状态。

【知识链接】

（一）电路的组成

1. 电路组成的基本要素

电路是由各种电子元器件或设备按一定方式连接起来的整体，为电流的流通提供了路径。简单地说，电路就是电流的通路。实际电路的组成形式多种多样，但通常由 4 个以下部分组成：电源、负载、控制装置和连接导线。

电源：电源是提供电能的设备。电源是把其他形式的能量转换为电能的装置。例如，电池把化学能转变成电能，发电机把机械能转变成电能。目前实用的电源类型很多，常用的电源有干电池、蓄电池和发电机等。

负载：在电路中使用电能的各种设备统称为负载。负载是将电能转换成其他形式能的装置。常见的负载如灯泡、电炉、电动机等，其中灯泡是将电能转换成光能和热能，电炉把电能转换为热能，电动机将电能转换成机械能。

控制装置：对电路进行接通和断开控制，常用的控制装置有开关、熔断器、断路器等。

连接导线：用于连接电源、控制装置和负载等器件的金属线，它起着传输能量的作用。

通常又将控制装置与连接导线称为中间环节。

因此，电路的作用主要有两个：一是进行能量的转换、传输和分配，二是实理信号的传递、存储和处理。

2. 电路模型

在对实物电路图进行分析研究时，由于实物电路图的绘制比较麻烦且可读性差。根据行业标准，用简单的特定符号来代替这些电子器材和设备的实物，这些特定的符号就是电子元器件模型，简称电子元件，电子元件是构成电路的基本单元。用电子元件模型绘制出的电路称为电路模型，简称电路图。

部分常用理想电路元件的图形符号及文字符号如表 2-1-2 所示。

表 2-1-2 常用理想电路元件符号

名称	符号	名称	符号
电阻		电压表	V
电池		接地	或
电灯		熔断器	
开关		电容	
电流表	A	电感	

❖ 练一练

在下面的虚线框中试画出图 2-1-2 所示电路对应的电路图。

(二) 导线

导线在电路中起能量传输的作用，因此对导线的选择非常重要。

1. 导线截面积的正确选择

根据用电设备负载电流的大小选择导线的横截面积，一般原则为长时间工作的电气设备可选用实际载流量60%的导线；短时间工作的用电设备可选用实际载流量60%~100%的导线。

同时，还应考虑电路中的电压降、导线发热及环境等情况，以免影响用电设备的电气性能和超过导线的允许温度。为保证一定的机械强度，一般低压导线横截面积不小于0.5mm²。表2-1-3为各种铜芯导线标称横截面积的允许载流量。

表2-1-3 铜芯导线标称横截面积的允许载流量

横截面积（mm²）	0.5	0.75	1.0	1.5	2.5	4	6	10	16	25	35	50
载流量（60%）	7.5	9.6	11.4	14.4	19.2	25.2	33	45	63	82.5	102	129
载流量（100%）	12.5	16	19	24	32	42	55	75	105	138	170	215

2. 导线的颜色

为了便于安装和检修，依电路选择导线颜色时一般遵循以下原则。

1）交流三相电路。

A相：黄色；

B相：绿色；

C相：红色。

中性线：淡蓝色；

安全保护用的接地线：黄绿双色。

2）用双芯导线或双根绞线连接的交流电路：红黑色并行。

3）直流电路。

正极：棕色；

负载：蓝色；

接地中线：淡蓝色。

（三）电路中常用控制器件

1. 熔断器

熔断器是指当电流超过规定值一定时间后，以本身产生的热量使熔体熔断，从而断开电路的一种电器，是最常用的电路保护器件。熔断器只能起短路保护的作用，不能起过载保护的作用。

3种基本的可快速更换的熔断器：玻璃管熔断器（图2-1-3）、陶瓷熔断器（图2-1-4）及片型熔断器（图2-1-5）。

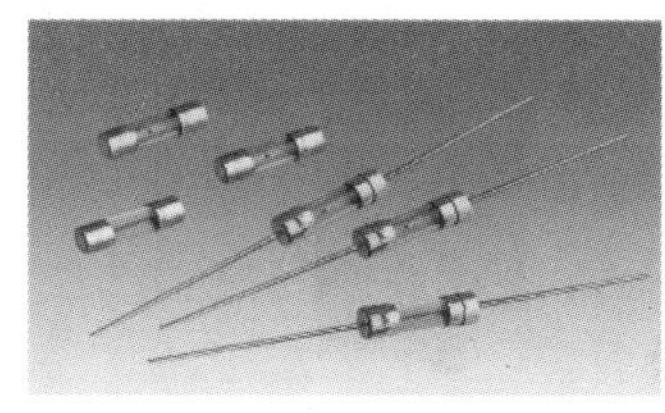

图2-1-3 玻璃管熔断器

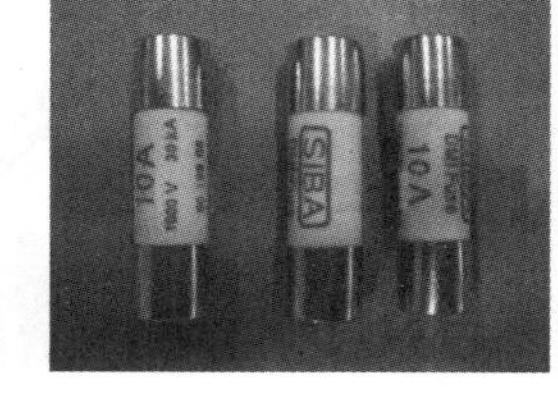

图2-1-4 陶瓷熔断器

图2-1-5 片型熔断器

其中片型熔断器由一个塑料外套及连接着两个刀片连接端的金属片组成，分为 3 种不同的类型。

1）大电流熔断器（20~80A）：是比自动熔断器大而熔断缓慢的熔断器，一般安装在蓄电池和主熔断盒之间，如图 2-1-6 和图 2-1-7 所示。

2）自动熔断器（3~30A）：是目前应用最广泛的熔断器，如图 2-1-8 和图 2-1-9 所示。

3）小电流熔断器（5~30A）：与自动熔断器相似，但它更细小，如图 2-1-10 和图 2-1-11 所示。

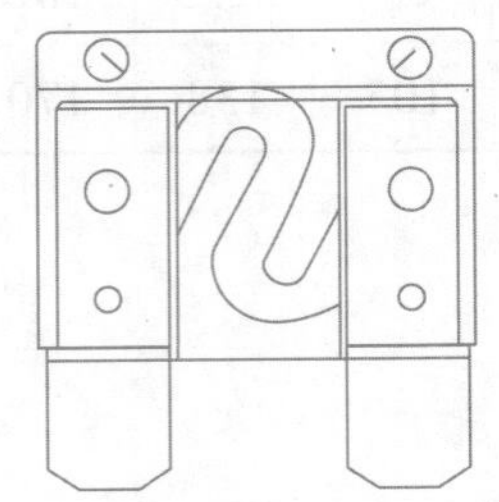

图 2-1-6　大电流熔断器 1

图 2-1-7　大电流熔断器 2

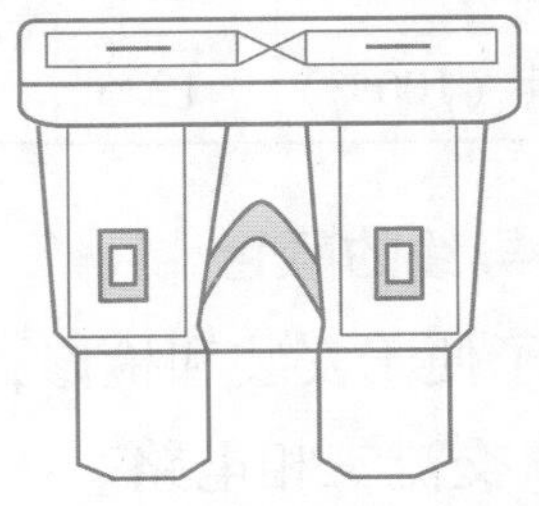

图 2-1-8　自动熔断器 1

图 2-1-9　自动熔断器 2

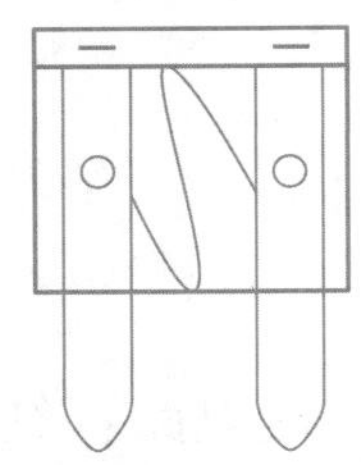

图 2-1-10　小电流熔断器 1

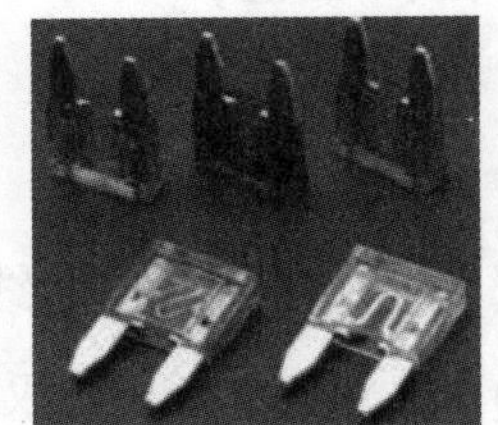

图 2-1-11　小电流熔断器 2

2. 断路器

断路器用于保护易过载的电路和负载设备，一般安装在熔断器盒面板上或装在电路的线路中，如图 2-1-12 所示。

电路断路器分为 3 种类型：自动复位电路断路器、手动电路断路器及正温度系数（PTC）固态电路断路器。

3. 开关

开关用来控制电路的接通和关断，如图 2-1-13 所示。

最简单的开关是单刀（极）/单掷开关，“极”是指输入开关的线路数，“掷”是输出线路数目。

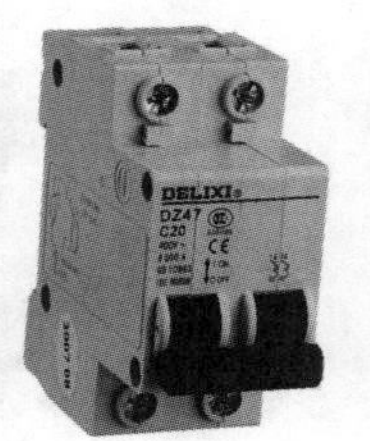

图 2-1-12　断路器

图 2-1-13　开关

4. 继电器

通常应用于自动化的控制电路中，它实际上是用小电流去控制大电流运作的一种“自动开关”，故在电路中起着自动调节、安全保护、转换电路等作用，如图 2-1-14 所示。

图 2-1-14　继电器

继电器按断开及接通方式可分为以下几种。

1）动合型（常开）（H 型）：线圈不通电时两触点是断开的，通电后两个触点就闭合，用“合”字的拼音字头“H”表示，如图 2-1-15 所示。

2）动断型（常闭）（D 型）：线圈不通电时两触点是闭合的，通电后两个触点就断开。用“断”字的拼音字头“D”表示，如图 2-1-16 所示。

3）转换型（Z 型）：这是触点组型。这种触点组共有 3 个触点，即中间是动触点，上下各一个静触点。线圈不通电时，动触点和其中一个静触点断开和另一个闭合，线圈通电后，动触点移动，使原来断开的成闭合状态，原来闭合的成断开状态，达到转换的目的。这样的触点组称为转换触点。用“转”字的拼音字头“Z”表示，如图 2-1-17 所示。

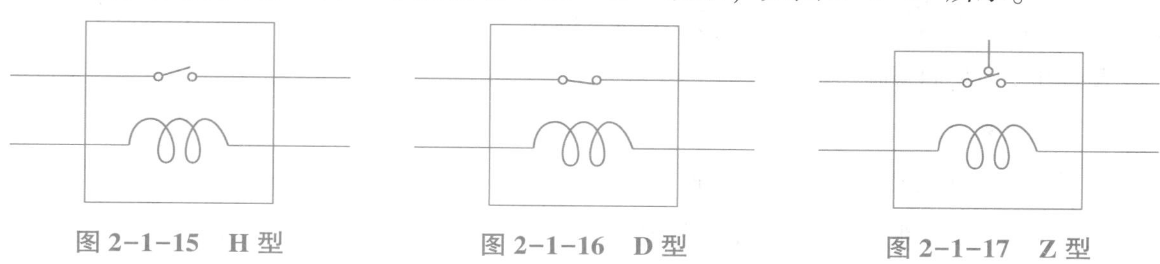

图 2-1-15　H 型　　图 2-1-16　D 型　　图 2-1-17　Z 型

❖ 理一理

请同学们对本任务所学内容，根据自己所学情况进行整理，在表 2-1-4 中做好记载，同时根据自己的学习情况，对照表 2-1-4 逐一检查所学知识点，并如实在表中做好记录。

表 2-1-4　知识点检查记录表

检查项目	理解概念		回忆		复述		存在的问题
	能	不能	能	不能	能	不能	
电路的要素							
电路模型							
导线的选择							
常用控制元器件							

❖做一做

按学校整体布置的要求，根据本班的实际情况对学习区域进行7S整理。请各学习小组QC（品质检验员）分别对组员进行7S检查，将检查结果记录在表2-1-5中，对做得不好的小组长督促整改。

表2-1-5　7S检查表

项次	检查内容	配分	得分	不良事项
整理	学习区域是否有与学习无关的东西	5		
	学习工具、资料等摆放是否整齐有序	5		
整顿	学习工具和生活用具是否杂乱放置	5		
	学习资料是否随意摆放	5		
清扫	工作区域是否整洁，是否有垃圾	5		
	桌面、台面是否干净整齐	5		
清洁	地面是否保持干净，无垃圾、无污迹及纸屑等	5		
	是否乱丢纸屑等	5		
素养	是否完全明白7S的含义	10		
	是否有随地吐痰及乱扔垃圾现象	10		
	学习期间是否做与学习无关的事情，如玩手机等	10		
安全	是否在学习期间打闹	10		
	是否知道紧急疏散的路径	10		
节约	是否节能（如照明灯开关是否合理）	5		
	是否存在浪费纸张、文具等物品的情况	5		
合计		100		
评语				

注：80分以上为合格，不足之处自行改善；60~80分须向检查小组作书面改善交流；60分以下，除向检查小组作书面改善交流外，还将全班通报批评。

审核：　　　　　　　　　　　　　　　　检查：

❖评一评

请同学们对学习过程进行评估，并在表 2-1-6 中记录。

表 2-1-6 评估表

姓名	学习 1	日期
班级	工作任务 1	小组

1-优秀	2-良好	3-合格	4-基本合格	5-不合格

确定的目标			1	2	3	4	5	观察到的行为
工作过程评估	专业能力	制订工作计划						
		电路的组成						
		导线的选择						
		控制器件的作用						
		控制器件的区别						
	方法能力	收集信息						
		文献资料整理						
		成果演示						
	社会能力	合理分工						
		相互协作						
		同学及老师支持						
	个人能力	执行力						
		专注力						
成果评估	工作任务书	时间计划/进度记录						
		列举理由/部件描述						
		工作过程记录						
		解决问题记录						
		方案修改记录						
	环境保护	环境保护要求						
	成果汇报	汇报材料						

四、知识拓展

电池污染

废旧电池潜在的污染已引起社会各界的广泛关注。中国是世界上头号干电池生产和消费大国，年产量世界第一。

如此庞大的电池数量，使得一个极大的问题暴露出来，那就是如何让这么多的电池不去污染人们生存的环境。据调查，废旧电池内含有大量的重金属及废酸、废碱等电解质溶液。如果随意丢弃会破坏人们的水源，侵蚀人类赖以生存的土地，人们的生存环境面临着巨大的威胁。如果一节一号电池在土地里腐烂，它的有毒物质能使1平方米的土地失去使用价值；扔一粒纽扣电池进水里，其中所含的有毒物质会造成60万升水体的污染，相当于一个人一生的用水量；废旧电池中含有镉、铅、汞、镍、锌、锰等，其中镉、铅、汞是对人体危害较大的物质。而镍、锌等金属虽然在一定浓度范围内是有益物质，但在环境中超过极限，也将对人体造成危害。废旧电池中的重金属会影响种子的萌发与生长。废旧电池渗出的重金属会造成江、河、湖、海等水体的污染，危及水生物的生存和水资源的利用，间接威胁人类的健康。废酸、废碱等电解质溶液可能污染土地，使土地酸化和盐碱化，这就如同埋在人们身边的一颗定时炸弹。

因此，对废旧电池的收集与处置非常重要，如果处置不当，可能对生态环境和人类健康造成严重危害。随意丢弃废旧电池不仅污染环境，也是一种资源浪费。尽管先进的科技已给了人们正确的指向，但中国的电池污染现象仍不容乐观。大部分废旧电池混入生活垃圾被一并埋入地下，久而久之，经过转化使电池腐烂，重金属溶出，既可能污染地下水体，又可能污染土壤，最终通过各种途径进入人的食物链。生物从环境中摄取的重金属经过食物链的生物放大作用，逐级在较高级的生物中成千上万倍地富集，然后经过食物链进入人的身体，在某些器官中积蓄造成慢性中毒，日本的水俣病就是汞中毒的典型案例。

五、能力延伸

（一）填空题

1. 电路由________、负载、________和连接导线组成。
2. 电源是把________的能量转换为电能的装置。
3. 电阻的符号是________，开关的符号是________，电容的符号是________。
4. 熔断器只能起________保护，不能起________保护。
5. 断路器分为3种类型：________、手动电路断器和正温度系数（PTC）固态电路断路器。
6. 单刀（极）/单掷开关中的“极”是指________，“掷”是指________。
7. 继电器是用________控制________的一种“自动开关”，在电路中起自动调节、________、________等作用。

任务二 基本物理量的测量

一、学习目标

【知识目标】

★理解电流、电位、电压、电动势、电功率及电能等基本物理量；

★能区分各物理量间的关系。

【能力目标】

★能用直流电流表和电压表对电流、电压进行相关的测量；

★学会运用基本物理量解决现实生活中的相关问题。

【素质目标】

★培养一丝不苟的敬业精神；

★养成勤奋、节俭、务实、守纪的职业素养；

★树立安全第一职业意识；

★具备一定分析问题、解决问题的能力。

二、工作任务

1. 获取必要的信息，更深入地理解基本物理量。
2. 运用仪器仪表对基本物理量进行测量。
3. 正确进行常用仪表的读数。
4. 小组讨论，完成引导问题。
5. 和老师沟通，解决存在的问题。
6. 记录工作过程，填写相关任务。
7. 撰写汇报材料。
8. 进行小组汇报演示。

三、实施过程

职场演练

请同学们在 3min 内按 7S 现场管理的要求对自己的学习区域进行自检，不合格项进行整改。在表 2-2-1 中做好相应的记录。

表 2-2-1　自检表

项次	检查内容	检查状况	检查结果
整理	学习区域是否有与学习无关的东西	□是　□否	□合格　□不合格
	学习工具、资料等摆放是否整齐有序	□是　□否	□合格　□不合格
整顿	学习工具和生活用具是否杂乱放置	□是　□否	□合格　□不合格
	学习资料是否随意摆放	□是　□否	□合格　□不合格

❖做一做

1. 将量程为 0.5A 和 1.5A 的电流表串联进图 2-2-1 所示电路。

2. 闭合开关，观察电流表的偏转情况，确定该量程是否合适，若不合适则立即更换。

3. 测出电路中的电流，并将结果填入表 2-2-2。

图 2-2-1　测试电路

表 2-2-2　电流测量记录表

最佳量程	所测电流（A）

【知识链接】

电路分析中主要涉及的物理量包括电流、电压、电功率等，本任务学习过程中要学会分析和计算电路中的基本物理量。

（一）电流

电荷的定向移动形成电流。表示电流强弱的物理量称为电流强度，简称电流，通常用符号“I”表示，规定其方向为正电荷运动的方向。

电流的大小为在单位时间内通过某一导体横截面的电荷量。

即

$$I=\frac{Q}{t} \tag{2-2-1}$$

式中，Q——在时间 t 内通过导体横截面的电荷量，库仑（C）；

t——电路中通过电荷量 q 所用的时间，秒（s）；

I——电路中的电流，安培（A）。

1A 的含义：在 1s 的时间内通过导体横向截面的电荷量是 1C，则电流就是 1A。

常用的电流单位还有千安（kA）、毫安（mA）、微安（μA）、其换算关系为

$$1\text{kA}=1000\text{A}$$

$$1\text{A}=1000\text{mA}$$

$$1\text{mA} = 1000\mu\text{A}$$

温馨提示：电流不仅有大小，还有方向，在分析和计算电路中的电流时，首先应给电流任意假设参考方向，实际方向由计算结果进行确定，如图 2-2-2 所示。

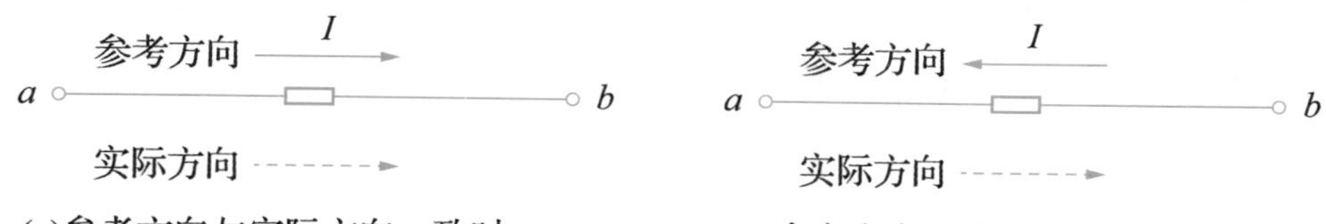

(a)参考方向与实际方向一致时，$I>0$　　(b)参考方向与实际方向相反时，$I<0$

图 2-2-2　电流的参考方向与实际方向

❖做一做

测电路中的电位和电压

1. 连接电路

按实验图 2-2-3 连接好电路。

2. 电压测量

闭合开关 S，用万用表直流电压挡对表 2-2-3 中的各项电压进行测量，将测量结果进行记录。

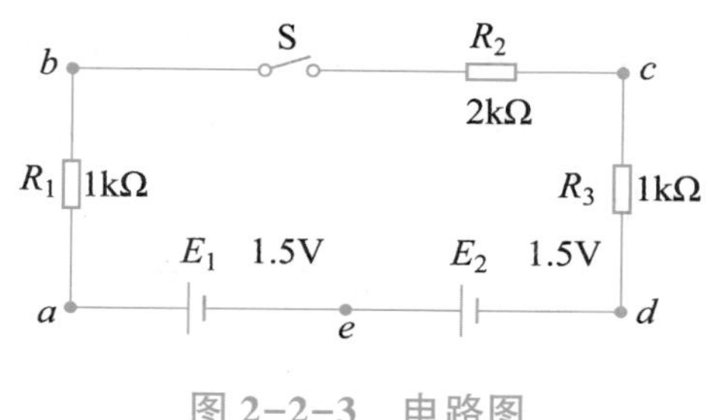

图 2-2-3　电路图

表 2-2-3　电压测量　　单位：V

U_{ab}	U_{ae}	U_{bc}	U_{cd}	U_{de}

3. 电位测量

1）把万用表转换开关置于合适的直流电压挡，将黑（负）表笔接电路 d 点（$V_d = 0\text{V}$），红（正）表笔依次测量 a、b、c、e 各点电位，将数据记入表 2-2-4。

表 2-2-4　电位测量　　单位：V

参考点	测量项目				
	V_a	V_b	V_c	V_d	V_e
a					
b					
c					
d					
e					

2）将黑（负）表笔分别接 a、b、c、e，重复步骤 1），测量电路中各点的电位并记入表 2-2-4，如表针反转则将表笔互换，此时所测结果应为负值。

❖理一理

根据表 2-2-3 和表 2-2-4 的数据，可以观察到：当选择不同参考点时，电路中各点的电位________（有/无）变化，而任意两点间的电压________（有/无）变化，为什么？

（二）电位和电压

电路中每一点都应有一定的电位，就如同空间的每一点都应有高度一样。讲高度先要确定一个起点，即零点。计算电位也同样如此，首先应确定零电位点。所以某点的电位就是该点到零电位点的电压。电位用符号"V"表示，如 a 点的电位为 V_a，电位的单位为伏特，符号"V"。

参考电位（零电位）点可以根据电位分析的需要任意选定，在实际应用中，一般选大地或接地点作为参考点。

而电压是产生电流的必要条件，两点间的电压就是电路中两点间的电位差，有时也称为电压降，用符号"U"表示，电压的单位为伏特，符号"V"。

即
$$U_{ab}=V_a-V_b \tag{2-2-2}$$

式中，U_{ab}——a、b 两点间的电压；

V_a——a 点的电位；

V_b——b 点的电位。

电压的实际方向规定为由高电位点指向低电位点，即电压降的方向。与电流一样，为方便电路分析，需选定一个电压的参考方向。设定参考方向后，若计算所得电压为正值（$U>0$），则实际方向与电压的参考方向一致；若电压为负值（$U<0$），则电压的实际方向与电压的参考方向相反。

电压参考方向可用箭头来表示，如图 2-2-4（a）所示；或用极性符号来表示，"+"表示高电位，"-"表示低电位，如图 2-2-4（b）所示；也可用双下标表示，U_{ab}表示"a"为高电位，"b"为低电位，如图 2-2-4（c）所示。

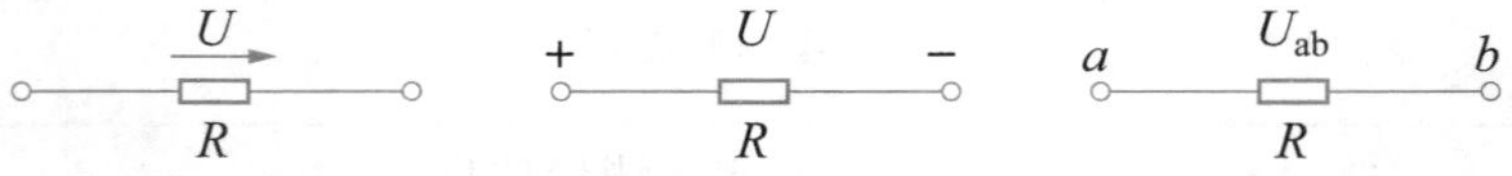

图 2-2-4 电压的参考方向

由此可见，电位与电压既有联又有区别：电位是相对的，根据参考点选择的不同而不同；电压是绝对的，其大小与参考点的选择无关。

1. 关联参考方向和非关联参考方向

一段电路或一个元件上的电压参考方向和电流参考方向可以分别独立地任意指定。当电流、电压的参考方向选得一致时，称之为关联参考方向，如图 2-2-5（a）中的 U 和 I，反之称为非关联参考方向，如图 2-2-5（b）中的 U 和 I。

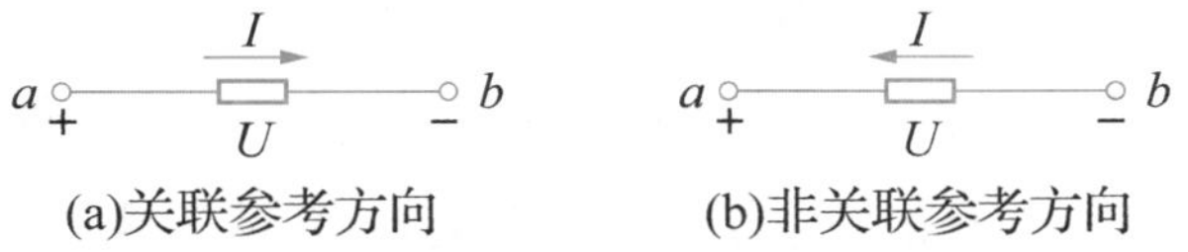

(a)关联参考方向　　(b)非关联参考方向

图 2-2-5　关联参考方向与非关联参考方向

一般来说，对负载采用关联参考方向，对电源采用非关联参考方向。

2. 认识直流电流表

直流电流表是测量直流电流的仪表，它有安培表（图 2-2-6）、毫安表（图 2-2-7）和微安表（图 2-2-8）之分。电流表的内阻一般很小，通常可以忽略不计。

图 2-2-6　安培表

图 2-2-7　毫安表

图 2-2-8　微安表

电流表在使用时要注意以下几点：

1）电流表应串联于被测电路的低电位一侧，即靠近电源负极的一侧。

2）电流表的量限应大于被测量，测量时应尽量使电流表指针指示在满刻度的 1/3～2/3。

3）测电流应从“+”端钮流入电流表，由“-”端钮流出。

4）要检查电表的指针是否指零。若不指零，则用螺钉旋具调节调零机构，使之指零。

5）指针稳定后再读数，且尽量使视线与刻度盘垂直。如果刻度盘有反光镜，则应使指针和它在镜中的影像重合，以减小读数误差。

3. 认识直流电压表

直流电压表是用来测量直流电压的，如图 2-2-9 所示。电压表的内阻一般很大，接入电路后电压表中所通过的电流很小，通常可以忽略不计。

图 2-2-9　直流电压表

电压表在使用中要注意以下几点：

1）电压表应并联于被测电路中，测量时应先接低电位一端，后接高电位一端。

2）电表的量限应大于被测量，测量时应尽量使电表指针指示在满刻度的 1/3～2/3。若某次测量时电表的指针偏转的角度很小，则说明量限过大，应选用小一点的量限；反之若电表的指针偏转超过了最大刻度，则说明量限过小，应选用大一点的量限。

3）被测电流应从“+”端钮流入电压表，由“-”端钮流出。例如：要测量 AB 两点间的电压，即测量 U_{AB}，则应将电压表的“+”接线端与 A 相接，“-”端或“*”端与 B 相接，若电压表正向偏转，则说明 A 点电位高于 B 点的电位，U_{AB}为正，电表的示数即为其值。若电压表反偏，则说明 A 点电位低于 B 点电位，U_{AB}为负，此时应更换电表的极性重新测量，电表的示数仅为 U_{AB}的大小，记录时应在其值前加上负号。电位的测量亦是如此。若某点对零电位点的电压为正，则该点的电位就为正值；反之，若某点相对于零电位点的电位为负，则该点的电位即为负值。

4）使用前要检查电表的指针是否指零，若不指零，则用螺钉旋具调节调零机构，使之指零。

5）待电表指针稳定后再读数，且尽量使视线与刻度盘垂直。如果刻度盘有反光镜，则应使指针和它在镜中的影像重合，以减小读数误差。

❖议一议

1. 若电流表指针偏转的角度过小，如何改变电流表的量程？

2. 若电流表指针偏转的角度过大，如何改变电流表的量程？

3. 若不能估计电路中电流的大小，如何选择电流表的量程？

4. 若电压表指针偏转的角度过小，如何改变电压表的量程？

5. 若电压表指针偏转的角度过大，如何改变电压表的量程？

6. 若不能估计电路中电压的大小，如何选择电压表的量程？

❖练一练

在某一直流电路中，$U_{AB}=10\text{V}$，$U_{AC}=-8\text{V}$，$U_{CD}=5\text{V}$，若 C 点接地，求 A、B、C、D 各点的电位。

❖想一想

手电筒使用一段时间后，我们发现灯光越来越暗了，最后几乎不亮了，这就是人们通常说的“电池没电了”，但是，当我们用电压表测电池两端的电压时，发现两端的电压基本上还等于使用前的电压值，这是什么原因呢?

(三) 电动势

为了维持水的循环，需要水泵将低处的水抽到高处，因为有了水泵，喷泉中才有源源不断的水流。在电路中，正电荷是从高电位流向低电位的，因此要维持电路中的电流，就必须也有这样一个“水泵”——电源。电源能把正电荷从低电位移至高电位，电源的内部存在非电场力。非电场力把单位正电荷从电源内部由低电位端移到高电位端所作的功，称为电动势，用字母“E”表示。其单位与电压相同，用伏特（V）表示。

电动势 E 等于非静电力运送电荷所做的功 W 与所运送的电荷量 q 的比值，即

$$E=\frac{W}{q} \tag{2-2-3}$$

式中，W、q 的单位分别是焦耳（J）、库仑（C）。

电动势是衡量电源做功大小的物理量，存在于电源的内部，电动势的正方向规定为在电源内部自低电位端指向高电位端，也就是电位升高的方向，如图 2-2-10 所示。

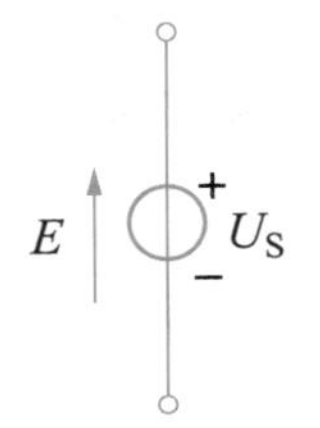

图 2-2-10 电动势的表示

❖ 议一议

电动势和电压的区别是什么?

(四) 电能和电功率

1. 电能

电流流过负载时，负载将电能转化成其他形式的能。电流做功的过程实际上就是电能转化为其他形式的能的过程。例如：电流通过电炉时，将电能转化为热能；电流通过电动机时，将电能转机械能等。

那么，电能就是电流通过用电设备时所做的功，用符号“W”表示。在直流电路中，电流、电压均为恒值，在 t 时间内电路消耗的电能为

$$W=UIt \tag{2-2-4}$$

式中，W——用电设备所做的功，焦耳（J）；

U——用电设备两端的电压，伏特（V）；

I——通过用电设备的电流，安培（A）；

t——通电时间，秒（s）。

在日常生活中常用“度”来衡量使用电能的多少，功率为 1kW 的设备用电 1h 所消耗的电能为 1 度，即

$$1\text{度}=1\text{kW}\times 1\text{h}=3.6\times 10^6\text{焦耳}$$

电能表则是常用的电能计量仪表，如图 2-2-11 所示。

图 2-2-11　电能表

2. 电功率

电功率简称功率，指的是单位时间内电场力做的功，用符号“P”表示。

$$P=\frac{W}{t} \qquad (2-2-5)$$

或

$$P=UI \qquad (2-2-6)$$

式中（2-2-5）和式（2-2-6）中 P、U、I 的单位应分别为瓦特（W）、伏特（V）、安培（A）。

由此可见，电路中的电功率，跟这段电路两端的电压和通过电路的电流成正比。

> 温馨提示：通常用电器上标明的电功率和电压，称为用电器的额定功率和额定电压。当给它加上额定电压时，此时的功率就是额定功率，这时用电器正常工作。根据额定功率和额定电压，很容易算出用电器的额定电流。

❖练一练

1. 220V、40W 灯泡的额定电流为________ A。加在用电器上的电压改变，它的功率________（变/不变）。

2. 小张家中有装有 4 盏 25W 节能灯、一台 200W 电视机，平均每天用电 2h，市电价格为 0.55 元/度，若一年每月以 30 天计算，请问小张家每月用电共多少度，每月应支付多少电费？

（五）最大功率的获取

❖想一想

如果没有直接测量功率的仪器，我们应该怎样得到功率 P 呢？

请同学们按图 2-2-12 连接电路，要求：E 为两节 1.5V 的干电池，R_P 为 100Ω 的可调电阻，电压表和电流表根据实验情况，选择合适的量程。

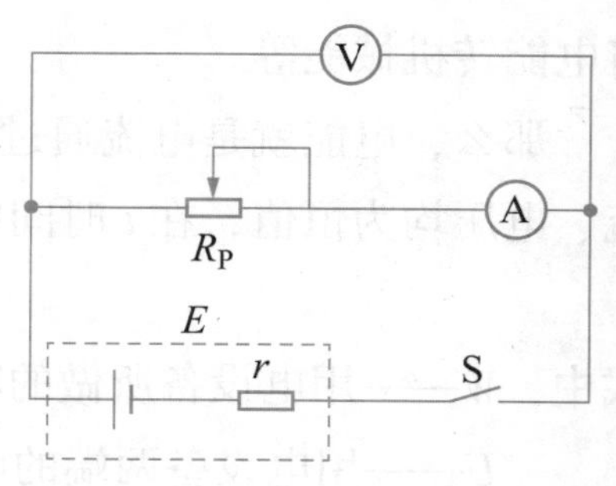

图 2-2-12　连接电路

1. 记录数据

使用间接测量法测试电源的输出功率——利用 $P=UI$ 计算。需要多次改变外电阻 R_P，可以用 $R_P=U/I$ 来确定外电阻。

连接好电路图，改变外电阻 R_P，在表 2-2-5 中记录好测量数据。

表 2-2-5 测量数据

次数	1	2	3	4	5	6	7	8
I（A）								
U（V）								
$R_P=U/I$（Ω）								

根据表中的数据，在图 2-2-13 中作出 $P-R$ 线。

图 2-2-13 $P-R$ 线 1

2. 数据处理

根据图 2-2-13 所作 $P-R$ 曲线，可以看出：当外电阻增大时，电源输出功先________（增大或减小）后________（增大或减小）。为什么会有这样的变化？

3. 结果分析

实验证明：在电源电动势 E 及其内阻 r 保持不变时，负载 R 获得最大功率的条件是 $R=r$，此时负载的最大功率为

$$P_{max}=\frac{E^2}{4R} \tag{2-2-7}$$

电源输出的最大功率是

$$P_{EM}=\frac{E^2}{2r}=\frac{E^2}{2R}=2P_{max} \tag{2-2-8}$$

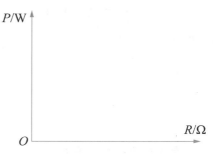

图 2-2-14 中的曲线表示了电动势和内阻均恒定的电源输出的功率 P 随负载电阻 R 的变化关系。

结论：当电源给定而负载可变，外电路的电阻等于电源的内电阻时，电源的输出功率最大，这时称为负载与电源匹配，即阻抗匹配。

【例题】如图 2-2-15 所示，直流电源的电动势 $E=10\text{V}$、内阻 $r=0.5\Omega$，电阻 $R_1=2\Omega$，问：可变电阻 R_P 调至多大时可获得最大功率 P_{max}？

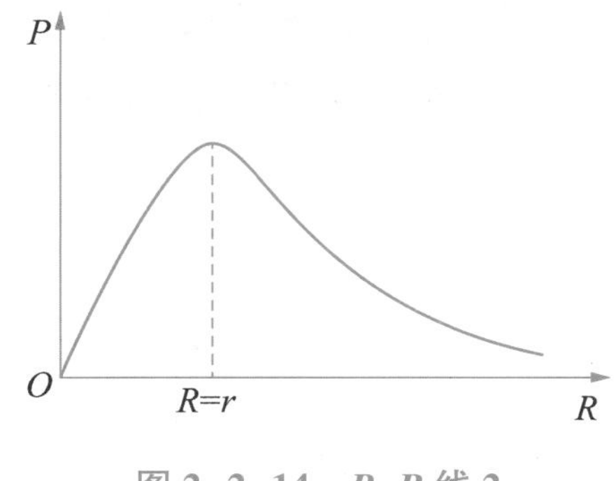

图 2-2-14 $P-R$ 线 2

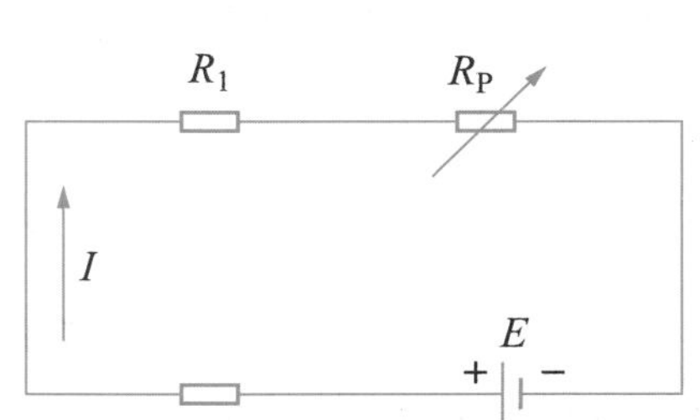

图 2-2-15 最大功率测试电路

解：将 R_1 视为电源的内阻一部分，则电源内阻就是（R_1+r），利用电源输出功率最大的条件，可以知道，$R_P=R_1+r=2.5\Omega$ 时获得最大功率，即

$$P_{max}=\frac{E^2}{4 \cdot R_p}=\frac{10^2}{4\times2.5}=10\ (\text{W})$$

❖练一练

1. 220V、40W 的白炽灯平均每天工作 5h，每月（30 天）耗电多少焦耳？多少千瓦时？

2. 在一个灯泡两端加上 3V 的电压，灯泡电阻为 5Ω，通过灯泡的电流是多少？灯泡损耗的功率是多少？

❖理一理

请同学们对本任务所学内容，根据自己所学情况进行整理，在表 2-2-6 中做好记录，同时根据自己的学习情况，对照表 2-2-6 逐一检查所学知识点，并如实在表中做好记录。

表 2-2-6　知识点检查记录表

检查项目	理解概念		回忆		复述		存在的问题
	能	不能	能	不能	能	不能	
电流							
电压							
电位							
电动势							
电能							
电功率							

❖做一做

按学校整体布置的要求，根据本班的实际情况对学习区域进行 7S 整理。请各学习小组 QC（品质检验员）分别对组员进行 7S 检查，将检查结果记录在表 2-2-7 中，做得不好的小组长督促整改。

表 2-2-7　7S 检查表

项次	检查内容	配分	得分	不良事项
整理	学习区域是否有与学习无关的东西	5		
	学习工具、资料等摆放是否整齐有序	5		
整顿	学习工具和生活用具是否杂乱放置	5		
	学习资料是否随意摆放	5		

续表

项次	检查内容	配分	得分	不良事项
清扫	工作区域是否整洁，是否有垃圾	5		
	桌面、台面是否干净整齐	5		
清洁	地面是否保持干净，无垃圾、无污迹及纸屑等	5		
	是否乱丢纸屑等	5		
素养	是否完全明白 7S 的含义	10		
	是否有随地吐痰及乱扔垃圾现象	10		
	学习期间是否做与学习无关的事情，如玩手机等	10		
安全	是否在学习期间打闹	10		
	是否知道紧急疏散的路径	10		
节约	基本物理测量电路是否节能、照明灯开关是否合理	5		
	是否存在浪费纸张、文具等物品的情况	5		
合计		100		
评语				

注：80 分以上为合格，不足之处自行改善；60~80 分须向检查小组作书面改善交流；60 分以下，除向检查小组作书面改善交流外，还将全班通报批评。

审核：　　　　　　　　　　　　　　　　检查：

❖评一评

请同学们对学习过程进行评估，并在表 2-2-8 中记录。

表 2-2-8　评估表

姓名	学习 1	日期
班级	工作任务 1	小组

续表

<table>
<tr><td colspan="3">1-优秀　　2-良好　　3-合格　　4-基本合格　　5-不合格</td><td></td><td></td><td></td><td></td><td></td><td></td></tr>
<tr><td colspan="3">确定的目标</td><td>1</td><td>2</td><td>3</td><td>4</td><td>5</td><td>观察到的行为</td></tr>
<tr><td rowspan="12">工作过程评估</td><td rowspan="4">专业能力</td><td>制订工作计划</td><td></td><td></td><td></td><td></td><td></td><td></td></tr>
<tr><td>基本物理量的识记</td><td></td><td></td><td></td><td></td><td></td><td></td></tr>
<tr><td>基本物理量相互区别</td><td></td><td></td><td></td><td></td><td></td><td></td></tr>
<tr><td>基本测量仪器的使用</td><td></td><td></td><td></td><td></td><td></td><td></td></tr>
<tr><td rowspan="3">方法能力</td><td>收集信息</td><td></td><td></td><td></td><td></td><td></td><td></td></tr>
<tr><td>文献资料整理</td><td></td><td></td><td></td><td></td><td></td><td></td></tr>
<tr><td>成果演示</td><td></td><td></td><td></td><td></td><td></td><td></td></tr>
<tr><td rowspan="3">社会能力</td><td>合理分工</td><td></td><td></td><td></td><td></td><td></td><td></td></tr>
<tr><td>相互协作</td><td></td><td></td><td></td><td></td><td></td><td></td></tr>
<tr><td>同学及老师支持</td><td></td><td></td><td></td><td></td><td></td><td></td></tr>
<tr><td rowspan="2">个人能力</td><td>执行力</td><td></td><td></td><td></td><td></td><td></td><td></td></tr>
<tr><td>专注力</td><td></td><td></td><td></td><td></td><td></td><td></td></tr>
<tr><td rowspan="6">成果评估</td><td rowspan="4">工作任务书</td><td>时间计划/进度记录</td><td></td><td></td><td></td><td></td><td></td><td></td></tr>
<tr><td>工作过程记录</td><td></td><td></td><td></td><td></td><td></td><td></td></tr>
<tr><td>解决问题记录</td><td></td><td></td><td></td><td></td><td></td><td></td></tr>
<tr><td>方案修改记录</td><td></td><td></td><td></td><td></td><td></td><td></td></tr>
<tr><td>环境保护</td><td>环境保护要求</td><td></td><td></td><td></td><td></td><td></td><td></td></tr>
<tr><td>成果汇报</td><td>汇报材料</td><td></td><td></td><td></td><td></td><td></td><td></td></tr>
</table>

四、知识拓展

认识电源的模型

电路需要有电源，电源对于负载来说，既可以看作电压的提供者，又可以看作电流的提供者，下面分析这两种情况。

电压源：为电路提供一定电压的电源可用电压源来表征。如果电源内阻为零，电源将提供一个恒定不变的电压，称为理想电压源，简称恒压源。

理想电压源具有下列两个特点：

一是它的电压恒定不变；

二是通过它的电流可以是任意的，且取决于与它连接的外电路负载的大小。

理想电压源在电路图中的符号如图 2-2-16（a）表示。

实际的电压源，其端电压随着通过它的电流而发生变化。例如，当电池接上负载后，其

端电压就会降低，这是因为电池内部有电阻存在的缘故，内阻为零的理想电压源实际上是不存在的。像电池一类的实际电源，可以看成由理想电压源与一内电阻串联的组合，如图 2-2-16（b）所示。

电流源：为电路提供一定电流的电源可用电流源来表征。如果电源内阻为无穷大，电源将提供一个恒定的电流，称为理想电流源，简称恒流源。

理想电流源的端电压是任意的，由外部连接的电路来决定，但它提供的电流是一定的，不随外电路而改变。

理想电流源在电路图中的符号如图 2-2-17（a）所示。实际上电源内阻不可能为无穷大，可以把理想电流源与一内阻并联的组合等效成一个电流源，如图 2-2-17（b）所示。

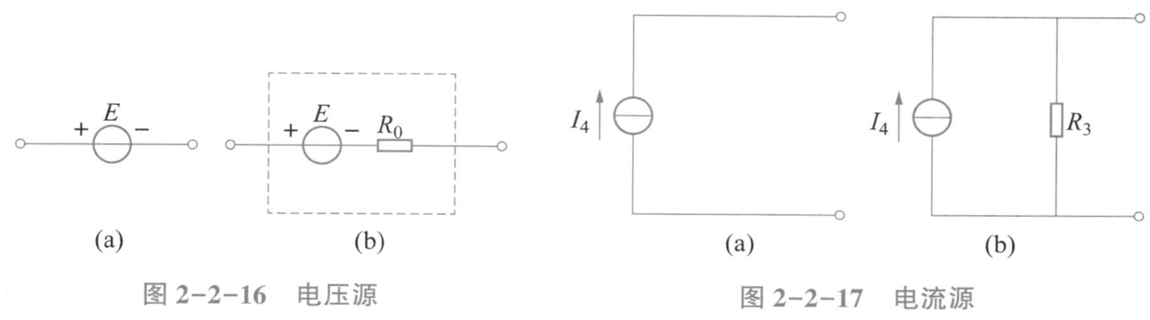

图 2-2-16　电压源

图 2-2-17　电流源

五、能力延伸

1. 已知电路中 A 点电位为 15V，B 点电位为 4V，则 AB 两点间的电压为________。

2. 若在 5s 内通过导体横截面的电量为 25C，则电流强度为________ A。

3. 导体电阻越小，则其电导就________。

4. 在电路中，将两个以上的电阻的一端全部连接在一起，另一端全部连接在一点上，这样的连接称为电阻的________。

5. 如图 2-2-18 所示的电路，当开关 S 闭合后，R_1 两端的电压 U_1、R_2 两端的电压 U_2、R_3 两端的电压 U_3 的大小变化是________。

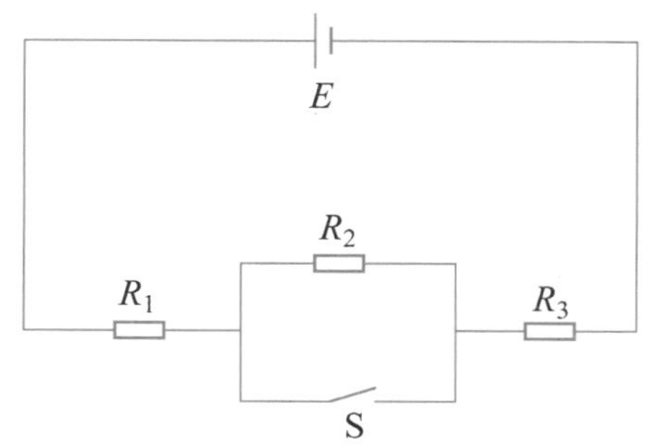

图 2-2-18　电压变化测试电路

任务三 电阻器的识别与测量

一、学习目标

【知识目标】

★认识电阻、熟悉电阻定律；

★知道电阻与温度的关系；

★熟悉电阻的标注方法；

★熟悉常用电阻的类型，能区分不同类型电阻的用途。

【能力目标】

★能识读电阻的参数；

★能区分常用电阻；

★能运用常用仪表对电阻进行测量。

【素质目标】

★培养一丝不苟的敬业精神；

★养成勤奋、节俭、务实、守纪的职业素养；

★树立安全第一的职业意识；

★具备一定分析问题、解决问题的能力。

二、工作任务

1. 运用电阻定律解决实际问题；
2. 获取电阻的必要信息，了解不同电阻的用途、不同电阻的检测方法；
3. 电阻器的识读与检测；
4. 小组讨论，完成学习任务；
5. 和老师沟通，解决存在的问题；
6. 记录工作过程，填写相关任务；
7. 小组汇报演示。

三、实施过程

职场演练

请同学们在 3min 内按 7S 现场管理的要求对自己的学习区域进行自检，不合格项进行整改。在表 2-3-1 中做好相应的记录。

表 2-3-1　自检表

项次	检查内容	检查状况	检查结果
整理	学习区域是否有与学习无关的东西	□是　□否	□合格　□不合格
	学习工具、资料等摆放是否整齐有序	□是　□否	□合格　□不合格
整顿	学习工具和生活用具是否杂乱放置	□是　□否	□合格　□不合格
	学习资料是否随意摆放	□是　□否	□合格　□不合格

❖看一看

认识常用电阻器

电阻器是常用的电子元件，也是重要的电子元件之一，电阻器通过不同的连接方式，可以实现电路中的限流、分流、降压、分压、负载及阻抗匹配等作用。图 2-3-1 是常用的小电路。

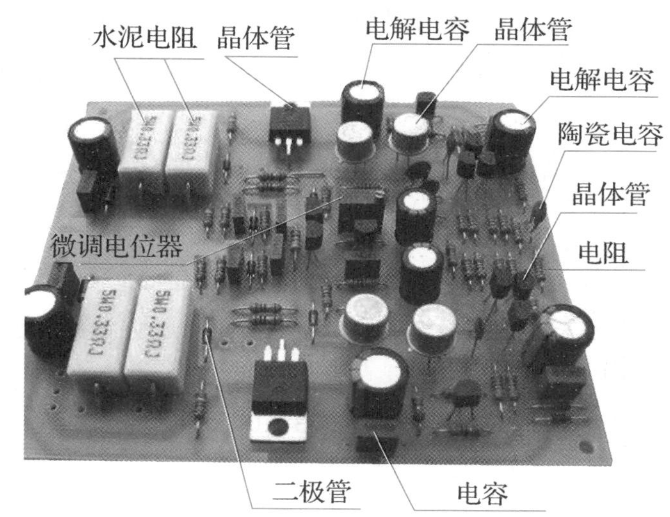

图 2-3-1　包含电阻器的小电路

❖找一找、议一议

1. 图 2-3-1 所示电路中共有多少个元器件？电阻有多少个？

2. 你在图 2-3-1 中能找到哪几种不同的电阻？它们分别是什么电阻？

【知识链接】

(一) 电阻和电阻定律

自由电子在导体中做定向移动时所形成的电流会受到阻碍，故将导体对电流的阻碍作用称为电阻，用符号“R”表示。导体的电阻越大，表示导体对电流的阻碍作用越大，不同的导体，电阻一般不同，电阻是导体本身的一种性质。

1. 电阻定律

实验证明：在常温下，导体的电阻 R 与它的长度 L 成正比，与它的横截面积 S 成反比，还与导体材料有关，这个规律称为电阻定律。

即
$$R=\rho\cdot\frac{L}{S} \tag{2-3-1}$$

式中，ρ——导体材料的电阻率，欧姆·米（Ω·m）；

L——电阻的导线长度，米（m）；

S——电阻的导线横截面积，平方米（m^2）；

R——电阻值。

电阻的单位是欧姆，简称欧，用符号“Ω”表示。常用的电阻单位还有1kΩ（千欧）、1MΩ（兆欧），它们的关系为

$$1k\Omega=10^3\Omega,\ 1M\Omega=10^6\Omega$$

不同的物质有不同的电阻率，电阻率的大小反映了各种材料导电性能的好坏，电阻率越大，表示导电性能越差，表2-3-2为常温下常用电阻材料的电阻率。通常我们将电阻率小于$10^{-6}\Omega\cdot m$的材料称为导体，如金属。电阻率大于$10^7\Omega\cdot m$的材料称为绝缘体，如石英、塑料等。而电阻率的大小介于导体和绝缘体之间的材料，称为半导体，如锗、硅等。

表2-3-2 常用材料在20℃时的电阻率

材料	电阻率ρ（Ω·m）	材料	电阻率ρ（Ω·m）
银	1.65×10^{-8}	铁	1.0×10^{-7}
铜	1.72×10^{-8}	铂	1.06×10^{-7}
铝	2.83×10^{-8}	锰铜	4.4×10^{-7}
钨	5.3×10^{-8}	康铜	5.0×10^{-7}

❖练一练

已知：常温下一铜线的横截面积为$2.5mm^2$，长度为1000m。

求：1）该导体的电阻是多少？

2）如将导线对折，此时的电阻是多少？

3）如将导线拉长为原来的2倍，此时电阻又为多少？

2. 电阻与温度

不同材料的电阻率不同，而同一种材料的电阻率当温度发生变化时也会变化。当温度改变1℃时，电阻值的相对变化，称为电阻温度系数。其温度系数有正、负之分。

❖议一议

正温度系数和负温度系数的电阻，各自的电阻阻值与温度分别有什么关系？

3. 电阻器的主要参数

电阻器的参数很多，通常考虑的参数有标称阻值、允许误差和额定功率等。

（1）标称阻值

标称阻值是指电阻体表面所标注的数值，如100、5.1、1.5k…，其数值范围应符合GB/T 2471—1995《电阻器标称阻值系列》的规定。目前电阻器标称阻值有三大系列：E24系列、E12系列和E6系列，E24系列已被广泛采用。

电阻器的标称阻值应为表2-3-3中所列数值的10^n倍，其中n为正整数、负整数或零。以E24系列中的1.5为例，电阻器的标称阻值可以是0.15、1.5、15、150、1.5K、15k、150k等。

表2-3-3　电阻器标称阻值系列

系列	允许偏差	电阻器标称阻值
E24	Ⅰ级±5%	1.0，1.1，1.2，1.3，1.5，1.6，1.8，2.0，2.2，2.4，2.7，3.0，3.3，3.6，3.9，4.3，4.7，5.1，5.6，6.2，6.8，7.5，8.2，9.1
E12	Ⅱ级±10%	1.0，1.2，1.5，1.8，2.2，2.7，3.3，3.9，4.7，5.6，6.8，8.2
E6	Ⅲ级±20%	1.0，1.5，2.2，3.3，4.7，6.8

（2）允许误差

允许误差是指标称阻值和实际阻值的差值与标称阻值之比的百分数。不同类型的电阻器，其阻值偏差及其标志符号的规定不同，如有些电阻器用颜色来表示允许偏差。

（3）额定功率

电阻器的额定功率是指电阻器在环境温度为-55℃～+70℃，大气压强为101kPa的条件下，连续承受直流或交流负荷时所允许的最大消耗功率。每个电阻器都有其额定功率值，超过这个值，电阻器将会因过热而烧毁。

常见电阻器的额定功率一般为1/16W、1/8W、1/4W、1/2W、1W、2W、3W、4W、5W、10W等。其中1/8W和1/4W的电阻器较为常用。

4. 电阻器的标注方法

电阻器的参数标注方法有直接标注、字符标注、数码标注和色环标注4种形式。

（1）直接标注法

在电阻器表面，直接用数字和单位符号标出阻值和允许误差，如图2-3-2所示。

例如：电阻器上标注22 kΩ±5%，表示该电阻的阻值为22 kΩ，允许误差为±5%

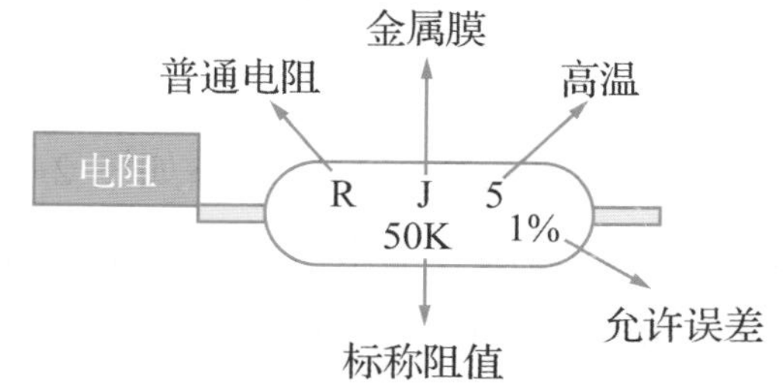

图2-3-2　直接标注法示例

（2）字符标注法

用数字和文字符号按一定规律组合表示电阻器的阻值，如图2-3-3所示。用文字符号R、K、M、G、T表示电阻单位，文字符号前面的数字表示阻值的整数部分，文字符号后面的数字表示小数部分。

例如，R1 表示 0.1Ω；2k7 表示 2.7 kΩ（读作 2 点 7 千欧，即 2700Ω）；9M1 表示 9.1 MΩ（读作 9 点 1 兆欧，即 $9.1\times10^{6}\Omega$）。

（3）数码标注法

用三位数字表示电阻器的阻值，其中前两位为有效数字，第三位倍率（即后边加 0 的个数），单位为 Ω，如图 2-3-4 所示。

图 2-3-3 字符标注法

图 2-3-4 数码标注法

例如，471 表示 $47\times10^{1}\Omega$，即 470Ω；103 表示 $10\times10^{3}\Omega$，即 10kΩ（10000Ω）。

（4）色环标注法

用不同颜色的色环表示电阻器的标称阻值和允许误差，如图 2-3-5 所示。普通电阻器采用四环表示，精密电阻器采用五环表示，如图 2-3-6 所示。

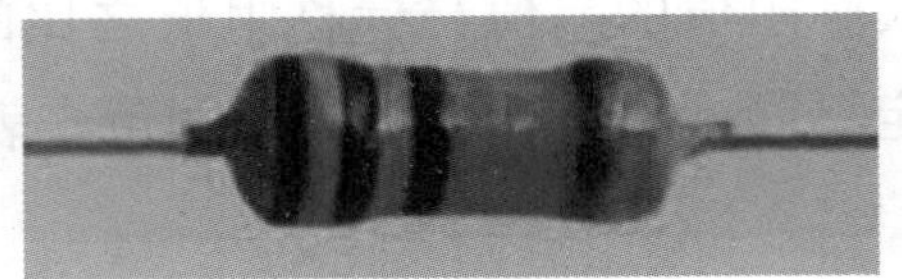
图 2-3-5 四色环电阻

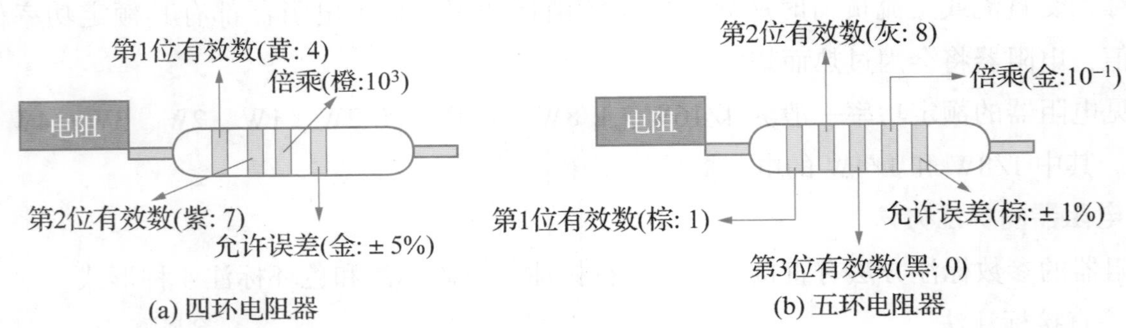

图 2-3-6 色环标注法示例图

各环颜色与数字对应关系如图 2-3-7 所示。

例如，某四环电阻从左至右的色环顺序为绿棕棕金，则第一环绿色对应 5、第二环棕色对应 1、第三环棕色对应为倍乘 10^{1}、第四环金对应为误差±5%，所以该电阻为 $51\times10^{1}\Omega\pm5\%$，即 510Ω±5%。

同理，某五环电阻色环顺序为绿棕黑棕棕，则读为 $510\times10^{1}\Omega\pm1\%$，即 5.1kΩ±1%。

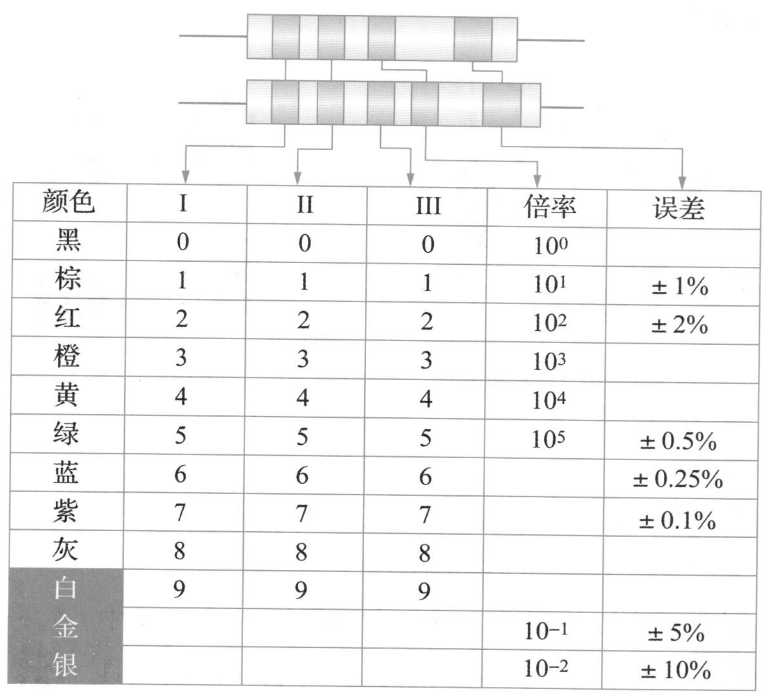

颜色	I	II	III	倍率	误差
黑	0	0	0	10^0	
棕	1	1	1	10^1	± 1%
红	2	2	2	10^2	± 2%
橙	3	3	3	10^3	
黄	4	4	4	10^4	
绿	5	5	5	10^5	± 0.5%
蓝	6	6	6		± 0.25%
紫	7	7	7		± 0.1%
灰	8	8	8		
白	9	9	9		
金				10^{-1}	± 5%
银				10^{-2}	± 10%

图 2-3-7 电阻色环与数值的对应关系

❖练一练

1. 四环色环电阻的识读

请根据下面的阻值，写出该电阻对应的色环(误差±5%)。

4. 7k—— 15—— 360——

33k—— 910—— 750k——

请根据下面的色环，写出相应的阻值与误差。

棕红橙金—— 红红红金——

橙白棕金—— 灰红黄金——

2. 五环色环电阻的识读

请根据下面的阻值，写出该电阻对应的色环（误差±1%）。

220—— 1k8—— 510k——

12k—— 6. 8k—— 1M——

请根据下面的色环，写出相应的阻值与误差。

绿蓝黑棕棕—— 灰红黑红棕——

橙白黑黑棕—— 红黄黑黄棕——

5. 电阻器的分类

（1）按阻值是否可调节分类

按阻值是否可调节来分类，电阻器有固定电阻器和可变电阻器两大类。固定电阻器是指电阻值固定而不能调节的电阻器，如图 2-3-8 所示；可变电阻器是指阻值在一定范围内可以任意调节的电阻器，如图 2-3-9 所示。初中物理实验中遇到过很多固定电阻器，而电阻箱、滑动变阻器属于可变电阻器。

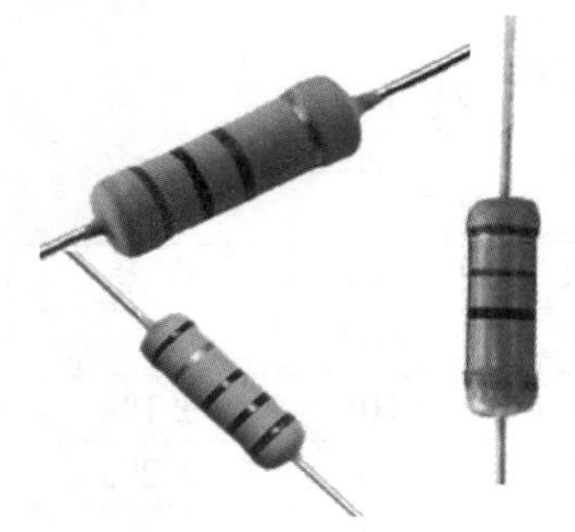

图 2-3-8　固定电阻器

图 2-3-9　可变电阻器

（2）按制造材料分类

电阻器一般用电阻率较大的材料（碳或镍铬合金等）制成。根据制造电阻器材料的不同可分为碳膜电阻器、金属膜电阻器和线绕电阻器等。

碳膜电阻器——制造工艺比较复杂，首先在高温度的真空炉中分离出有机化合物的碳，然后使碳淀积在陶瓷基体的表面而形成具有一定阻值（阻值大小可通过改变碳膜的厚度或长度得到）的碳膜，最后加以适当的接头后切薄，并在其表面涂上环氧树脂进行密封保护。碳膜电阻器表体颜色一般为米色、绿色等，如图 2-3-10 所示。

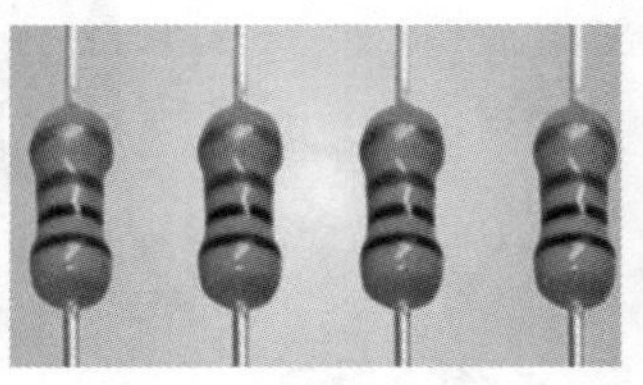

图 2-3-10　碳膜电阻器

金属膜电阻器是在真空条件下，在瓷质基体上沉积一层合金粉制成。通过改变金属膜的厚度或长度可得到不同的阻值。金属膜电阻器主要有金属薄膜电阻器、金属氧化膜电阻器及金属釉膜电阻器等。金属膜电阻器表体颜色一般为红色、蓝色等，如图 2-3-11 所示。

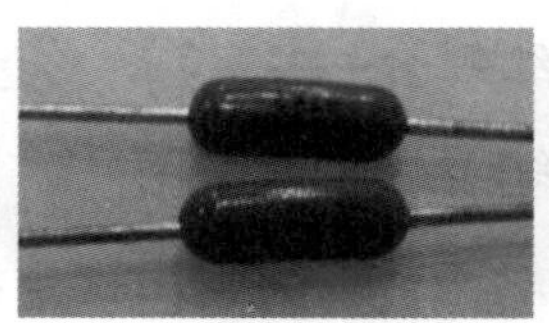

图 2-3-11　金属膜电阻器

线绕电阻器是将电阻线（康铜丝或锰铜丝）绕在耐热瓷体上，表面涂以耐热、耐湿、无腐蚀的不燃性保护涂料而制成。例如，滑动变阻器就属于线绕式电阻。水泥电阻也属于线绕电阻器，如图 2-3-12 所示。

图 2-3-12　线绕电阻器

（3）按用途分类

按用途不同电阻器可分为精密电阻器、高频电阻器、大功率电阻器、热敏电阻器、光敏电阻器等。其中，光敏电阻器可用在要求电阻器的阻值随外界光的强度变化而变化的场合；功率在 1/8W 以上的电阻器都称为功率电阻，一般同一制造技术下制作出来的标称阻值相同的电阻器，功率大的体积也相对较大。图 2-3-13 所示为热敏电阻器、压敏电阻器实物图。

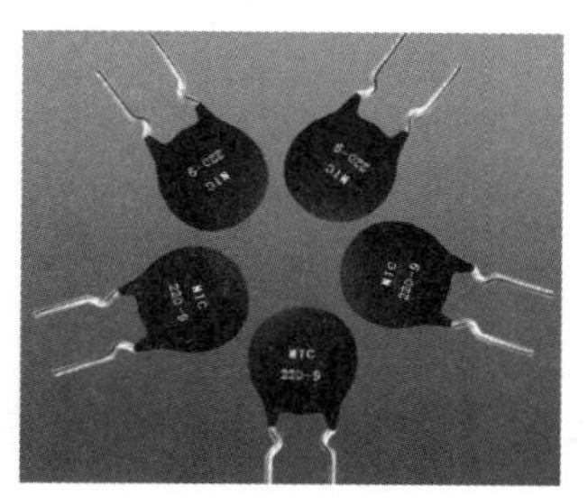

(a)热敏电阻器

(b)压敏电阻器

图 2-3-13　部分特殊用途电阻器实物图

（二）电阻器的测量

电阻器的测量方法很多，主要有伏安法测电阻、万用表测电阻、兆欧表测电阻和电桥测电阻。在实际应用中，我们要根据不同的要求来选择测量工具。

- 伏安法测电阻：主要用于在线电阻的测量；
- 万用表测电阻：用于测量普通电阻，此方法简单、方便、快捷，是最常用的测量电阻阻值的方法；
- 兆欧表测电阻：用于测量设备的绝缘电阻，适用在测量阻值很大的电阻（一般 1MΩ 以上的电阻）；
- 电桥测量电阻：适用于对电阻进行精密的测量。

❖做一做

1. 伏安法测电阻

（1）按图 2-3-14 连接电路

（2）按要求测量相关数据

1）将电压调至 10V 固定不变，按表 2-3-4 改变电阻 R，将电压表和电流表的数值记录到相应位置。

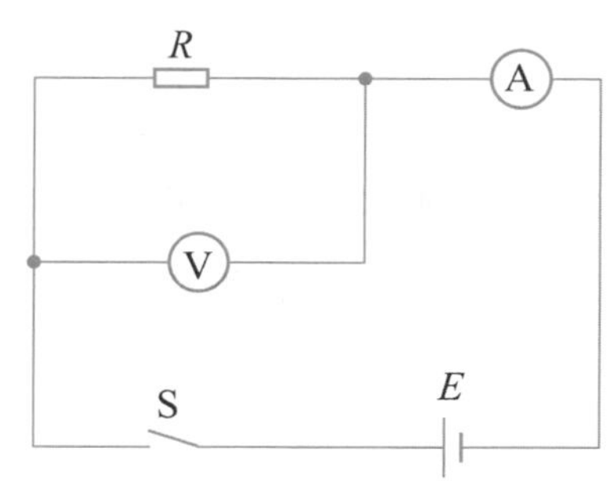

图 2-3-14　测试电路

表 2-3-4　电压表和电流表读数 1

电阻值	100Ω	270Ω	430Ω	680Ω	1kΩ
电压表读数					
电流表读数					

2）R 选用 100Ω 电阻固定不变，按表 2-3-5 改变电源 E，将电压表和电流表的数值记录到相应位置。

表 2-3-5 电压表和电流表读数 2

电阻值	100Ω	100Ω	100Ω	100Ω	100Ω
电源 E	5V	10V	15V	20V	25V
电压表读数					
电流表读数					

（3）数据分析

1）当电阻器两端电压不变时，通过电阻器的电流随着电阻值增大而________（增大或减小），即流过电阻的电流与电阻的阻值成________（正比或反比）；

2）当电阻器阻值不变时，通过电阻器的电流随着电阻两端的电压增高而________（增大或减小），即流过电阻的电流与该电阻两端的电压成________（正比或反比）。

2. 万用表测电阻

小明周末在家中使用 CD 机欣赏音乐，正当兴致最浓时，突然就没有声音了。经小明检查发现，功率放大器中有烧焦的味道，当小明打开功率放大器的外壳时，发现电路板中的几个电阻有烧焦的迹象。小明拆下这几个电阻，拿出万用表对这几个电阻进行测量，将坏掉的电阻换掉以后，通电试机正常，小明又开始高兴地欣赏音乐了。

你知道小明是如何通过万用表对电阻进行测量，并判断其好坏的吗？

❖练一练

任意选取四环、五环色环电阻各 5 个，读出标称值，选择合适的挡位进行测量，并判断是否可用，将相关数据记录在表 2-3-6 中。

表 2-3-6 万用表测电阻

序号	色环	标称值，误差	挡位	读数	是否可用

注：能在一分钟时间内正确识读 20 个电阻为合格。

1. 指针式万用表的结构组成

指针式万用表的型号很多，但基本结构是类似的。指针式万用表主要由表头、转换开关（又称量程选择开关）、测量电路 3 个部分组成，如图 2-3-15 所示。

图 2-3-15　MF-47 型万用表

（1）表盘

它是一只高灵敏度的磁电式直流电流表，万用表的主要性能指标基本上取决于表头的性能。表头的灵敏度是指表头指针满刻度偏转时流过表头的直流电流值，这个值越小，表头的灵敏度越高。测电压时的内阻越大，其性能越好。表盘上有多条刻度线，如图 2-3-16 所示。它们的功能为第一条（从上到下）标有“R”或“Ω”，指示的是电阻值，转换开关在欧姆挡时，即读此条刻度线。其余刻度线在对应的项目中进行讲解，此处略。

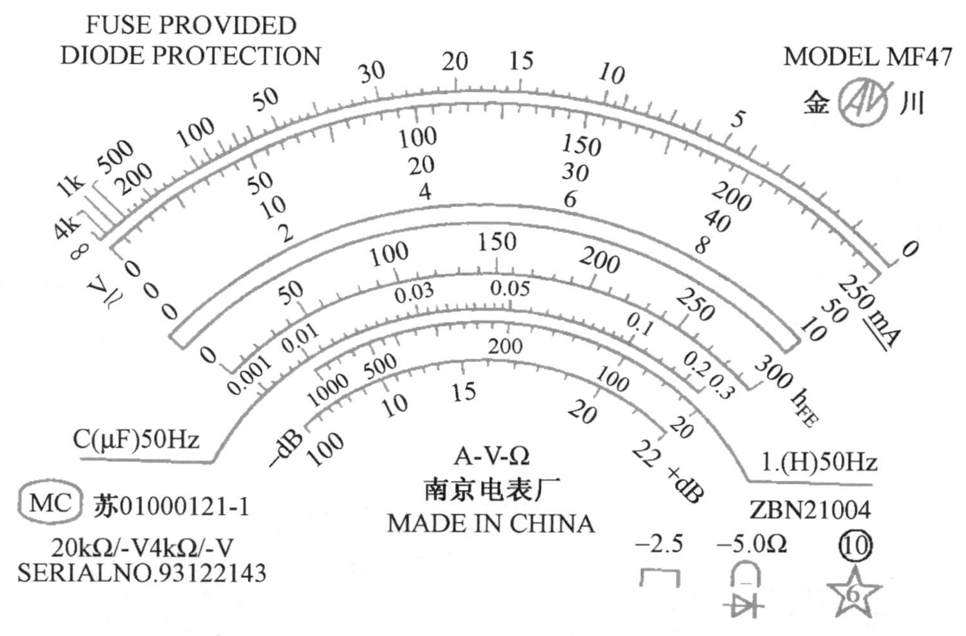

图 2-3-16　表盘

（2）转换开关

转换开关用来选择被测电量的种类和量程（或倍率）。万用表的转换开关是一个多挡位的旋转开关，测量项目包括：“mA”——直流电流、“V”——直流电压、“V ~”——交流电压、“Ω”——电阻。每个测量项目又划分为几个不同的量程（或倍率）以供选择。

电阻有 5 个倍率挡，即×1、×10、×100、×1k 和×10k。

（3）测量电路

测量电路的作用是把被测的电量转化为适合于表头要求的微小直流电流，由电阻、半导体元器件及电池组成。它通常包括分流电路、分压电路和整流电路。分流电路将被测大电流通过分流电阻变成表头所需要的微小电流，分压电路将被测得高电压通过分压电阻变换成表头所需的低电压；整流电路将被测的交流，通过整流转变成所需的直流电。

2. 表笔和表笔插孔

表笔分为红、黑二只。使用时应将红表笔插入标有“+”号的插孔中，黑表笔插入标有“-”号的插孔中。另外，MF-47 型万用表还提供 2500V 交直流电压扩大插孔及 5A 的直流电流扩大插孔。使用时分别将红表笔移至对应插孔中即可。

3. 指针式万用表的使用方法

（1）准备工作

由于万用表种类型式很多，在使用前要做好测量的准备工作：

1）熟悉转换开关、旋钮、插孔等的作用，检查表盘符号，“Π”表示水平放置，“⊥”表示垂直使用。

2）了解刻度盘上每条刻度线所对应的被测电量。

3）检查红色和黑色两根表笔所接的位置是否正确，红表笔插入“+”插孔，黑表笔插入“-”插孔，有些万用表另有交直流 2500V 高压测量端，在测高压时黑表笔不动，将红表笔插入高压插口。

4）机械调零。旋动万用表面板上的机械零位调整螺钉，使指针对准刻度盘左端的“0”位置。

（2）用万用表测电阻的步骤

1）选挡：首先将万用表的转换开关调整至欧姆挡，并根据被测电阻的标称值或估计值选择合适的倍率，尽量使指针偏转为满偏的 1/2～2/3，此时所选挡位最合适，如图 2-3-17 所示。

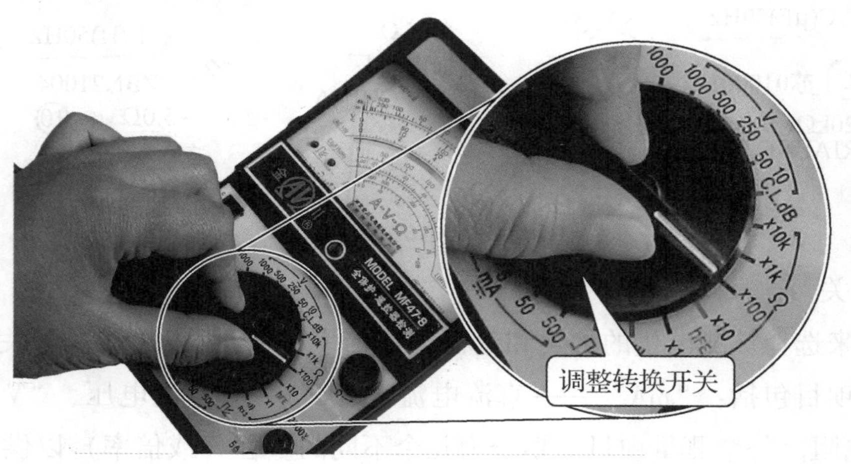

图 2-3-17　选挡

2）校零：当选择倍率挡后，将两表笔短接，观察刻度盘，调节欧姆调零旋钮，使指针对准欧姆挡的 0 刻度位置，每次选择挡位后都要重新调零，如图 2-3-18 所示。

3）检测与读数：右手拿万用表棒，左手拿电阻体的中间或电阻体的一半截进行测量；切不可用手指同时捏表棒和电阻器的两根引脚，因为这样测量的是原电阻器并上人体电阻的阻值，尤其是测量高精度电阻时，会使测量误差增大。在电路中测量电阻时要切断电源，要考虑电路中的其他元器件对电阻值的影响。如果电路中接有电容器，还必须将电容器放电，以免万用表被烧毁。

观察欧姆刻度盘，读出刻度盘上指针指示的数值，该数值再乘以倍率挡，就是被测电阻的阻值。欧姆挡的读数方法与我们电压电流挡的读数方法又不一样，如果我们不加以区分的话很容易出错。

下面就以 MF-47 型万用表为例，如何进行读数：万用表选用 $R\times100$ 挡测一电阻，指针指示为“11”，如图 2-3-19 所示。

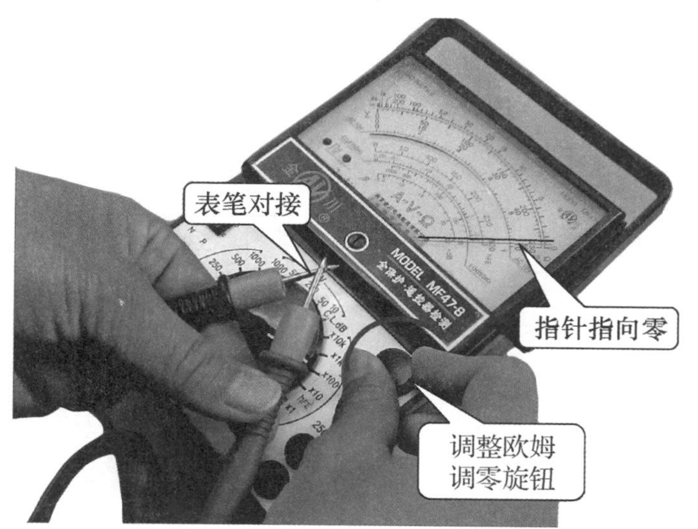

图 2-3-18 万用表调零

图 2-3-19 万用表指针

根据图 2-3-19 指针读数和挡位，可知其电阻值为 11×100＝1100，即 1.1k。

❖理一理

请同学们对本任务所学内容，根据自己所学情况进行整理，在表 2-3-7 中做好记载，同时根据自己的学习情况，对照表 2-3-7 逐一检查所学知识点，并如实在表中做好记录。

表 2-3-7 知识点检查记录表

检查项目	理解概念		回忆		复述		存在的问题
	能	不能	能	不能	能	不能	
电阻定律							
电阻的参数							
电阻的标注方法							
电阻的识读							

❖做一做

按学校整体布置的要求，根据本班的实际情况对学习区域进行 7S 整理。请各学习小组 QC（品质检验员）分别对组员进行 7S 检查，将检查结果记录在表 2-3-8 中，做得不好的小组长督促整改。

表 2-3-8　7S 检查表

项次	检查内容	配分	得分	不良事项
整理	学习区域是否有与学习无关的东西	5		
	学习工具、资料等摆放是否整齐有序	5		
整顿	学习工具和生活用具是否杂乱放置	5		
	学习资料是否随意摆放	5		
清扫	工作区域是否整洁，是否有垃圾	5		
	桌面、台面是否干净整齐	5		
清洁	地面是否保持干净，无垃圾、无污迹及纸屑等	5		
	是否乱丢纸屑等	5		
素养	是否完全明白 7S 的含义	10		
	是否有随地吐痰及乱扔垃圾现象	10		
	学习期间是否做与学习无关的事情，如玩手机等	10		
安全	是否在学习期间打闹	10		
	是否知道紧急疏散的路径	10		
节约	是否节能（照明灯开关是否合理）	5		
	是否存在浪费纸张、文具等物品的情况	5		
合计		100		
评语				

注：80 分以上为合格，不足之处自行改善；60~80 分须向检查小组作书面改善交流；60 分以下，除向检查小组作书面改善交流外，还将全班通报批评。

审核：　　　　　　　　　　　　　　　　检查：

❖评一评

请同学们对学习过程进行评价，并在表 2-3-9 中记录。

表 2-3-9　评估表

<table>
<tr><td colspan="3">姓名</td><td colspan="3">学习 1</td><td colspan="3">日期</td></tr>
<tr><td colspan="3">班级</td><td colspan="3">工作任务 1</td><td colspan="3">小组</td></tr>
<tr><td colspan="3"></td><td colspan="3"></td><td colspan="3"></td></tr>
<tr><td colspan="2">1-优秀</td><td colspan="2">2-良好</td><td colspan="2">3-合格</td><td colspan="2">4-基本合格</td><td>5-不合格</td></tr>
<tr><td colspan="3">确定的目标</td><td>1</td><td>2</td><td>3</td><td>4</td><td>5</td><td>观察到的行为</td></tr>
<tr><td rowspan="13">工作过程评估</td><td rowspan="5">专业能力</td><td>制订工作计划</td><td></td><td></td><td></td><td></td><td></td><td></td></tr>
<tr><td>认识常用电阻</td><td></td><td></td><td></td><td></td><td></td><td></td></tr>
<tr><td>电阻的选择</td><td></td><td></td><td></td><td></td><td></td><td></td></tr>
<tr><td>电阻的识别与测量</td><td></td><td></td><td></td><td></td><td></td><td></td></tr>
<tr><td>不同类电阻的区别</td><td></td><td></td><td></td><td></td><td></td><td></td></tr>
<tr><td rowspan="3">方法能力</td><td>收集信息</td><td></td><td></td><td></td><td></td><td></td><td></td></tr>
<tr><td>文献资料整理</td><td></td><td></td><td></td><td></td><td></td><td></td></tr>
<tr><td>成果演示</td><td></td><td></td><td></td><td></td><td></td><td></td></tr>
<tr><td rowspan="3">社会能力</td><td>合理分工</td><td></td><td></td><td></td><td></td><td></td><td></td></tr>
<tr><td>相互协作</td><td></td><td></td><td></td><td></td><td></td><td></td></tr>
<tr><td>同学及老师支持</td><td></td><td></td><td></td><td></td><td></td><td></td></tr>
<tr><td rowspan="2">个人能力</td><td>执行力</td><td></td><td></td><td></td><td></td><td></td><td></td></tr>
<tr><td>专注力</td><td></td><td></td><td></td><td></td><td></td><td></td></tr>
<tr><td rowspan="6">成果评估</td><td rowspan="4">工作任务书</td><td>时间计划/进度记录</td><td></td><td></td><td></td><td></td><td></td><td></td></tr>
<tr><td>工作过程记录</td><td></td><td></td><td></td><td></td><td></td><td></td></tr>
<tr><td>解决问题记录</td><td></td><td></td><td></td><td></td><td></td><td></td></tr>
<tr><td>方案修改记录</td><td></td><td></td><td></td><td></td><td></td><td></td></tr>
<tr><td>环境保护</td><td>环境保护要求</td><td></td><td></td><td></td><td></td><td></td><td></td></tr>
<tr><td>成果汇报</td><td>汇报材料</td><td></td><td></td><td></td><td></td><td></td><td></td></tr>
</table>

四、知识拓展

用兆欧表测电阻的方法

兆欧表是用来测量被测设备的绝缘电阻和高值电阻的仪表，它由手摇发电机、表头和 3 个接线柱（L 为线路端、E 为接地端、G 为屏蔽端）组成，如图 2-3-20 所示。

图 2-3-20　兆欧表

1. 兆欧表的选用原则

1）额定电压等级的选择。一般情况下，额定电压在 500V 以下的设备，应选用 500V 或 1000V 的兆欧表；额定电压在 500V 以上的设备，选用 1000~2500V 的兆欧表。

2）电阻量程范围的选择。兆欧表的表盘刻度线上有两个小黑点，小黑点之间的区域为准确测量区域。所以，在选表时应使被测设备的绝缘电阻值在准确测量区域内。

2. 兆欧表的使用

1）校表。测量前应将兆欧表进行一次开路和短路试验，检查兆欧表是否良好。将两连接线开路，摇动手柄，指针应指在“∞”处，再把两连接线短接一下，指针应指在“0”处，符合上述条件者即良好，否则不能使用。

2）被测设备与线路断开，对于大电容设备还要进行放电。

3）选用电压等级符合的兆欧表。

4）测量绝缘电阻时，一般只用“L”和“E”端，但在测量电缆对地的绝缘电阻或被测设备的漏电流较严重时，就要使用“G”端，并将“G”端接屏蔽层或外壳。线路接好后，可按顺时针方向转动摇把，摇动的速度应由慢而快，当转速达到每分钟 120 转左右时（ZC-25 型），保持匀速转动，1min 后读数，并且要边摇边读数，不能停下来读数。

5）拆线放电。读数完毕，一边慢摇，一边拆线，然后将被测设备放电。放电方法是将测量时使用的地线从兆欧表上取下来与被测设备短接一下即可（不是兆欧表放电）。

3. 注意事项

1）禁止在雷电时或高压设备附近测绝缘电阻，只能在设备不带电，也没有感应电的情况下测量。

2）测量过程中，被测设备上不能有人工作。

3）兆欧表线不能绞在一起，要分开。

4）兆欧表未停止转动之前或被测设备未放电之前，严禁用手触及。拆线时，也不要触及引线的金属部分。

5）测量结束时，对于大电容设备要放电。

6）要定期校验其准确度。

五、能力延伸

（一）填空题

1. 用电压表分别测量电路中两盏电灯的电压，结果它们两端的电压相等，由此判断两盏电灯的连接方式是________。

2. 一粗细均匀的镍铬丝，横截面直径为 d，电阻为 R。把它拉制成直径为 $d/10$ 的均匀细丝后，它的电阻变为________。

3. 两种材料不同的电阻丝，长度之比为 1∶5，横截面积之比为 2∶3，电阻之比为 2∶5，则材料的电阻率之比为________。

4. 有一根粗细均匀的电阻丝，当两端加上 2V 电压时通过其中的电流为 4A，现将电阻丝均匀地拉长，然后两端加上 1V 电压，这时通过它的电流为 0.5A。由此可知，这根电阻丝已被均匀地拉长为原长的________倍。

（二）选择题

1. 有长度相同、质量相同、材料不同的金属导线 A、B 各一根。已知 A 的密度比 B 的大，A 的电阻率比 B 的小，则 A、B 两根导线的电阻为（　　）。

A. $R_A>R_B$　　B. $R_A<R_B$　　C. $R_A=R_B$　　D. 无法判断

2. 下列关于电阻率的叙述，错误的是（　　）。

A. 当温度极低时，超导材料的电阻率会突然减小到零

B. 常用的导线是用电阻率较小的铝、铜材料做成的

C. 材料的电阻率取决于导体的电阻、横截面积和长度

D. 材料的电阻率随温度变化而变化

3. 关于导体和绝缘体的如下说法正确的是（　　）。

A. 超导体对电流的阻碍作用等于零

B. 自由电子在导体中走向移动时仍受阻碍

C. 绝缘体接在电路中仍有极微小电流通过

D. 电阻值大的为绝缘体，电阻值小的为导体

（三）计算题

在一根长 $l=5\text{m}$，横截面积 $S=3.5\times10^{-4}\text{m}^2$ 的铜质导线两端加 $2.5\times10^{-3}\text{V}$ 电压。已知铜的电阻率 $\rho=1.75\times10^{-8}\Omega\cdot\text{m}$，则该导线中的电流多大？

任务四 基本直流电表的制作

一、学习目标

【知识目标】

★了解电阻元件电压与电流的关系，掌握欧姆定律；

★掌握电阻串联、并联及混联的连接方式；

★了解支路、节点、回路和网孔的概念；

★能总结电路中节点电流及回路电压的规律；

★掌握基尔霍夫电流、电压定律。

【能力目标】

★会计算等效电阻、电压、电流和功率；

★能应用基尔霍夫电流、电压定律列出两个网孔的电路方程；

★能用电流表、万用表、电压表（电位法）检查电路故障。

【素质目标】

★培养一丝不苟的敬业精神；

★养成勤奋、节俭、务实、守纪的职业素养；

★树立安全第一的职业意识；

★具备一定的分析问题、解决问题的能力。

二、工作任务

1. 能借助网络资源，获取电阻联接的相关资料，加深对电阻不同联接特性的理解；
2. 电阻的串联；
3. 电阻的并联；
4. 电阻的混联；
5. 制作简单的电压表；
6. 制作简单的电流表；
7. 小组讨论，完成引导问题；
8. 和老师沟通，解决存在的问题；
9. 记录工作过程，填写相关任务。

三、实施过程

职场演练

请同学们在 3min 内按 7S 现场管理的要求对自己的学习区域进行自检，不合格项进行整改，并在表 2-4-1 中做好相应的记录。

表 2-4-1　自检表

项次	检查内容	检查状况	检查结果
整理	学习区域是否有与学习无关的东西	□是　□否	□合格　□不合格
	学习工具、资料等摆放是否整齐有序	□是　□否	□合格　□不合格
整顿	学习工具和生活用具是否杂乱放置	□是　□否	□合格　□不合格
	学习资料是否随意摆放	□是　□否	□合格　□不合格

案例：刚进入职业学校学习电子专业的小明，总是对身边的电子产品充满了好奇。一天，小明将老师发给他的万用表拆开，发现万用表中测量直流电流、电压对应的电路很简单，只有几个电阻与表头线圈进行连接，于是小明找到老师询问。在老师的讲解下，小明终于明白了万用表测量电压、电流的原理。你们知道老师给小明讲了些什么吗？其实非常简单，就是电阻的串并联。下面让我们一起来学习电阻的连接吧。

（一）电流表的制作

❖练一练

画出图 2-4-1 所示连接电路的电路图，并在实验台上按要求连接该电路。

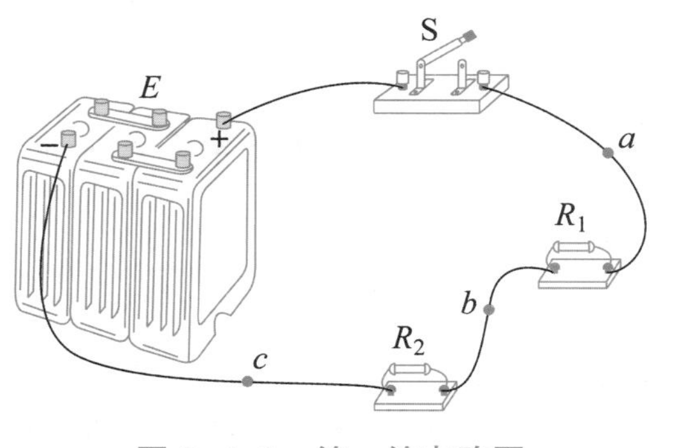

图 2-4-1　练一练电路图

要求：电阻 R_1、R_2 取值范围 100~500Ω，电源 E 的范围为 3~5V。

1. 选择万用表合适的挡位，完成开关 S 断开与闭合状态下的相关测量，并做好记录。

开关 S 断开：R_{ab} = ________，R_{bc} = ________，R_{ac} = ________，I = ________。

开关 S 闭合：$E=$ ________，$U_{ab}=$ ________，$U_{bc}=$ ________，$U_{ac}=$ ________，$I_a=$ ________，$I_b=$ ________，$I_c=$ ________。

2. 结果分析

电阻：

电压：

电流：

功率：

【知识链接】

1. 欧姆定律

(1) 部分电路欧姆定律

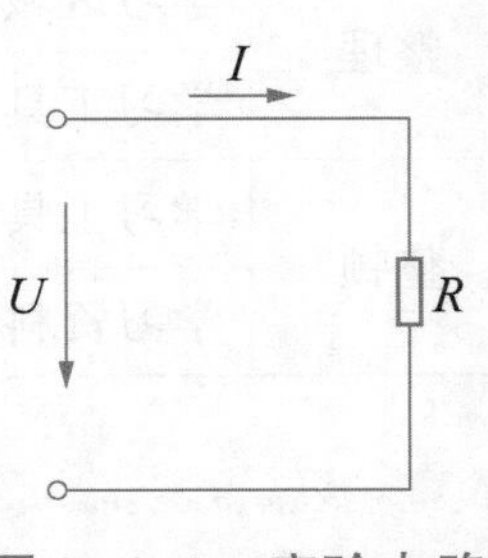

图 2-4-2 实验电路

当电阻两端加上电压时，电阻中就会有电流通过，如图 2-4-2 所示。实验证明：在不含电源的电路中，流过某电阻的电流与该电阻两端的电压成正比，与该电阻的阻值成反比，这就是部分电路欧姆定律，其数学表达式为

$$I=\frac{U}{R} \tag{2-4-1}$$

式中，I——流过电阻的电流，安培（A）；

U——电阻两端的电压，伏特（V）；

R——电阻值，欧姆（Ω）。

利用式（2-4-1），在电压、电流及电阻 3 个量中，只要知道两个量就能求出第三个量，即

$$U=IR \tag{2-4-2}$$

或

$$R=\frac{U}{I} \tag{2-4-3}$$

温馨提示：电阻元件上电压和电流的参考方向相反时，上述欧姆定律数学公式应加一负号，即 $U=-IR$。

❖练一练

(1) 经测得在一电阻值为 100Ω 的电阻两端的电压为 10V，试计算此时通过该电阻的电流。

(2) 如图 2-4-3 所示电路中，分别求（a）（b）中的电压 U。

(2) 全电路欧姆定律

在部分电路欧姆定律中，不需要考虑电源，而在实际电路中一般含有电源，这种含有电

源的电流电路称为全电路，如图 2-4-4 所示。

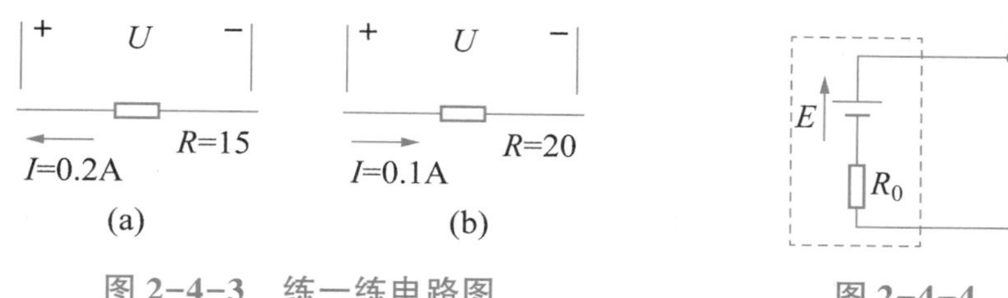

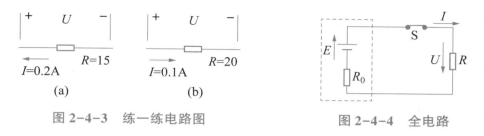

图 2-4-3 练一练电路图

图 2-4-4 全电路

在全电路的计算中，需要用全电路欧姆定律来进行相关计算，实验证明：在全电路中，电流与电源电动势成正比，与电路的总电阻（外电阻与电源内阻之和）成反比，即全电路欧姆定律，其数学表达式为

$$I = \frac{E}{R + R_0} \tag{2-4-4}$$

式中，I——回路电流，安培（A）；

E——电源电动势，伏特（V）；

R——负载电阻，欧姆（Ω）；

R_0——电源内阻，欧姆（Ω）。

❖做一做

在图 2-4-4 所示电路中，电源电动势 $E=5\text{V}$，电源内阻 $R_0=1\Omega$，负载电阻 $R=4\Omega$，试求回路中的电流 I 和内阻 R_0 上的电压 U_0。

❖议一议

如何通过欧姆定律来判断电路工作在通路、开路和短路状态？

2. 电阻串联

（1）电阻串联电路

电阻的串联就是将电阻一个接一个地依次连接起来，形成无分支电路，如图 2-4-5 所示。

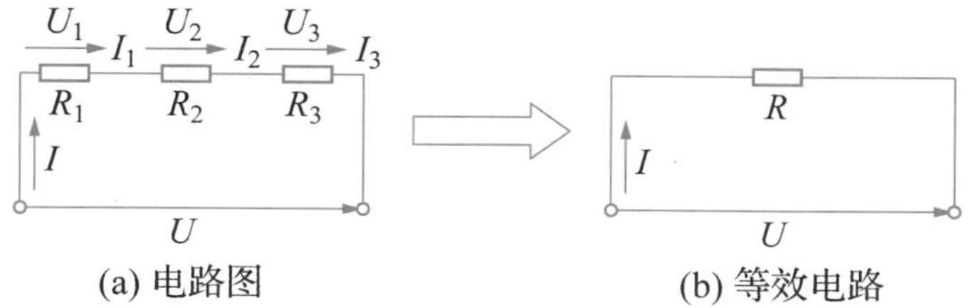

图 2-4-5 串联电路

（2）基本特点

1）电路中的电流处处相等，即

$$I=I_1=I_2=I_3=\cdots=I_n \tag{2-4-5}$$

2）总电压等于各电阻上电压之和，即

$$U=U_1+U_2+U_3+\cdots+U_n \tag{2-4-6}$$

3）总电阻等于各个电阻之和，即

$$R=R_1+R_2+R_3+\cdots+R_n \tag{2-4-7}$$

4）各电阻两端的电压与它的阻值成正比，即

$$\frac{U_1}{U_n}=\frac{U_1}{U_n} \tag{2-4-8}$$

若是两个电的串联，则 U_1 和 U_2 分别为

$$U_1=\frac{R_1}{R_1+R_2}\cdot U,\ U_2=\frac{R_2}{R_1+R_2}\cdot U \tag{2-4-9}$$

式（2-4-9）通常称为串联电路的分压公式，即电阻的阻值越大，分得的电压越多。

5）各电阻上所分配的功率与阻值成正比，即

$$\frac{P_1}{P_n}=\frac{R_1}{R_n} \tag{2-4-10}$$

❖练一练

在图 2-4-6 所示电路中，已知 $R_1=5\Omega$，$R_2=10\Omega$，电源电压 $E=6\text{V}$，试计算电路的总电阻 R、电路电流 I 和 R_2 的端电压 U_2。

❖议一议

小张有一个耐压为 4V 的小灯泡，测得该灯泡电阻值为 8Ω。小张用 5V 的恒压源给灯泡供电，使其正常发光，请为小张设计一个合理的供电电路，保证灯泡的正常发光。

（3）满偏电压和表头内阻

如图 2-4-7 所示电路，闭合开关 S_1、S_2，调节电位器 R_P 使得 G 满偏，此时电压表中所读出的电压为待测表头 G 的满偏电压，用 U_g 表示；再断开开关 S_2，同时调节电位器和电阻箱 R，在保证伏特表读数不变的前提下，使 G 半偏，则电阻箱的电阻 R 与表头内电阻 R_g 相等，这种测量方法称为电压半偏法。

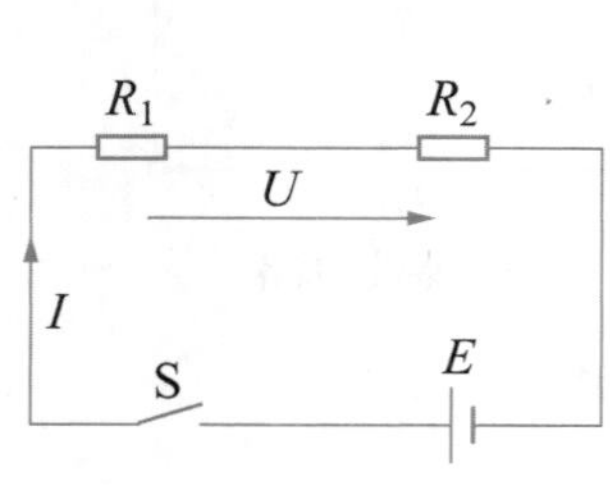

图 2-4-6 计算端电压

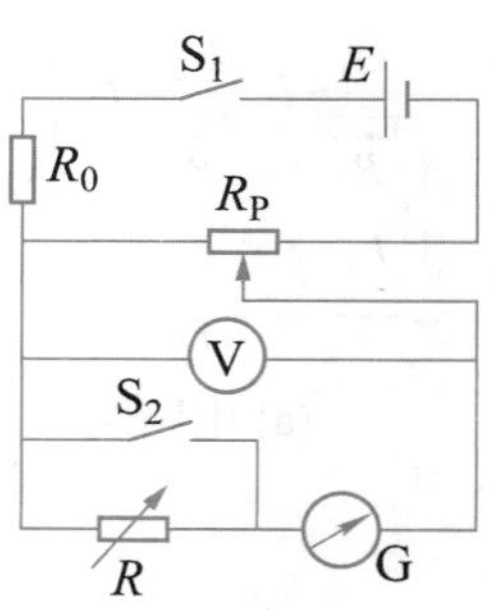

图 2-4-7 相关电路

（4）电压表的基本结构和工作原理

1）电压表的基本结构。

磁电式电压表由磁电式测量机构（又称表头）和测量线路——附加电阻构成。图 2-4-8 虚线框中所示的是基本的磁电式电压表电路。其中 R_{fj}是附加电阻，它与测量机构串联。

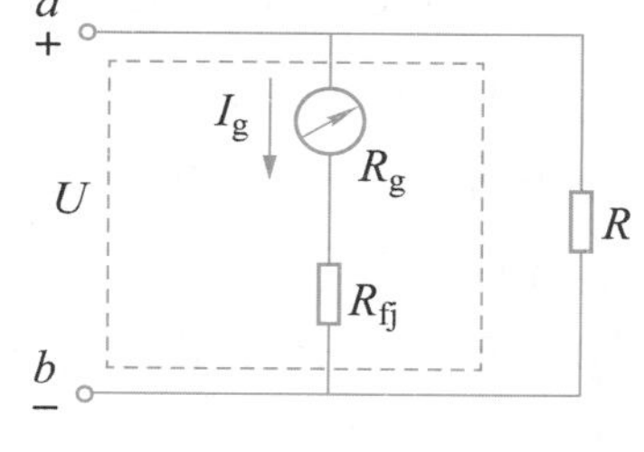

图 2-4-8　磁电式电压表电路

2）电压表的实质。

通过分压电阻对被测电压 U 分压，使得表头两端的电压 U_c 在表头能够承受的范围内（$U_c<U_g$），并使电压 U_c 与被测电压 U 之间保持严格的比例关系。

3）电压表的工作原理。

当电表满偏时，根据欧姆定律和串联电路特点，可以得到

$$I_g = \frac{U}{R_{fj} + R_g} \tag{2-4-11}$$

即

$$U_g = I_g R_g = U - I_g R_{fj} \tag{2-4-12}$$

由式（2-4-11）可知，对某量程的电压表而言，R_g 和 R_{fj}是固定不变的，所以流过表头的电流 I_g 与被测电压 U 成正比。根据这一正比关系对电压表标度尺进行刻度，就可以指示出被测电压的大小。

由式（2-4-12）可知，附加电阻与测量机构串联后，测量机构两端的电压 U_g 只是被测电路 a、b 两点间电压 U 的一部分，而另一部分电压被附加电阻 R_{fj}所分担。适当选择附加电阻 R_{fj}的大小，即可将测量机构的电压量限扩大到所需要的范围。

如果用 m 表示量程扩大的倍数，即

$$mI_cR_c = U_c \tag{2-4-13}$$

式（2-4-13）表明，将表头的电压量限扩大 m 倍，则串联的附加电阻 R_{fj}的阻值应为表头内阻 R_g 的（m−1）倍，即量程扩大的倍数越大，附加电阻的阻值就越大。当确定表头及量程需要扩大的倍数以后，可以计算出所需要串联的附加电阻的阻值。

4）电压表的读数。

由表头指针所指的读数乘以量程扩大的倍数，即为被测量的实际测量值。

❖做一做

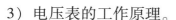

单量程电压表的制作与测试

1. 元器件清单

表头 1 个、电位器 1 个、电阻箱 1 个、直流电源 1 个、电压表 1 个、开关 2 个。

2. 工作任务

1）检查元器件质量并测定表头的满偏电压和内阻。

按图 2-4-7 连接电路，将电位器调至输出电压最低状态，电阻箱的阻值最大，开关断开。

首先，闭合开关 S_1、S_2，调节电阻器使得 G 满偏，测出 U_g，即为满偏电压；其次，断开开关 S_2，同时调节电位器和电阻箱，在伏特表读数不变时，使得 G 半偏，测出 R_g，即为表头内阻。

2）制作电压表：

①按图 2-4-7 连接线路；

②将电阻箱调至 $R_{fj}=U_{fj}/U_g=R_g$；

③断开 S_2，读出量程为 $10U_g$ 的改装表读数；

④读出电压表的读数。

3. 任务评价

电压表的制作与测试评分如表 2-4-2 所示。

表 2-4-2　电压表的制作与测试评分表

项目 \ 分值及标准		配分	评分标准				扣分
装前检查		10	电气元件漏检或错误，每处扣 1 分				
电路安装	测定头满编电压和内阻	15	①元件安装不牢固，每处扣 4 分； ②损坏元件，扣 45 分				
	制作电压表	15					
	测量改装电压表	15					
结果检测	测量头满编电压和内阻	15	每次测量值在 10% 以内不扣分，10%～20% 之间扣 5 分，超过 20% 扣 15 分				
	制作电压表	15					
	测量改装电压表	15					
安全文明操作		违反安全文明操作规程，视实际情况进行扣分					
额定时间		每超过 5min 扣 5 分					
开始时间			结束时间		实际时间		成绩	

（二）电流表的制作

❖练一练

画出图 2-4-9 所示连接电路的电路图，并在实验台上按要求连接该电路。

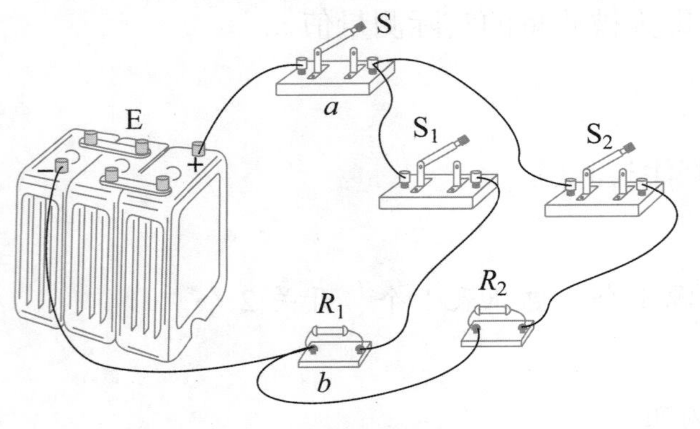

图 2-4-9　连接电路

要求：电阻 R_1、R_2 取值范围 500Ω~1kΩ，电源 E 的范围为 3~5V。

1. 选择万用表合适的挡位，完成开关 S、S_1、S_2 断开与闭合状态下的相关测量，并做好记录。

开关 S、S_1、S_2 断开：R_1 =________，R_2 =________，

开关 S 断开、S_1、S_2 闭合：R_{ab} =________

开关 S、S_1、S_2 闭合：E =________，U_{ab} =________，U_{R1} =________，U_{R2} =________；I_a =________，I_{R1} =________，I_{R2} =________。

2. 结果分析。

电阻：

电压：

电流：

功率：

【知识链接】

1. 电阻并联

（1）电阻并联电路

将几个电阻并列的连接起来，就组成了并联电路，如图 2-4-10 所示。

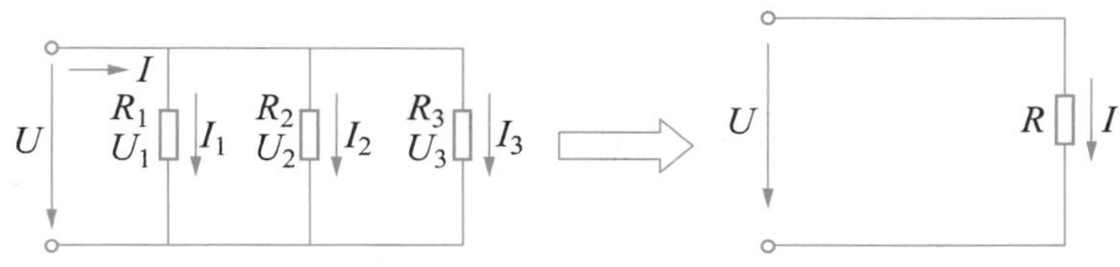

图 2-4-10 并联电路

（2）基本特点

1）总电流等于各支路电流之和，即

$$I=I_1+I_2+I_3+\cdots+I_n \qquad (2-4-13)$$

2）各支路电压相等，都等于总电压，即

$$U_1=U_2=U_3=\cdots=U_n=U \qquad (2-4-14)$$

3）总电阻的倒数等于各电阻的倒数和，即

$$\frac{1}{R}=\frac{1}{R_1}+\frac{1}{R_2}+\frac{1}{R_3}+\cdots+\frac{1}{R_n} \qquad (2-4-15)$$

若两个电阻并联，其总电阻为

$$R=\frac{R_1R_2}{R_1+R_2} \qquad (2-4-16)$$

若 n 个等效电阻 R_0 并联，则总电阻为

$$R=\frac{R_0}{n} \tag{2-4-17}$$

4）电流的分配与阻值成反比，即

$$\frac{I_1}{I_n}=\frac{R_1}{R_n} \tag{2-4-18}$$

若是两个电的并联，则 I_1 和 I_2 分别为

$$I_1=\frac{R_2}{R_1+R_2}\cdot I,\ I_2=\frac{R1}{R_1+R_2}\cdot I \tag{2-4-19}$$

式（2-4-19）通常称为并联电路的分流公式，即电阻的阻值越大，分得的电流越小。

5）各电阻上所分配的功率与阻值成反比，即

$$\frac{P_1}{P_n}=\frac{R_n}{R_1} \tag{2-4-20}$$

【例 1】如图 2-4-11 所示，已知 $U=20\text{V}$，$R=30\Omega$，$R=20\Omega$。

求：R、U_1、U_2、I、I_1、I_2。

解：根据并联电路的基本特点可知

$$R=\frac{R_1R_2}{R_1+R_2}=\frac{30\times 20}{30+20}=12(\Omega)$$

$$U_1=U_2=U=20\text{V}$$

$$I_1=\frac{U_1}{R_1}=\frac{20}{30}\approx 0.667(\text{A})$$

$$I_2=\frac{U_2}{R_2}=\frac{20}{20}=1(\text{A})$$

$$I=I_1+I_2=1.667\ (\text{A})$$

【例 2】如图 2-4-12 所示，有一只表头，表头允许流过的最大电流 $I_c=0.08\text{mA}$，内阻 $R_g=1000\Omega$，若将其改制成量成为 250mA 的电流表，需并联多大的分流电阻？

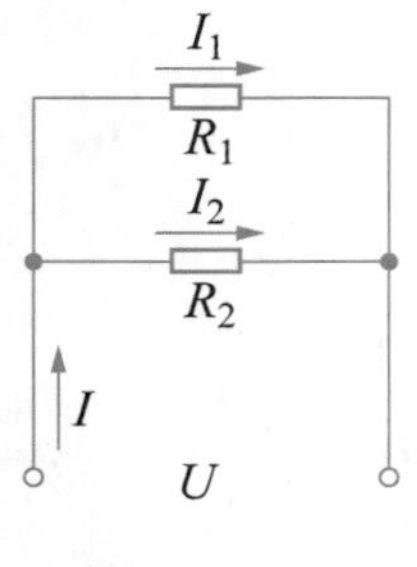

图 2-4-11

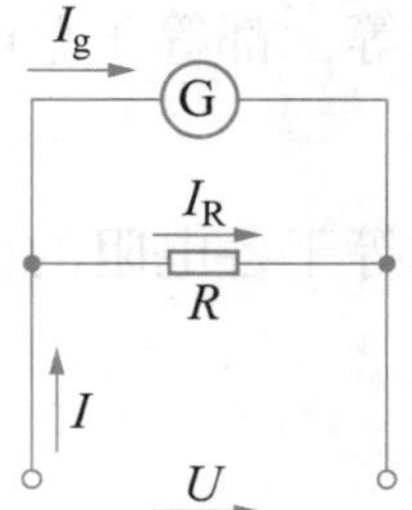

图 2-4-12 电流表电路

解：满量程时，分流电阻上流过的电流为

$$IR=I-I_g=250\text{mA}-0.08\text{mA}=249.92\text{mA}$$

此时，表头承受的电压为

$$U_g = I_g R_g = 0.08\text{mA} \times 1000\Omega = 0.08\text{V}$$

由于分流电阻与表头并联，故分流电阻两端的电压与表头的电压相等。分流电阻的阻值为

$$R = \frac{U_g}{IR} = \frac{0.8}{249.92 \times 10^{-3}} \approx 0.32(\Omega)$$

即在表头两端并联一只 0.32Ω 的分流电阻，就改制为量程 250mA 的电流表。

❖议一议

图 2-4-13 所示电路中，既有电阻的串联又有电阻的并联，请同学们相互讨论一下，当你遇到这样的电路时，应该怎么样进行化简，怎样求等效电阻。

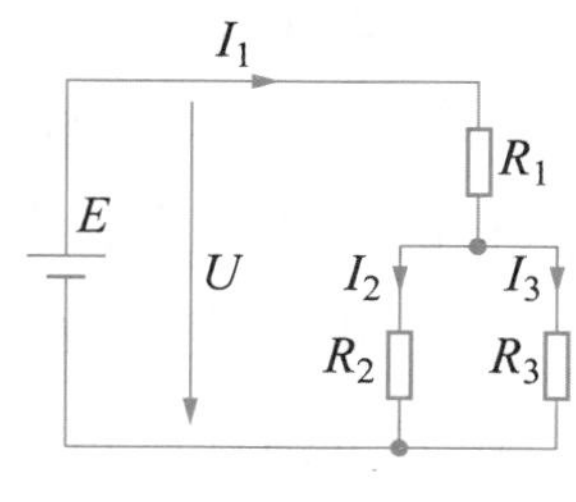

图 2-4-13　化简电路

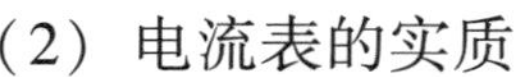

温馨提示：既有电阻的串联又有并联的电路称为混联电路。

❖练一练

图 2-4-13 中，已知电阻 $R_1=40\Omega$，$R_2=30\Omega$，$R_3=60\Omega$，电源电压 $U=6\text{V}$，试求：

1）电路的等效电阻 R；

2）流过电阻 R_2 的电流、R_2 两端电压 U_2 及所消耗的功率 P_2。

2. 电流表的基本结构和工作原理

（1）电流表的基本结构

磁电式电流表由磁电式测量机构（又称表头）和测量线路——分流器构成。图 2-4-14 所示是基本的磁电式电流表电路。图中 R 是分流电阻，它并接在测量机构的两端。

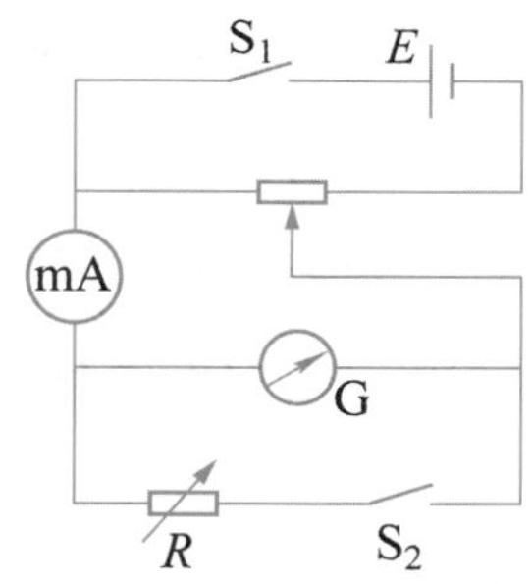

图 2-4-14　磁电式电流表电路

（2）电流表的实质

通过分流电阻对被测电流 I 分流，使得通过表头的电流 I_c 在表头能够承受的范围内，并使电流 I_c 与被测电流 I 之间保持严格的比例关系。

（3）工作原理

当电表满偏时，根据欧姆定律和并联电路的特点，可以得到

$$I_g R_g = R(I - I_g) \tag{2-4-21}$$

对某一电流表而言，R_g 和 R 是固定不变的，所以通过表头的电流 I_g 与被测电流 I 成正比。根据这一正比关系对电流表标度尺进行刻度，就可以指示出被测电流的大小。

如果用 n 表示量限扩大的倍数，即

$$n = \frac{I}{I_g}$$

则由式（2-4-21）可得

$$R = \frac{R_g}{n - 1} \tag{2-4-22}$$

式（2-4-22）表明，将表头的电流量程扩大 n 倍，则分流电阻 R 的阻值应为表头内组 R_g 的 1/（n-1）；即量程扩大的倍数越大，分流电阻的阻值就越小。另外，当确定表头及需要扩大量程的倍数以后，即可计算出所需要的分流电阻的阻值。

(4) 电流表读数

由表头指针所指的读数乘以量程扩大的倍数，即为被测量的实际测量值。

3. 满偏电流和内阻

在图 2-4-14 中，开关 S_1、S_2 保持断开，调节电位器使 G 满偏。此时，毫安表中所读出的电流为待测表头的满偏电流，用 I_g 表示；再闭合开关 S_2，同时调节电位器和电阻箱，在保证毫安表读数不变（仍然为 I_g）的前提下，使 G 半偏，则电阻箱的电阻与表头内电阻相等，读出电阻箱的电阻为表头内电阻。

❖做一做

单量程电流表的制作与测试

1. 元器件清单

表头 1 个、直流电源 1 个、电位器 2 个、电阻箱 1 个、直流电流表 1 个、开关 1 个。

2. 工作任务

1）检测元器件质量并测量表头满偏电流和内阻。

①按图 2-4-14 连接电路，将电位器调至输出电压最低状态，电阻器置最大，开关 S_1、S_2 断开；

②闭合开关 S_1，调节电位器使 G 满偏，测出 I_g；

③再闭合 S_2，同时调节电位器和电阻箱，在毫安表读数不变的前提下，使 G 半偏，测出 R_g。

2）制作电流表：

①将图 2-4-14 中的电阻箱调至 $R=R_G/(I_1/I_G)$；

②闭合 S_2，读出量限为 $10I_g$ 的改装表读数 $I=10I_g$；

③读出毫安表的读数。

3. 任务评价

电流表的制作与测试评分如表 2-4-3 所示。

表 2-4-3　电流表的制作与测试评分表

项目（分值及标准）		配分	评分标准				扣分
装前检查		10	电气元件漏检或错误，每处扣 1 分				
电路安装	测定头满编电压和内阻	15	①元件安装不牢固，每处扣 4 分 ②损坏元件，扣 45 分				
	制作电流表	15					
	改装电流表的测试	15					
结果检测	测量满偏电流和内阻	15	每次测量值在 10% 以内不扣分，10% ~ 20% 之间扣 5 分，超过 20% 扣 15 分				
	制作电流表	15					
	改装电流表的测试	15					
安全文明操作		违反安全文明操作规程，视实际情况进行扣分					
额定时间		每超过 5min 扣 5 分					
开始时间			结束时间		实际时间		成绩

（三）基尔霍夫定律

❖想一想

在日常生活中，往往在一个系统中并非单一的电源，有时会出现这个电源的复杂情况，用简单的串、并及混联电路已经不能对电路进行分析。遇到这种情况，我们应该怎么办呢？

❖做一做

请同学们用 Proteus 软件对图 2-4-15～图 2-4-17 所示电路进行仿真，仿真参数如下：

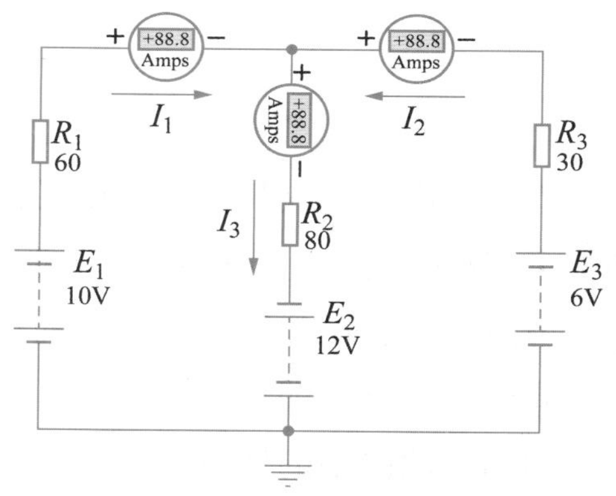

图 2-4-15　做一做电路 1

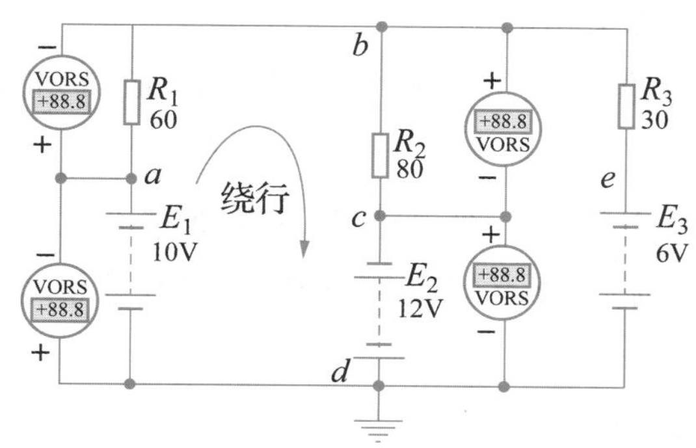

图 2-4-16　做一做电路 2

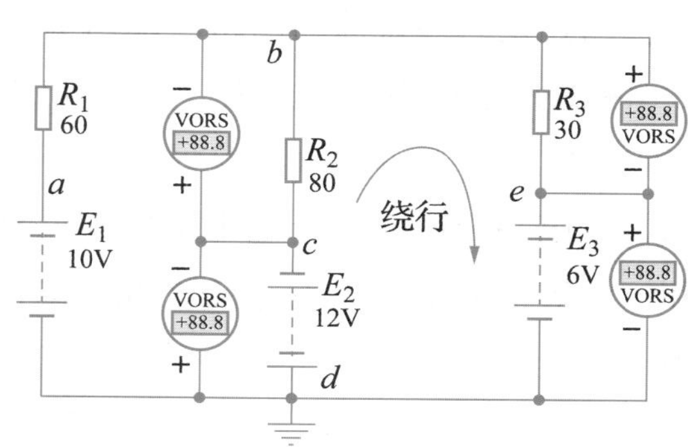

图 2-4-17　做一做电路 3

$$E_1=10\text{V},\ E_2=12\text{V},\ E_3=6\text{V}$$

$$R_1=60,\ R_2=80,\ R_3=30$$

1）从电流表中读出 I_1、I_2 和 I_3 的电流，并将结果记录在表 2-4-4 中；

2）从电压表中分别读出 U_{ab}、U_{bc}、U_{cd}、U_{da} 的电压，将结果记录在表 2-4-4 中；

3）从电压表中分别读出 U_{be}、U_{ed}、U_{dc}、U_{cb} 的电压，将结果记录在表 2-4-4 中。

表 2-4-4 仿真结果记录表

测量项目	测电流			测电压							
				abcda 回路				*bedcb* 回路			
测量内容	I_1	I_2	I_3	U_{ab}	U_{bc}	U_{cd}	U_{da}	U_{be}	U_{ed}	U_{dc}	U_{cb}
测量结果											

1. 数据统计

1）电流：$I_1+I_2+I_3=$________

2）电压：*abcda* 回路——$U_{ab}+U_{bc}+U_{cd}+U_{da}=$________

bedcb 回路——$U_{be}+U_{ed}+U_{dc}+U_{cb}=$________

2. 结论总结

1）________________________

2）________________________

1. 几个相关的概念

支路：由一个或几个元件首尾相接构成的无分支电路，如图 2-4-18 中的 *acb* 支路、*adb* 支路和 *aeb* 支路。

节点：3 条或 3 条以上支路的连接点。图 2-4-18 中的电路只有两个节点，即 *a* 点和 *b* 点。

回路：两路中的任意的闭合路径。图 2-4-18 所示的电路中可找到 3 个不同的回路，它们是 *adbca*、*aebda* 和 *aebca*。

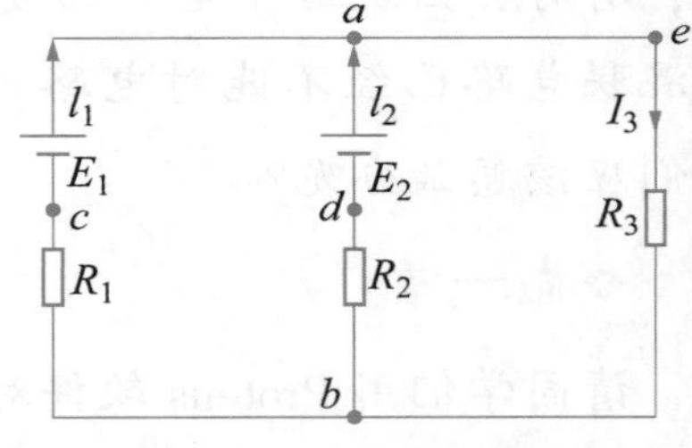

图 2-4-18 无分支电路

网孔：网孔是一种特殊的回路，即内部不含其他支路的回路。图 2-4-18 所示的电路中虽有 3 个不同的回路，但网孔只有两个，它们是 *adbca* 和 *aebda*。

2. 基尔霍夫第一定律（KCL）

基尔霍夫第一定律又称节电电流定律，即电路中任意一个节点上，任意时刻流入节点的电流之和，恒等于流出节点的电流之和，即流入和流出节点的电流的代数和恒等于零。数学表达式为

$$\sum I_{入} = \sum I_{出} \tag{2-4-23}$$

或

$$\sum I = 0 \tag{2-4-24}$$

例如，对于图 2-4-19 中的节点 *A*，有

$$I_1+I_2=I_3+I_4$$

若假设流入节点 A 的电流为正（+），流出节点 A 的电流为负（-），则有

$$I_1+I_2-I_3-I_4=0$$

基尔霍夫电流定律适用于节点，也适用于任一假想的闭合面（广义节点）。如图 2-4-20 所示，我们可以将包含 A、B、C 3 个节点的闭合面看成是一个广义节点，容易证明在任一瞬时有：$I_A+I_B+I_C=0$。

应该指出，在分析与计算复杂电路时，往往事先不知道每一支路中电流的实际方向，这时可以任意假定各个支路中电流的方向，称为参考方向，并且标在电路图上。若计算结果中，某一支路中的电流为正值，表明参考电流方向与实际的电流方向一致；若为负值，表明参考电流方向与实际的电流方向相反。

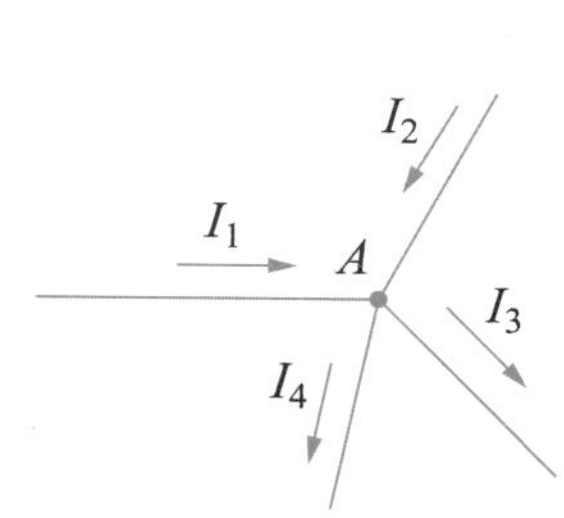

图 2-4-19　电路节点

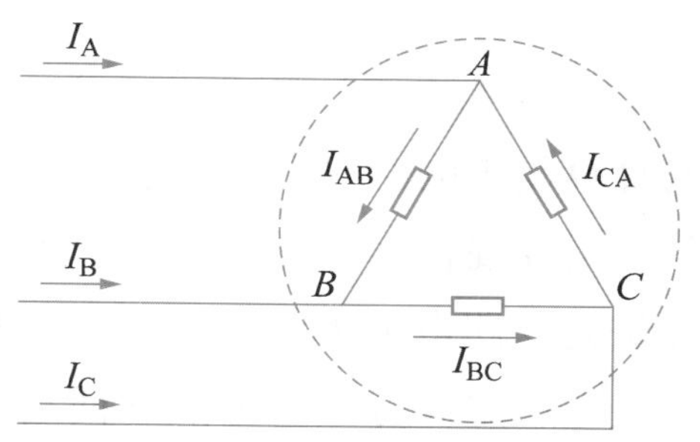

图 2-4-20　闭合面

3. 基尔霍夫第二定律（KVL）

基尔霍夫第二定律又称回路电压定律，即电路中的任一闭合回路，沿任一方向绕行一周，各段电压的代数和恒等于零。数学表达式为

$$\sum U=0 \qquad (2-4-25)$$

例如：图 2-4-21 中选定的各支路电流的正方向，回路 $abca$ 和 $adba$ 的 KVL 方程为

回路 $abca$：$I_1R_1+I_3R_3-E_1=0$；

回路 $adba$：$E_2-I_3R_3-I_2R_2=0$。

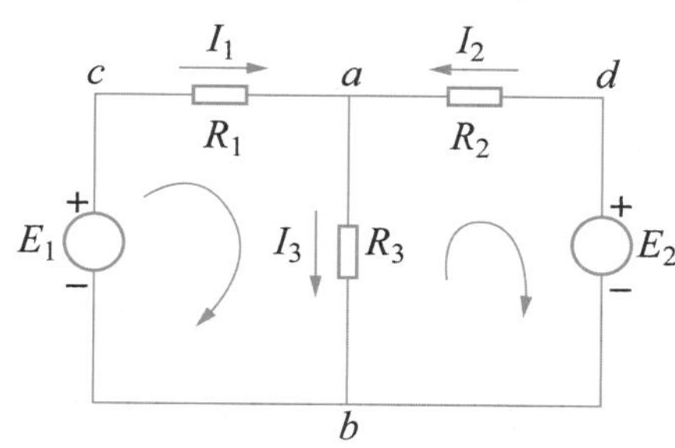

图 2-4-21　例题电路

基尔霍夫电压定律还可以推广应用于开口电路。如图（2-4-22）所示，运用式 2-4-25 可以对回路 I 列出 KVL 方程式：

$$I_1R_1+I_2R_2+U_{OC}-E=0$$

❖ 练一练

如图 2-4-23 所示电路，求 I_1、I_2、I_3、I_4 和 U。

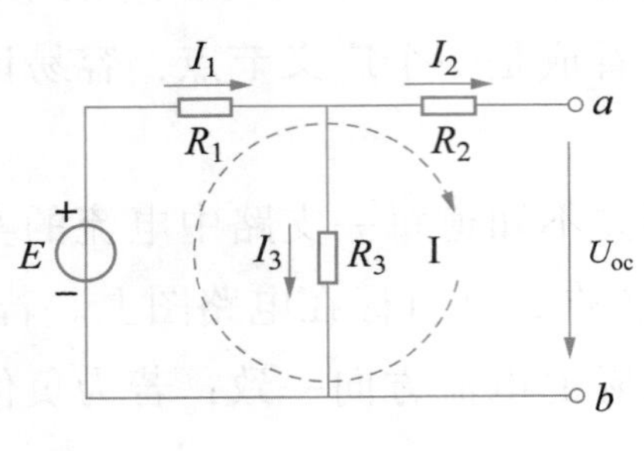

图 2-4-22 开口电路

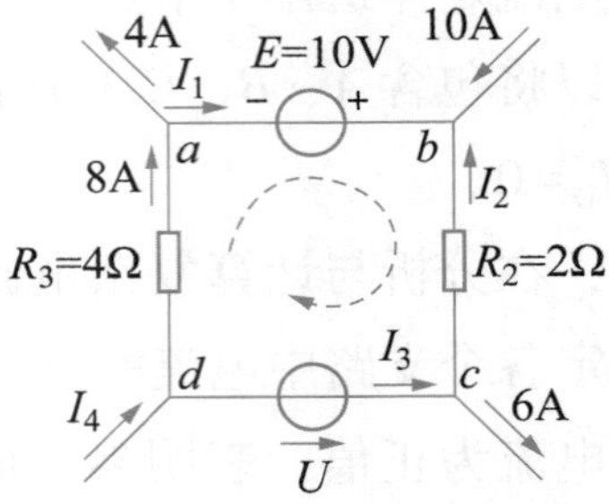

图 2-4-23 练一练电路

4. 基尔霍夫定律在电路计算中的应用——支路电流法

在分析与计算复杂电路时，单独运用欧姆定律、基尔霍夫电流定律、基尔霍夫电压定律很难求解，往往需要混合运用这些定律使求解简化。

支路电流法是支路电流为待求量，应用基尔霍夫电流定律和基尔霍夫电压定律分别对节点和回路列出所需要的方程组，联立方程求解，求出电路中支路电流。应用支路电流法求解的步骤如下：

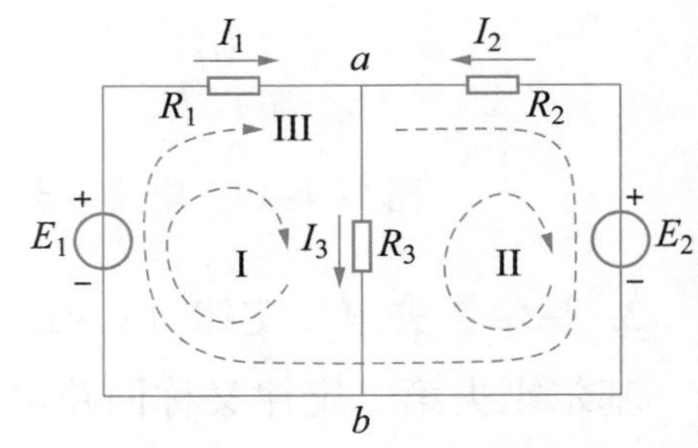

图 2-4-24 支路电流法实验电路

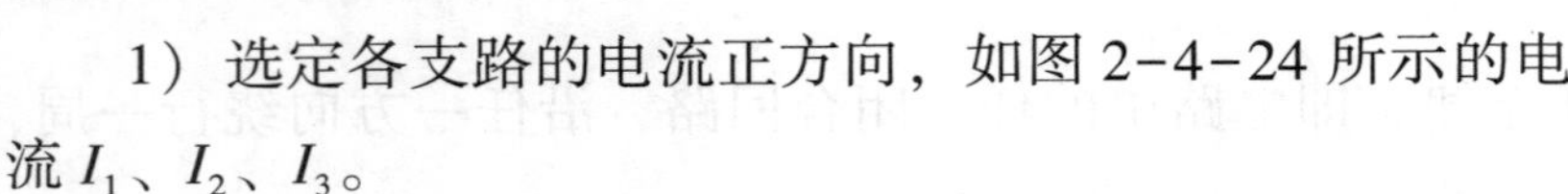

1）选定各支路的电流正方向，如图 2-4-24 所示的电流 I_1、I_2、I_3。

2）确定独立节点，应用基尔霍夫电流定律列出相应的独立节点方程式。电路中有 n 个节点时，只能列出（$n-1$）个独立的节点方程式。图 2-4-24 中有两个节点，所以只能列出一个独立的节点方程式。

对节点 a，有 $I_1+I_2=I_3$。

3）确定回路，为保证每个方程为独立方程，通常可选网孔回路列出电压方程式。图 2-4-24 有两个网孔回路，可列出两条电压方程式。

对回路Ⅰ，有 $E_1=I_1R_1+I_3R_3$。

对回路Ⅱ，有 $-E_2=-I_2R_2-I_3R_3$。

对于 b 条支路，n 个节点，待求支路电流有 b 条的电路，应用基尔霍夫电流定律可列出（$n-1$）个独立方程，用基尔霍夫电压定律可列 $b-(n-1)$ 个独立方程，一共可列 b 个独立方程，可求解出 b 条支路。

4）联立方程组，得出各支路电流。

❖ 练一练

若已知 $E_1=110\text{V}$，$E_2=90\text{V}$，$R_1=1\Omega$，$R_2=2\Omega$，$R_3=20\Omega$，求解图 2-4-24 电路中各支路电流。

❖理一理

请同学们对本任务所学内容，根据自己所学情况进行整理，在表做好记录，同时根据自己的学习情况，对照表 2-4-5 逐一检查所学知识点，并如实在表中做好记录。

表 2-4-5　知识点检查记录表

检查项目	理解概念		回忆		复述		存在的问题
	能	不能	能	不能	能	不能	
电阻的串联							
电阻的并联							
混联电路分析							
基尔霍夫定律							
支路电路法							

❖做一做

按学校整体布置的要求，根据本班的实际情况对学习区域进行 7S 整理。请各学习小组 QC（品质检验员）分别对组员进行 7S 检查，将检查结果记录在表 2-4-6 中，做得不好的小组长督促整改。

表 2-4-6　7S 检查表

项次	检查内容	配分	得分	不良事项
整理	学习区域是否有与学习无关的东西	5		
	学习工具、资料等摆放是否整齐有序	5		
整顿	学习工具和生活用具是否杂乱放置	5		
	学习资料是否随意摆放	5		
清扫	工作区域是否整洁，是否有垃圾	5		
	桌面、台面是否干净整齐	5		
清洁	地面是否保持干净，无垃圾、无污迹及纸屑等	5		
	是否乱丢纸屑等	5		
素养	是否完全明白 7S 的含义	10		
	是否有随地吐痰及乱扔垃圾现象	10		
	学习期间是否做与学习无关的事情，如玩手机等	10		
安全	是否在学习期间打闹	10		
	是否知道紧急疏散的路径	10		
节约	是否节能（测量电路是否节能；照明灯开关是否合理）	5		
	是否存在浪费纸张、文具等物品的情况	5		

续表

合计		100	
评语			

注：80 分以上为合格，不足之处自行改善；60~80 分须向检查小组作书面改善交流；60 分以下，除向检查小组作书面改善交流外，还将全班通报批评。

审核：　　　　　　　　　　　　　　　　检查：

❖评一评

请同学们对学习过程进行评估，并在表 2-4-7 中记录。

表 2-4-7　评估表

<table>
<tr><td colspan="3">姓名</td><td colspan="3">学习 1</td><td colspan="3">日期</td></tr>
<tr><td colspan="3">班级</td><td colspan="3">工作任务 1</td><td colspan="3">小组</td></tr>
<tr><td colspan="3"></td><td colspan="3"></td><td colspan="3"></td></tr>
<tr><td colspan="2">1-优秀</td><td>2-良好</td><td colspan="2">3-合格</td><td colspan="3">4-基本合格</td><td>5-不合格</td></tr>
<tr><td colspan="3">确定的目标</td><td>1</td><td>2</td><td>3</td><td>4</td><td>5</td><td>观察到的行为</td></tr>
<tr><td rowspan="12">工作过程评估</td><td rowspan="4">专业能力</td><td>制订工作计划</td><td></td><td></td><td></td><td></td><td></td><td></td></tr>
<tr><td>电阻不同连接方式的特性</td><td></td><td></td><td></td><td></td><td></td><td></td></tr>
<tr><td>基尔霍夫定律的运用</td><td></td><td></td><td></td><td></td><td></td><td></td></tr>
<tr><td>基本电表的结构与原理</td><td></td><td></td><td></td><td></td><td></td><td></td></tr>
<tr><td rowspan="3">方法能力</td><td>收集信息</td><td></td><td></td><td></td><td></td><td></td><td></td></tr>
<tr><td>文献资料整理</td><td></td><td></td><td></td><td></td><td></td><td></td></tr>
<tr><td>成果演示</td><td></td><td></td><td></td><td></td><td></td><td></td></tr>
<tr><td rowspan="3">社会能力</td><td>合理分工</td><td></td><td></td><td></td><td></td><td></td><td></td></tr>
<tr><td>相互协作</td><td></td><td></td><td></td><td></td><td></td><td></td></tr>
<tr><td>同学及老师支持</td><td></td><td></td><td></td><td></td><td></td><td></td></tr>
<tr><td rowspan="2">个人能力</td><td>执行力</td><td></td><td></td><td></td><td></td><td></td><td></td></tr>
<tr><td>专注力</td><td></td><td></td><td></td><td></td><td></td><td></td></tr>
</table>

续表

成果评估	工作任务书	时间计划/进度记录						
		工作过程记录						
		解决问题记录						
		方案修改记录						
	环境保护	环境保护要求						
	成果汇报	汇报材料						

四、知识拓展

戴维南定理概述

在实际问题中，往往有这样的情况：一个复杂电路，并不需要把所有支路电流都求出来，而只要求出某一支路的电流。在这种情况下，用前面的方法来计算就很复杂，而应用戴维南定理就比较方便。

1. 二端网络

电路也称为电网络或网络。如果网络具有两个引出端与外电路相连，不管其内部结构如何，这样的网络就称为二端网络。二端网络按其内部是否含有电源，可分为无源和有源两种。一个由若干个电阻组成的无源二端网络，可以等效成一个电阻，这个电阻称为该二端网络的输入电阻，即从两个端点看进去的总电阻，如图 2-4-25 所示。

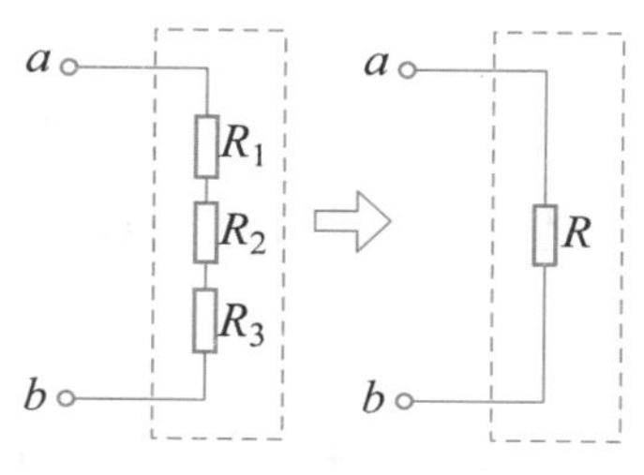

图 2-4-25 无源二端网络

一个有源二端网络两端点之间的电压称为该二端网络的开路电压。

2. 戴维南定理

对外电路来说，一个有源二端网络可以用一个电源来代替，该电源的电动势 E_0 等于二端网络的开路电压，其内阻 r_0 等于有源二端网络内所有电源不作用，仅保留其内阻时，网络两端的等效电阻（输入电阻），这就是戴维南定理。

根据戴维南定理可对一个有源二端网络进行简化，简化的关键在于正确理解和求出有源二端网络的开路电压和等效电阻。

其步骤如下：

1）把电路分为待求支路和有源二端网络两部分，如图 2-4-26（a）所示。

2）把待求支路移开，求出有源二端网络的开路电压 U_{ab}，如图 2-4-26（b）所示。

3）将网络内各电源除去（电压源用短路线代替），仅保留电源内阻，求出网络两端的等效电阻 R_{ab}，如图 2-4-26（c）所示。

4）画出有源二端网络的等效电路，等效电路中电源的电动势 $E=U_{ab}$，电源的内阻 $r_0=$

R_{ab}；然后在等效电路两端接入待求支路，如图 2-4-26（d）所示。这时待求支路的电流为

$$I=\frac{E_0}{r_0+R}$$

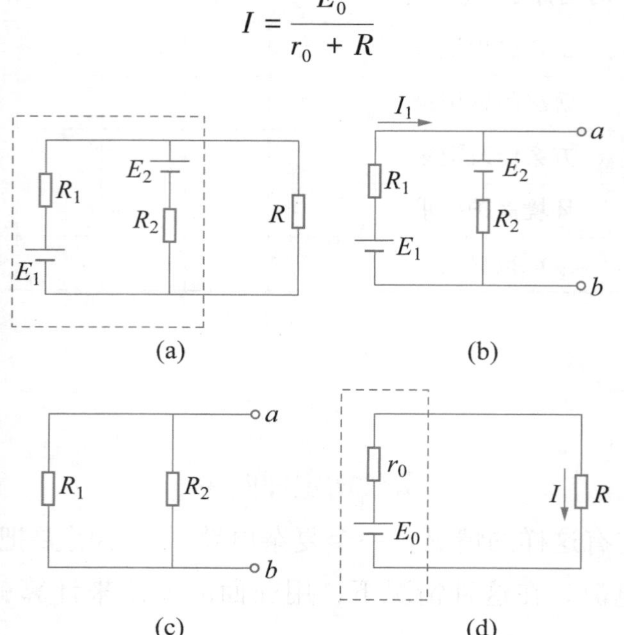

图 2-4-26 根据戴维南定理对有源二端网络进行简化

必须注意，代替有源二端网络的电源的极性应与开路电压 U_{ab} 一致，如果求得的 U_{ab} 是负值，则电动势方向与图 2-4-26（d）相反。

❖讲一讲

如图 2-4-27（a）所示电路，已知 $E_1=7$ V，$E_2=6.2$ V，$R_1=R_2=0.2\Omega$，$R=3.2\Omega$，试应用戴维南定理求电阻 R 中的电流 I。

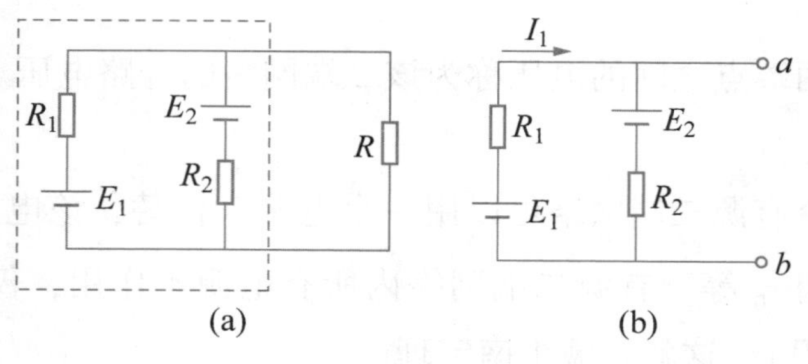

图 2-4-27 讲一讲电路

解：1）将 R 所在支路开路去掉，有源二端网络如图 2-4-27（b）所示，求开路电压 U_{ab}：

$$I_1=\frac{E_1-E_2}{R_1+R_2}=\frac{0.8}{0.4}=2(\mathrm{A})$$

$$U_{ab}=E_2+R_2I_1=6.2\ \mathrm{V}+0.4\ \mathrm{V}=6.6\ \mathrm{V}$$

$$E_0=U_{ab}$$

2）将电压源 E_1、E_2 去掉，并用短路线代替，如图 2-4-28 所示，求等效电阻 R_{ab}：

$$R_{ab}=R_1/\!/R_2=0.1\Omega=r_0$$

3）画出戴维南等效电路，如图 2-4-29 所示，求电阻 R 中的电流 I：

$$I=\frac{E_0}{r_0+R}=\frac{6.6}{3.3}=2(\mathrm{A})$$

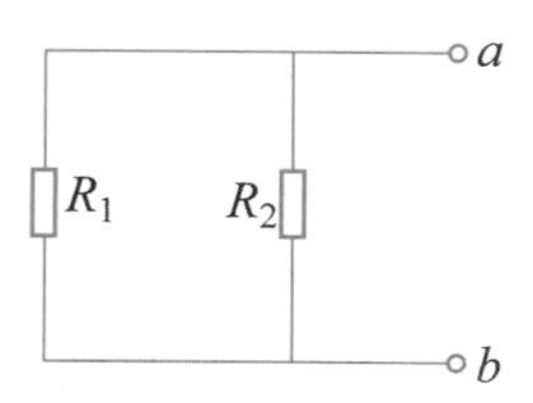

图 2-4-28 求等效电阻 R_{ab}

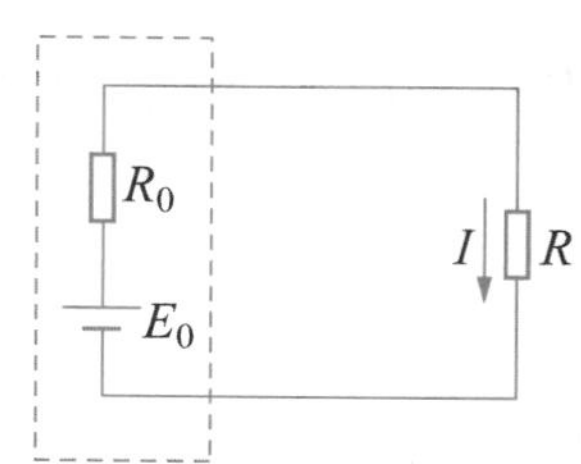

图 2-4-29 求电阻 R 中的电流 I

五、能力延伸

（一）选择题

1. 在某段导体中，通过该导体的电流与该导体两端的电压成________，与该导体的电阻成________，这个规律称为部分电路欧姆定律。

2. 闭合电路中的电流与电源电动势成正比，与电路的总电阻成反比，这一规律称为________。

3. 电源的电动势 $E=2\text{V}$，当电路闭合时，负载两端的电压为 1.8V，电源内电压 $U_{内}=$ ________；当电路断开时，电源两端的电压 $U_{外}=$ ________，电源内电压 $U_{内}=$ ________。

4. 有一闭合电路，电源电动势 $E=12\text{V}$，其内阻 $r=2\Omega$，负载电阻 $R=22\Omega$，则该电路中的电流为________，负载两端的电压为________，电源内阻上的电压为________。

5. 焦耳楞次定律的内容是电源通过电阻时产生的热量与电流的________成正比，与导体的________成正比，与________成正比，用公式表示为________，它只适用于________电路。

6. 某灯泡上标有“220V 40W”字样，表明该灯泡在 220V 电压下工作时，功率是________，灯丝的热态电阻等于________ Ω。

①有两只白炽灯，分别标有“220V 40W”和“110V 60W”字样，则两灯的额定电流之比是________；若把它们分别接到 110V 的电路中，它们的功率之是________通过灯丝的电流之比是________。

②负载电阻从电源获得最大输出功率的条件是________，此时负载获得的最大功率 $P=$ ________ = ________，但此时电源的效率为________。

（二）判断题

1. 在 $R=r$ 时，负载获得最大功率。 （ ）
2. 当电路处于通路状态时，外电路负载上的电压等于电源的电动势。 （ ）
3. 电源电动势的大小由电源本身的性质所决定，与外电路无关。 （ ）
4. 在通常情况下，电路中输出电流大小主要受负载电阻 R 变化的影响。 （ ）

5. 电路中电源两端的电压与电源电动势大小总是相等的，只是方向相反。（　　）

6. “220V 60W”的灯泡在200V的电源上能正常工作。（　　）

7. 加在用电器上的电压改变了，但它消耗的功率是不会改变的。（　　）

8. 将负载电阻 R 接到电源两端，R 值越大，负载两端电压就越高，而流过负载的电流就越小。（　　）

（三）选择题

1. 内阻为 r 的电路中，电源电动势为 E，当外电阻 R 减小时，电源两端电压将(　　)。

A. 不变　　B. 增大　　C. 减少　　D. 无法断定

2. 已知 $R_1>R_2$ 的两电阻分别接到相同电源上，消耗的电能(　　)。

A. 电阻大的 R_1 消耗电能多　　B. 电阻小的 R_2 消耗电能多

C. R_1 与 R_2 消耗的电能一样多　　D. 因条件不全，无法判断

3. 负载电阻从电源获得最大输出功率的条件是(　　)。

A. $R>r$　　B. $R<r$　　C. $R=r$　　D. $R=4r$

4. 标有“220V 100W”“220V 40W”的两盏白炽灯，串接到220V的交流电源上，它们的功率之比是(　　)。

A. 2∶5　　B. 2.5∶1　　C. $\frac{1}{2}:\frac{1}{5}$　　D. 5∶2

5. R_1 和 R_2 为两个串联电阻，已知 $R_1=4R_2$，若 R_1 上消耗的功率为1W，测 R_2 上消耗的功率为(　　)。

A. 5W　　B. 20W　　C. 0.25W　　D. 4W

6. 有两根同种材料的电阻丝，长度之比为1∶2，横截面积之比为2∶3，则它们的电阻之比是(　　)。

A. 1∶2　　B. 2∶3　　C. 3∶4　　D. 4∶5

7. 一根粗细均匀的导线，当其两端电压为 U 时，通过的电流是 I，若将此导线均匀拉长为原来的2倍，要使电流仍为 I，测导线两段所加的电压应为(　　)。

A. $\frac{U}{2}$　　B. U　　C. $2U$　　D. $4U$

8. 一条均匀电阻丝对折后，接到原来的电路中，在相同的时间里，电阻丝所产生的热量是原来的(　　)倍。

A. $\frac{1}{2}$　　B. $\frac{1}{4}$　　C. 2　　D. 4

（四）计算题

1. 电池的内阻为0.2Ω，电源的端电压1.4V，电路的电流强度是0.5A。求电池的电动势和负载电阻。

2. 某一电源的短路电流为 1.5A，若外电路的负载电阻为 4Ω，电流强度为 0.5A，求电源的电动势和内电阻。

3. 在某一闭合回路中，电源内阻 $r=0.2\Omega$，外电路的路端电压是 1.9V，电路中的电流是 0.5A，试求电源的电动势、外电阻及外电阻所消耗的功率。

4. 有一台直流发电机，其端电压 $U=237\text{V}$，内阻 $r=0.6\Omega$，输出电流 $I=5\text{A}$。试求发电机的电动势 E 和此时的负载电阻 R。

5. 如图 2-4-30 所示，已知：$R_1=2\Omega$，电源电动势 $E=9\text{V}$，内阻 $r=0.5\Omega$，要使变阻器 R_2 消耗功率最大，R_2 应是多少？这时 R_2 上消耗的功率是多少？

6. 电路如图 2-4-31 所示，电流表读数为 0.2A，$E_1=12\text{V}$，内阻不计，$R_1=R_3=10\Omega$，$R_2=R_4=5\Omega$，用基尔霍夫电压定律求 E_2 的大小（内阻不计）。

7. 图 2-4-32 所示电路中，I 等于多少？

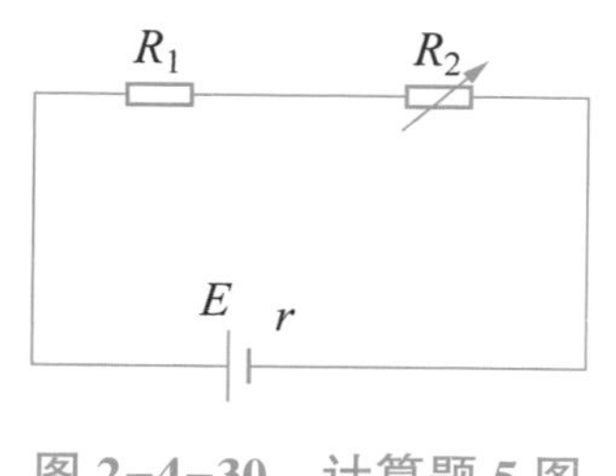

图 2-4-30　计算题 5 图

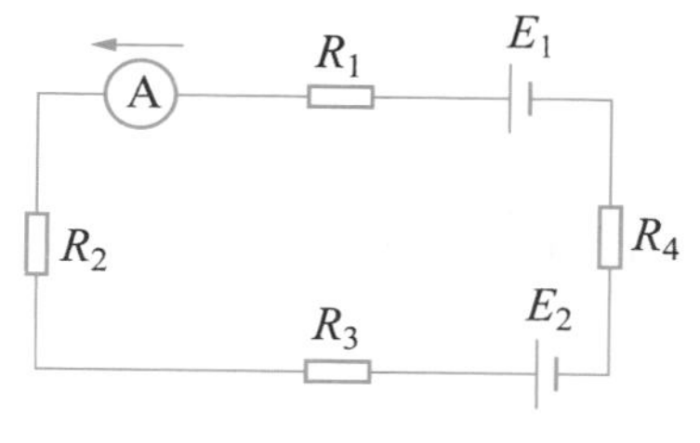

图 2-4-31　计算题 6 图

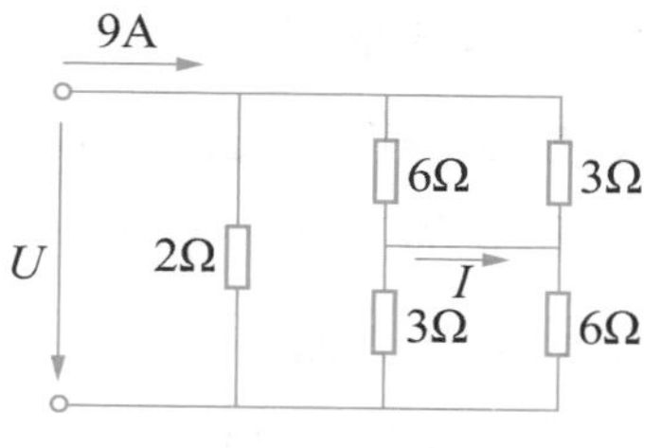

图 2-4-32　计算题 7 图

任务五　综合实训：万用表的制作

一、学习目标

【知识目标】

★能识读万用表基本电路图；

★了解万用表的内部结构；

★能对万用表电路元器件进行识别与测量；

★会分析万用表基本功能电路。

【能力目标】

★会使用常用电工工具及仪器仪表；

★能识读简单电路图，并对电路进行分析。

【素质目标】

★培养一丝不苟的敬业精神；

★养成勤奋、节俭、务实、守纪的职业素养；

★树立安全第一职业意识；

★具备一定分析问题、解决问题的能力。

二、工作任务

1. 获取万用表电路的相关信息，识读电路原理图，了解电子产品装配工艺要求。
2. 常用工具的使用。
3. 焊接技能。
4. 简单电路调试。
5. 相互协作，完成工作任务。
6. 和老师沟通，解决当下认知中存在的问题。
7. 记录工作过程，填写相关任务。
8. 撰写汇报材料。
9. 小组汇报演示。

三、实施过程

职场演练

请同学们在 3min 内按 7S 现场管理的要求对自己的学习区域进行自检，不合格项进行整改，并在表 2-5-1 中做好相应的记录。

表 2-5-1　自检表

项次	检查内容	检查状况	检查结果
整理	学习区域是否有与学习无关的东西	□是　□否	□合格　□不合格
	学习工具、资料等摆放是否整齐有序	□是　□否	□合格　□不合格
整顿	学习工具和生活用具是否杂乱放置	□是　□否	□合格　□不合格
	学习资料是否随意摆放	□是　□否	□合格　□不合格

❖想一想

对于电子爱好者来说，万用表（图 2-5-1）是最常见的通用检测工具，是必不可少也是最基础的检测测量工具。以前万用表也称为“三用表”，这是因为当初的万用表只有测量电阻、电压、电流这三项功能。现在几乎听不到这样命名的了，因为现在万用表的功能越来越多，如测量电感量、电容量、频率、晶体管参数等，所以称其为“万用表”。为什么万用表会有这么强大的功能呢？它的装调过程是怎样的？

（一）实习所需仪器和材料

MF-47 型万用表所需耗材如图 2-5-2 所示。

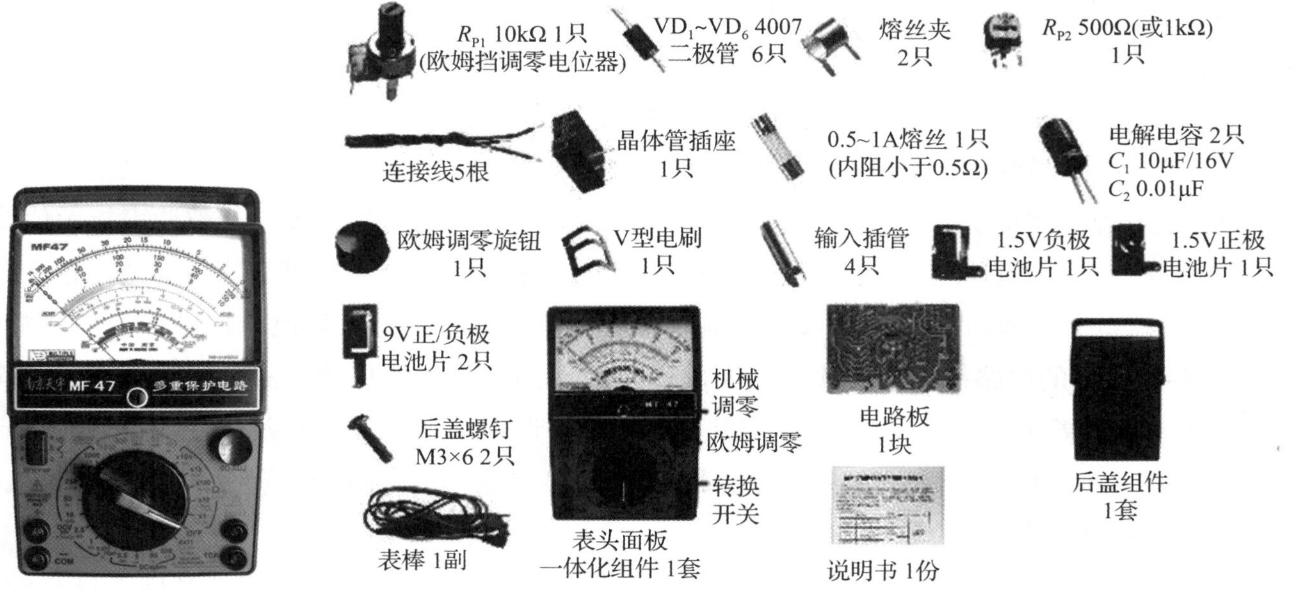

图 2-5-1　万用表　　　　图 2-5-2　MF-47 型万用表耗材

（二）实习内容与步骤

读懂原理图，了解万用表的基本原理；检查零配件，测量元器件的参数值；了解万用表的组装工艺要求，进行组装和调试。

1. 组装要求

1）由于万用表的体积较小，装配工艺要求较高，所以元器件和组件的布局必须紧凑，否则无法装进表盒。

2）焊接电阻时，电阻阻值标要向外，以便检测和更换。

3）转换开关内部连线要排列整齐，不能妨碍转动。

2. 工艺过程

用电烙铁将电阻及各个元器件焊接在电路板上，首次使用电烙铁时，插上电源插头后，电烙铁温度上升的同时，先在烙铁头上涂上少许松香，待加热到焊锡熔点时，再往烙铁头上加焊锡，在使用过程中，由于电烙铁温度很高，达 300℃以上，长时间加热会使焊锡熔化挥发，在烙铁头上留下一层污垢，影响焊接，使用时用擦布将烙铁头擦拭干净或在松香里清洗干净，再往烙铁头上加焊锡，保持烙铁头上有一层光亮的焊锡，这样电烙铁才好使用。

元器件焊接好后，元器件引脚不高出电路板面 1mm，应将多余部分的引脚用斜口钳或其他剪切工具剪去，使印制电路板整洁美观。

焊接工艺流程：清洁处理、加热、给锡。

施焊准备→加热焊件→送入焊料→冷却焊点→清洗焊面

3. 调试的步骤

（1）直流量限的调整

万用表直流电流测量电路，一般与其他各类测量电路有着不同形式的联系，在不同程度上形成了各类测量电路的公共电路。所以，在调整其他测量电路之前必须先调整好直流电流测量电路。

1）基准挡的选择：一般以直流电流最小量限作为基准挡。

2）基准挡的调整：基准挡选定后，就可以将被调电表接入如图 2-5-3 所示的电路，调节 R_{P1}、R_{P2}或电源，使被调表达到满刻度，记下标准表读数并与之进行比较。若被调表指示值偏离标准值较大，可调节与表头相串联的可调电阻，直至被调表指示与标准表指示一致为止。

3）直流电流其他挡的调整：基准挡调好以后，还应对直流电流其他各挡进行一一调整。按图 2-5-3 所示的电路接线。通常由最大量程开始（因为最大量程的分流电阻阻值小，对前面量程带来的误差可以忽略），依次逐挡调整，使各挡误差均符合基本误差，否则应更换相应的电阻元件。有时也可采取统一补偿法，即在允许误差范围内，适当调整基准挡的电流值，使各挡都不超过允许误差。

4）直流电压挡的调试：直流电压挡的调整是在直流电流挡已经调整好的基础上进行的。当直流电流挡调好后，直流电压及其他部分的故障就相对地减少了。

按图 2-5-3 所示电路接线，调节电阻或稳压电源的输出，使被调表达到较大值，记下标准表的读数，并与之比较，确定准确度等级。若准确度不符合要求，需检查或更换分压电阻。

（2）交流电压挡的调整

1）基准挡的选择：交流电压挡的调整是在完成了直流量限调整的基础上进行的。万用表一般有交流电压挡。由于低压挡受二极管内阻不一致影响，误差较大，一般不宜作为基准挡，因此可以选择 100~300V 之间的某一量限作为基准挡，因此，47 型万用表应选 250V 挡。

2）基准挡的调整：基准挡选定后，按图 2-5-4 所示电路接线。调节自耦变压器或电阻 R_P，比较被调表和标准表的读数，计算出误差范围。当被调表超出误差范围时，可移动整流元件输出端可变电阻的动触片；当被调表指示值偏大时，应增大表头支路的电阻（即滑动头向上移）；当被检表指示值偏小时，应减小表头支路的电阻（即滑动头向下移），直至达到规定指示值为止。

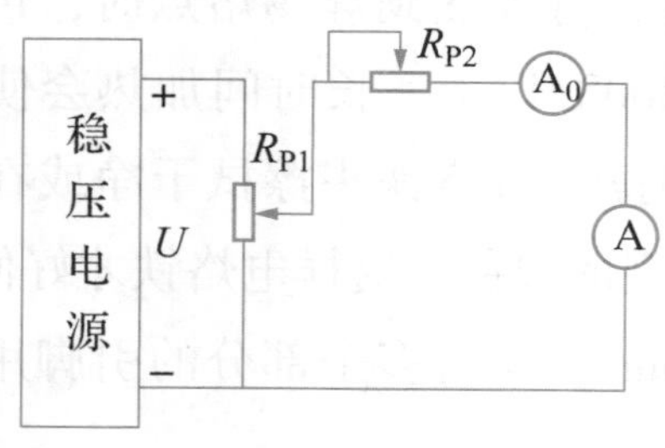

图 2-5-3 直流电流调试电路

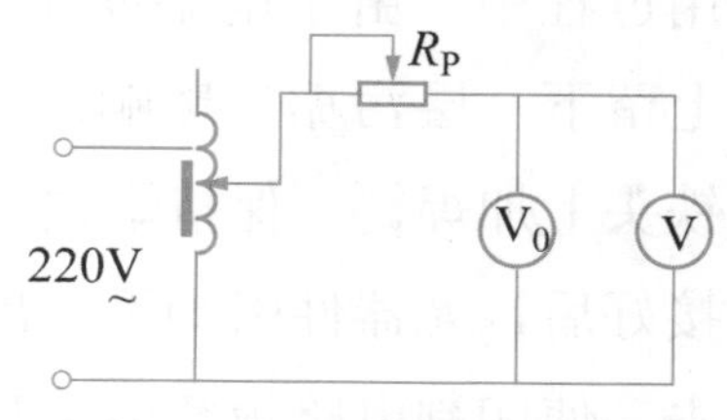

图 2-5-4 交流电压调试电路

3）其他量限的调整：基准挡调整好后，还应对其他各量限逐挡调整，方法和基准挡一样，各挡误差都应满足规定的精度，否则应更换相应的元件。

在对小量限交流电流挡的调整中，还应注意电源内阻的影响。

（3）电阻量限的调整

电阻量限的调整也是在直流电流挡调整好之后进行的。

1）基准挡的选择：对于 MF-47 型万用表通常选择 $R\times1\text{k}$ 挡，即一般选择不加限流电阻的那一挡。

2）基准挡的调整：基准挡的调整是将标准电阻串入电路中，看被检表指示与标准表指示是否一致，来确定被检表的误差。在实验室中我们通常用标准电阻箱来检定。校准检查分为三点进行，即中心值，刻度长的 1/4、3/4 处的欧姆指示值。

3）其他量限的调整：当基准挡调整好后，应对所有量限逐挡给定标准电阻校验该挡，其误差均应在规定的范围内。由于电阻测量电路与直流电流有共用的电路部分，调整时应保证直流电流已经调整好的误差不致被破坏，最好不调分流电阻，而适当调整电阻挡限流电阻。

【知识链接】

万用表的工作原理

（1）电路原理图

MF-47 型万用表原理图如图 2-5-5 所示。

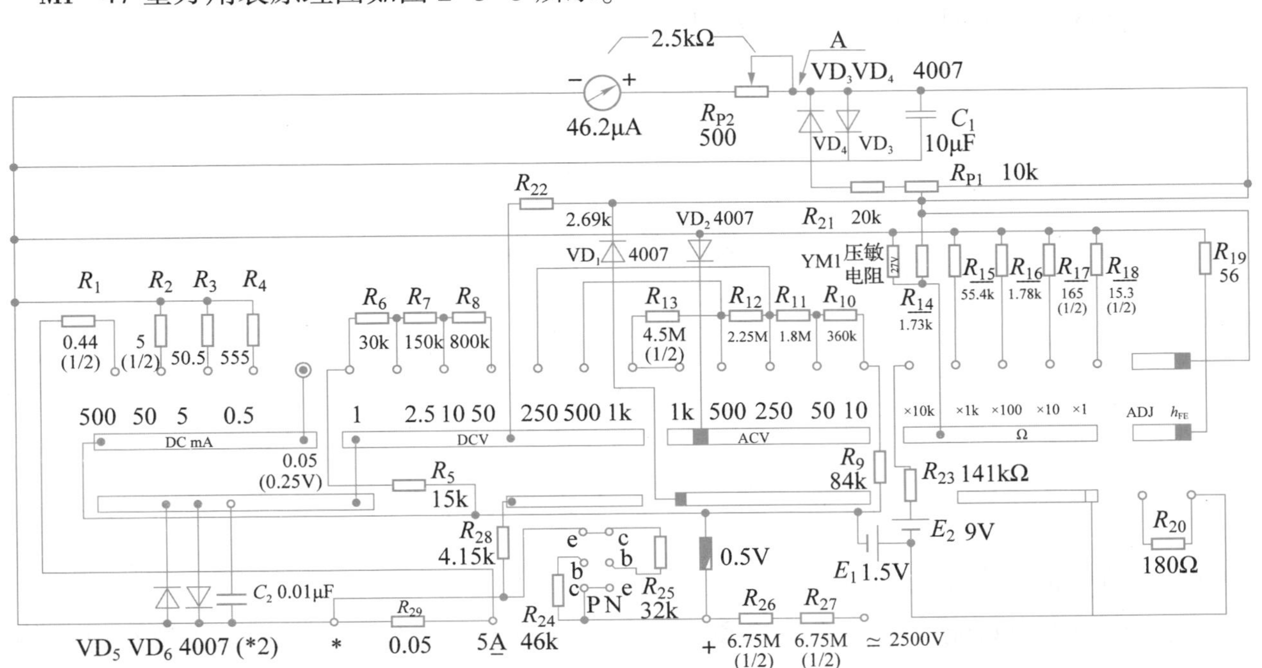

图 2-5-5 MF-47 型万用表原理图

注：本图中凡电阻阻值未注明者单位为 Ω，功率未注明者为 1/4W

（2）直流电流的测量

万用表的直流电流挡如图 2-5-6 所示，实质上是一个多量程的磁电式直流电流表，它应用分流电阻与表头并联以达到扩大测量的电流量程。根据分流电阻值越小，所得的测量量程越大的原理，配以不同的分流电阻，构成相应的测量量程。在电路中，各分流电阻彼此串联，然后与表头并联，形成一个闭合环路，当转换开关置于不同位置时，表头所用的分流电阻不同，构成不同量程的挡位。

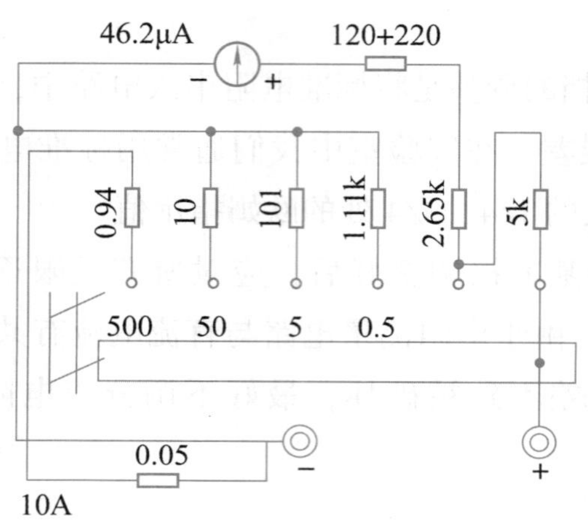

图 2-5-6　万用表的直流电流挡

（3）直流电压的测量

万用表的直流电压挡如图 2-5-7 所示，实质上是一个多量程的直流电压表，它应用分压电阻与表头串联来扩大测量电压的量程，根据分压电阻值越大，所得的测量量程越大的原理，通过配以不同的分压电阻，构成相应的电压测量量程。

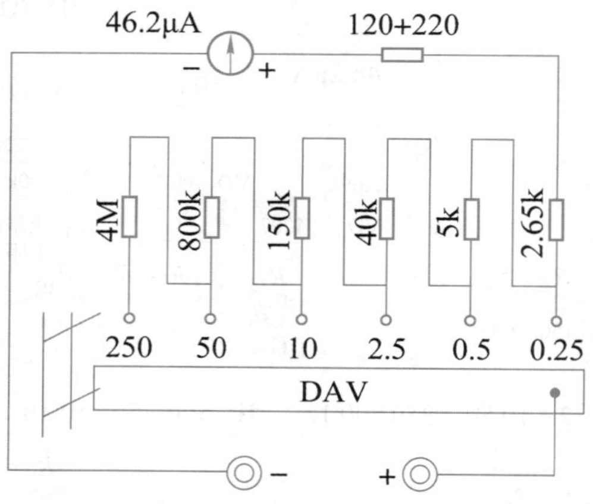

图 2-5-7　万用表的直流电压挡

（4）交流电流、电压的测量

磁电式仪表本身只能测量直流电流和电压。测量交流电压和电流时，采用整流电路将输入的交流变成直流，实现对交流的测量。其整流电路一般有半波整流和全波整流，其整流元件一般都采用二极管。万用表测量的交流电压只能是正弦波。

万用表通常采用的是半波整流测量电路，如图 2-5-8 所示。

(5) 电阻的测量

万用表测量电阻电路，如图 2-5-9 所示，工作原理是欧姆定律：

$$I = \frac{E}{R + R_a + R_x}$$

式中，R——串联电阻，为被测电阻；

R_a——表头内阻；

R_x——被测电阻；

E——电源的电压；

I——被测电路的电流。

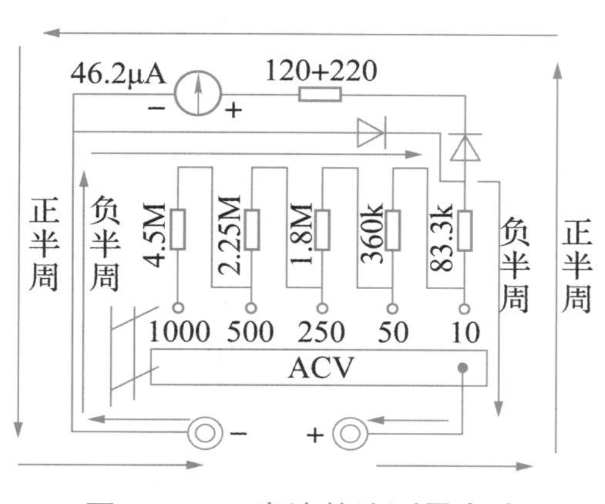

图 2-5-8　半波整流测量电路

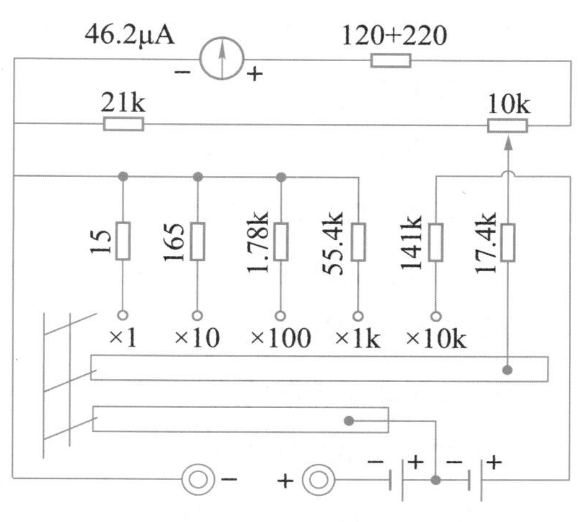

图 2-5-9　电阻测量电路

❖理一理

请同学们对本任务所学内容，根据自己所学情况进行整理，在表 2-5-2 做好记录，同时根据自己的学习情况，对照表 2-5-2 逐一检查所学知识点，并如实在表中做好记录。

表 2-5-2　知识点检查记录表

检查项目	理解概念		回忆		复述		存在的问题
	能	不能	能	不能	能	不能	
万用表的结构							
万用表的原理							

❖做一做

按学校整体布置的要求，根据本班的实际情况对学习区域进行 7S 整理。请各学习小组 QC（品质检验员）分别对组员进行 7S 检查，将检查结果记录在表 2-5-3 中，做得不好的小组长督促整改。

表 2-5-3 7S 检查表

项次	检查内容	配分	得分	不良事项
整理	学习区域是否有与学习无关的东西	5		
	学习工具、资料等摆放是否整齐有序	5		
整顿	学习工具和生活用具是否杂乱放置	5		
	学习资料是否随意摆放	5		
清扫	工作区域是否整洁，是否有垃圾	5		
	桌面、台面是否干净整齐	5		
清洁	地面是否保持干净，无垃圾、无污迹及纸屑等	5		
	是否乱丢纸屑等	5		
素养	是否完全明白 7S 的含义	10		
	是否有随地吐痰及乱扔垃圾现象	10		
	学习期间是否做与学习无关的事情，如玩手机等	10		
安全	是否在学习期间打闹	10		
	是否知道紧急疏散的路径	10		
节约	是否节能（电烙铁的使用、照明灯开关是否合理）	5		
	是否存在浪费纸张、文具等物品的情况	5		
合计		100		
评语				

注：80 分以上为合格，不足之处自行改善；60~80 分须向检查小组作书面改善交流；60 分以下，除向检查小组作书面改善交流外，还将全班通报批评。

审核： 检查：

❖评一评

请同学们对学习过程进行评价，并在表 2-5-4 中记录。

表 2-5-4　评估表

姓名			学习 1					日期
班级			工作任务 1					小组
1-优秀		2-良好		3-合格		4-基本合格		5-不合格
确定的目标			1	2	3	4	5	观察到的行为
工作过程评估	专业能力	制订工作计划						
		万用表基本功能电路						
		万用表的结构						
		元器件的识别						
		元器件的组装						
	方法能力	收集信息						
		文献资料整理						
		成果演示						
	社会能力	合理分工						
		相互协作						
		同学及老师支持						
	个人能力	执行力						
		专注力						
成果评估	工作任务书	时间计划/进度记录						
		工作过程记录						
		解决问题记录						
		方案修改记录						
	环境保护	环境保护要求						
	成果汇报	汇报材料						

四、任务拓展

元件引脚的弯制成形

左手用镊子紧靠电阻的本体，夹紧元件的引脚如图 2-5-10 所示，使引脚的弯折处与元件的本体有 2mm 以上的间隙。左手夹紧镊子，右手食指将引脚弯成直角。注意：不能用左手捏住元件本体，右手紧贴元件本体进行弯制，这样引脚的根部在弯制过程中容易受力而损坏，元件弯制后的形状如图 2-5-11 所示。引脚之间的距离根据线路板孔距而定，引脚修剪后的长度大约为 8mm，如果孔距较小，元件较大，应将引脚往回弯折成形，如图 2-5-11 中（c）（d）所示，电容的引脚可以弯成直角，将电容水平安装如图 2-5-11 中（e）所示，或弯成梯形，将电容垂直安装，如图 2-5-11（h）所示。二极管可以水平安装，当孔距很小时应垂直安装，如图 2-5-11（i）所示，为了将二极管的引脚弯成美观的圆形，应用螺钉旋具辅助弯制，如图 2-5-12 所示。将螺钉旋具紧靠二极管引脚的根部，十字交叉，左手捏紧交叉点，右手食指将引脚向下弯，直到两引脚平行。

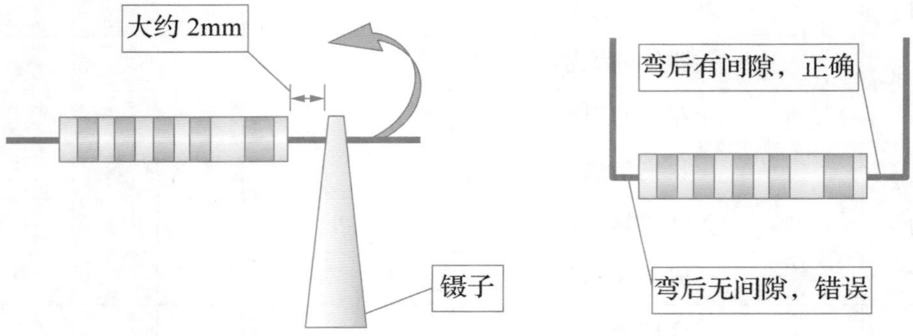

图 2-5-10 元件引脚的成形

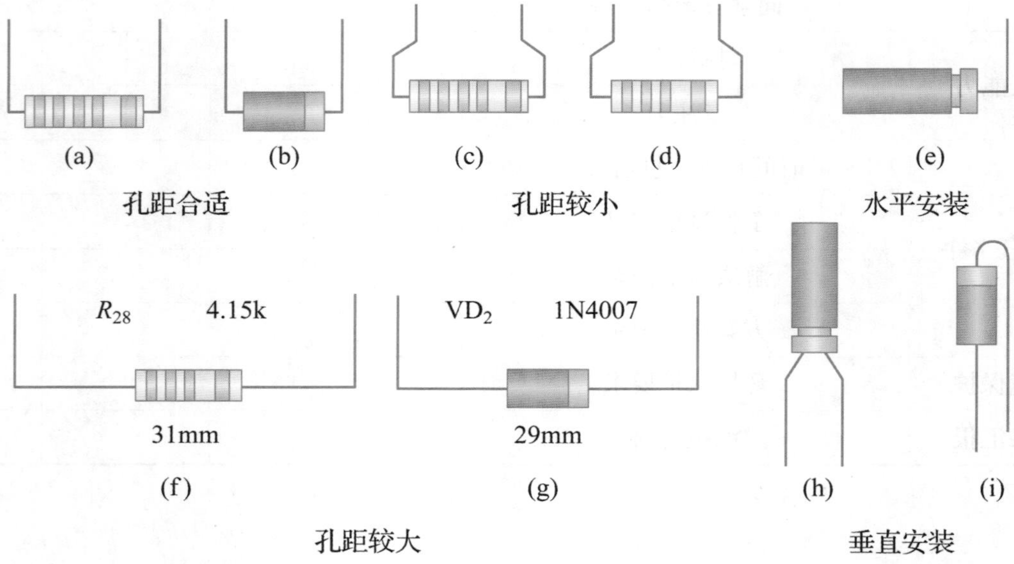

图 2-5-11 元件弯制后的形状

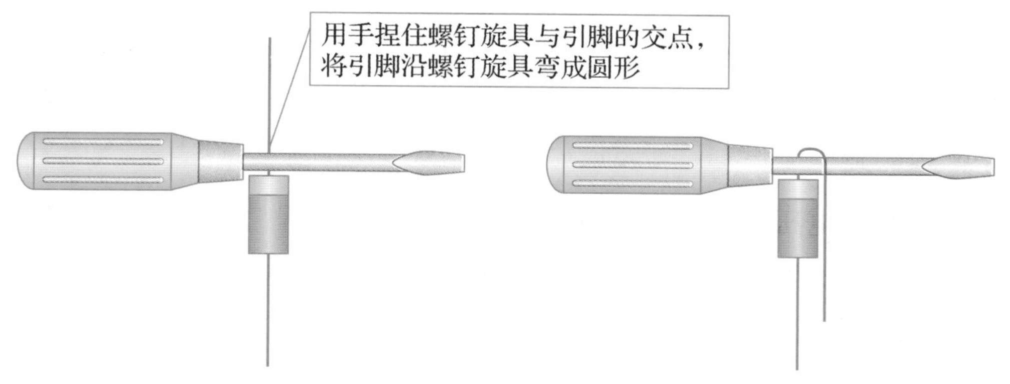

用手捏住螺钉旋具与引脚的交点，
将引脚沿螺钉旋具弯成圆形

图 2-5-12　用螺钉旋具辅助弯制

有的元件安装孔距离较大，应根据电路板上对应的孔距弯曲成形（图 2-5-13）。

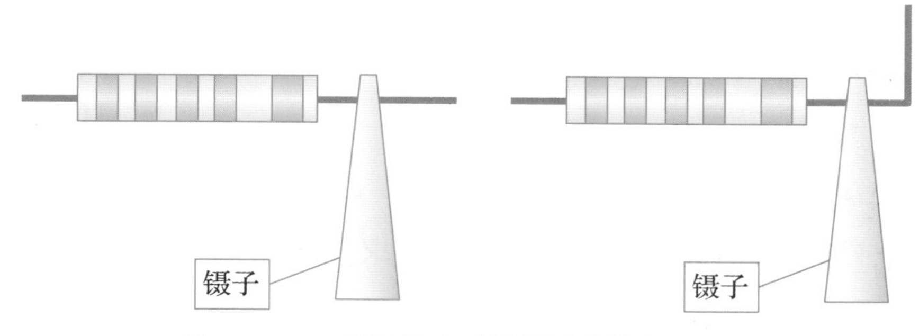

图 2-5-13　孔距较大时元件引脚的弯制成形

五、能力延伸

（一）填空题

1. 我们知道，在电压 U 一定的条件下，导体的电阻 R 越小，通过该导体的电流 I 越________。若两个电阻 R_1 和 R_2（$R_1>R_2$）串联接入电路中，则通过 R_1 的电流________（填“大于”“等于”或“小于”）通过 R_2 的电流。

2. 加在某导体两端的电压是 3V 时，通过它的电流强度是 0. 5A。加在该导体两端的电压是 6V 时，通过它的电流强度是________A。当导体两端电压为零时，通过它的电流强度是________A。

3. 某用电器的电阻是 120Ω，要使电路中的总电流的 1/5 通过这个用电器，就跟这个用电器________联一个________Ω 的电阻；若要使用电器两端的电压是总电压的 1/5，则应跟这个用电器________联一个________Ω 的电阻。

（二）选择题

1. 有 R_1 和 R_2 两个电阻，$R_1>R_2$，将它们分别接在同一个电源上，通过它们的电流分别是 I_1 和 I_2，则 I_1 与 I_2 之间的大小关系是(　　)。

A. $I_1=I_2$　　B. $I_1>I_2$　　C. $I_1<I_2$　　D. 无法比较

2. 将某导体接在电压为 16V 的电源上，通过它的电流为 0. 4A。现在把该导体换成阻值是其 4 倍的另一导体，则电路中的电流为(　　)。

A. 0. 1A　　B. 0. 4A　　C. 0. 8A　　D. 1. 6A

(三) 计算题

1. 张明有一个标准电压表，它有 0~3V 和 0~15V 两个量程。用它测量由两节干电池串联组成的电池组的电压时，接线正确，但电压读数是 10V，这显然是错误的。

1) 请你说出他出现错误的原因。

2) 实际电压应是多大?

2. 如图 2-5-14 所示的电路中，当 S_1 闭合，S_2、S_3 断开时，电压表的示数为 6V，当 S_1、S_3 断开，S_2 闭合时，电压表两极对调后示数为 3V。求：

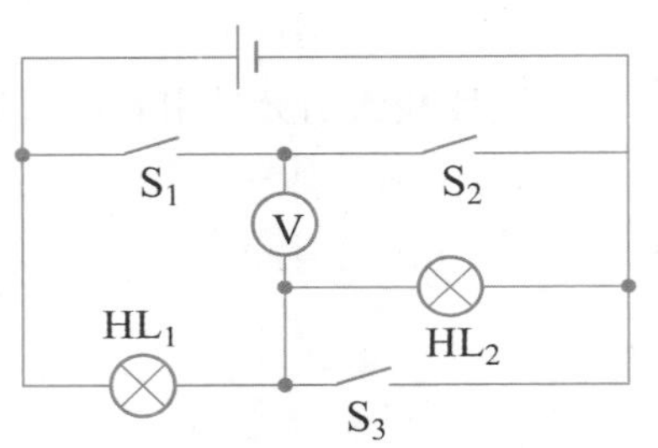

图 2-5-14 计算题 2 图

1) 电源电压是多少?

2) 当 S_1、S_3 闭合，S_2 断开时，电压表的示数为多少?

模块三

会闪光的音乐小熊猫

同学们，你们在儿童时代玩过电动玩具吗，会眨眼、会唱歌、会跳舞，多么可爱、多么神奇。你可知道它们的内部结构？它们是由什么元器件组成的？下面我们通过 3 个任务来揭示它们的奥秘。

任务一 会闪光的音乐小熊猫电路的识读

一、学习目标

【知识目标】

★了解电容的概念，熟悉电容器的符号、种类、外形及参数；

★了解电感的概念，熟悉电感器的符号、种类、外形及参数。

【能力目标】

★能识别不同类型的电容器和电感器；

★能正确地选用电容器和电感器。

【素质目标】

★塑造一丝不苟的敬业精神；

★培养勤奋、节俭、务实、守纪的职业素养；

★树立安全第一的职业意识；

★具备一定分析问题、解决问题的能力；

★培养学生认真仔细、细心和耐心的精神。

二、工作任务

1. 获取必要的信息，了解会闪光的音乐小熊猫电路中的电容元件。
2. 小组讨论，完成引导问题。
3. 和老师沟通，解决当下认知中存在的问题。

4. 记录工作过程，填写相关任务。
5. 撰写汇报材料。
6. 小组汇报演示。

三、实施过程

职场演练

请同学们在3min内按7S现场管理的要求对自己的学习区域进行自检，不合格项进行整改，在表3-1-1中做好相应的记录。

表3-1-1 自检表

项次	检查内容	检查状况	检查结果
整理	学习区域是否有与学习无关的东西	□是 □否	□合格 □不合格
	学习工具、资料等摆放是否整齐有序	□是 □否	□合格 □不合格
整顿	学习工具和生活用具是否杂乱放置	□是 □否	□合格 □不合格
	学习资料是否随意摆放	□是 □否	□合格 □不合格

案例：小明和同学发现了一款新的熊猫玩具，如图3-1-1（a）所示。这些熊猫与别家的不同，除了会发出“知了”的音乐声外，眼睛还会一闪一闪地发光。小明和同学都觉得这个熊猫很有意思，也买了一个。当他们回到学校以后，便好奇地将玩具熊猫进行了“解剖”，发现里面有一个电路板，如图3-1-1（b）所示。他们找到了老师，在老师的帮助下画出了该电路板的原理图，如图3-1-1（c）所示。在对原理图进行分析后，小明和同学终于明白了小熊猫为什么可以发出“知了”声，眼睛还会一闪一闪地发光。

请问：你们知道这是为什么吗？

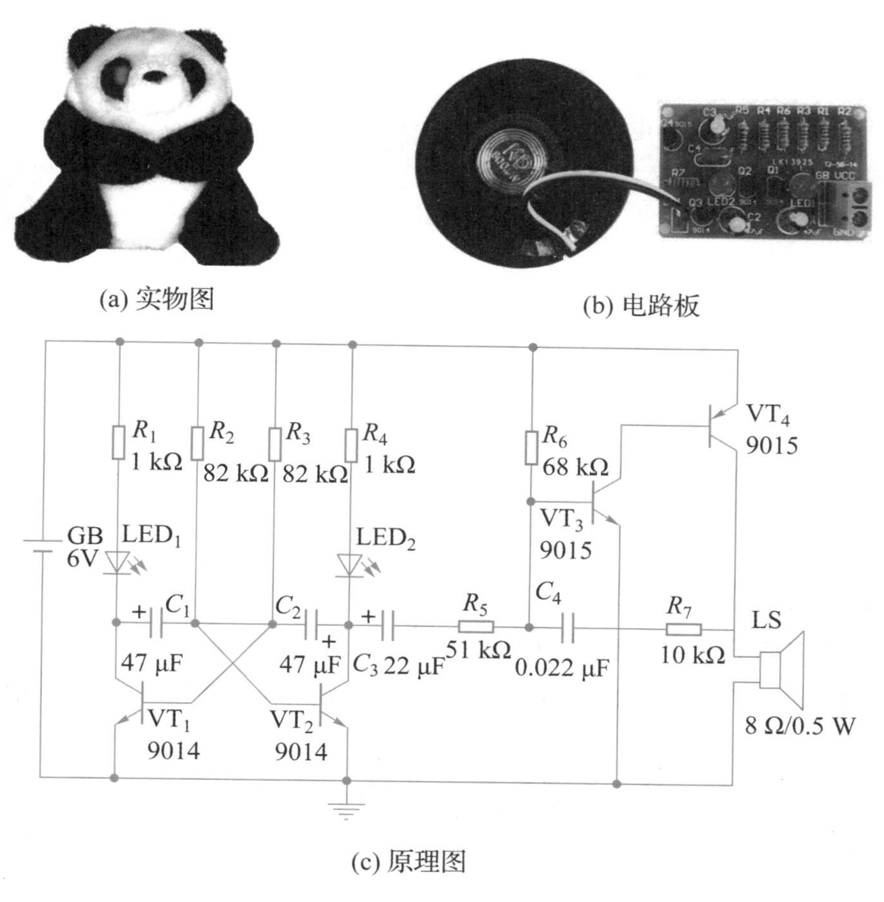

(a) 实物图　　(b) 电路板

(c) 原理图

图 3-1-1　会闪光的音乐小熊猫

❖试一试

1. 从图 3-1-1（b）中，你可以找出几种电容器，它们分别是什么类型的电容器？
2. 小熊猫是通过什么元器件发出“知了”声的？

【知识链接】

（一）电容器

两个彼此绝缘又互相靠近的导体，就构成了一个电容器。这两个导体就是电容器的两个极板，从极板引出的导线就是电容器的两个电极。中间填充的绝缘物质，称为电介质。两块正对的、相隔很近且彼此绝缘的平行金属板，就构成了一个最简单的电容器，称为平行板电容器，如图 3-1-2 所示。

电容器是一种存储电荷的器件，为了衡量电容器的存储能力，我们用电容量来进行描述。电容器所带的电荷量与它两极极板间电压的比值，称为电容器的电容量，简称电容，用符号“C”表示，其表达式为

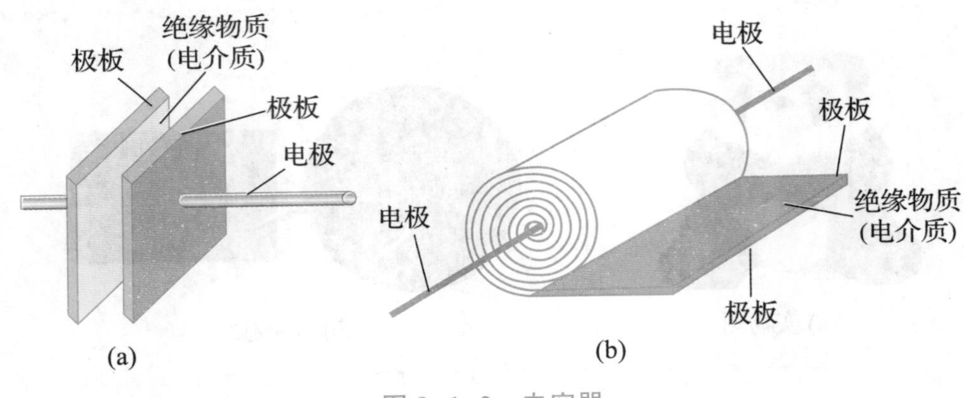

图 3-1-2 电容器

$$C=\frac{Q}{U} \tag{3-1-1}$$

式中，C——电容，法拉，简称法（F）；

Q——电容的电荷量，库仑，简称库（C）；

U——电容器两端的电压，伏特（V）。

法拉是一个很大的单位，电容常用的单位有毫法（mF）、微法（μF）、纳法（nF）、皮法（pF），其换算关系如下：

$$1\text{F}=10^{3}\ \text{mF}=10^{6}\mu\text{F}=10^{9}\ \text{nF}=10^{12}\ \text{pF}$$

平行板电容器的电容：

$$C=\frac{\varepsilon\cdot S}{d} \tag{3-1-2}$$

式中，ε——电介质的介电常数，法拉每米（F/m）；

S——电容器两极板间的正对的有效面积，平方米（m^2）；

d——电容器两极板间的距离，米（m）。

温馨提示：电容是电容器的固有特性，其大小仅由自身结构决定，而与两极板间的电压高低、所带电荷量的多少等外界条件无关。

❖练一练

将一只 4.7μF 的电容器接到 12V 的直流电源上，求该电容器极板上所带的电量。如果该电容器接到 24V 的直流电源上，其电容量是多大？

1. 电容器的种类及符号

（1）电容器的种类

1）按照结构可分三大类：固定电容器、可变电容器和微调电容器。

固定电容器：电容量不可调节电容器即为固定电容器，按电介质材料又可分为电解电容器、涤纶电容器、独石电容器、云母电容器、纸介电容器、陶瓷电容器等，如图 3-1-3 所示。

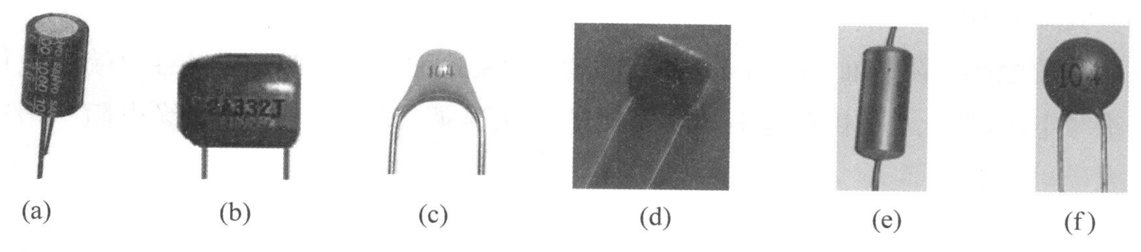

(a) (b) (c) (d) (e) (f)

图 3-1-3 常见固定电容器

可变电容器：其容量可以在较大范围内进行调节，一般用于调谐电路中，常见的可变电容器有空气介质可变电容器及聚苯乙烯可变电容器等，如图 3-1-4 所示。

微调电容器：其容量在某一较小范围内进行调整，一般用于补偿和校正电路中，常见的微调电容器有陶瓷微调电容器及云母微调电容器等，如图 3-1-5 所示。

(a)

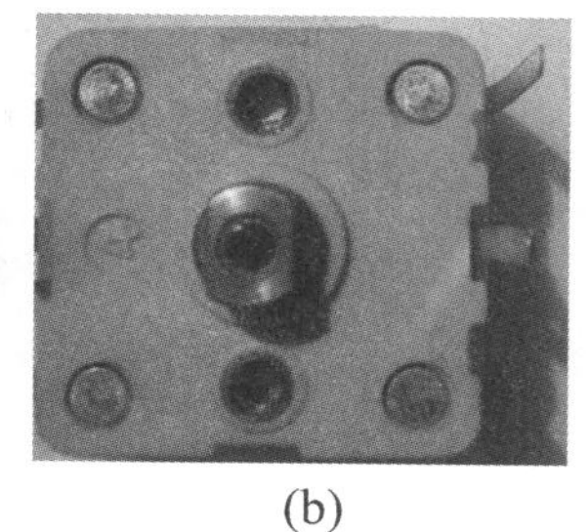

(b)

图 3-1-4 常见可变电容器

(a)

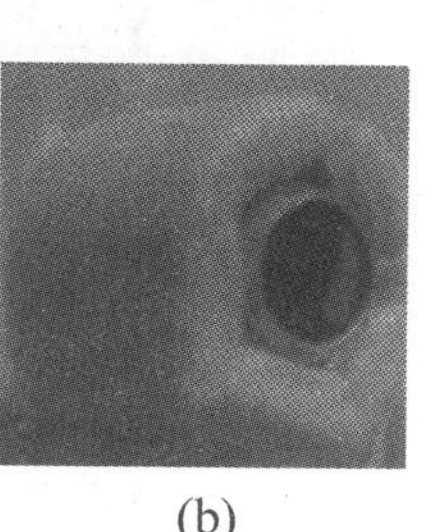

(b)

图 3-1-5 常见微调电容器

2）按电解质分类：固体介质（云母、独石、陶瓷、涤纶等）电容器、电解电容器和空气介质电容器等。

3）按有无极性可分为有极性电容器和无极性电容器。

（2）电容器的符号

电容器的符号如图 3-1-6 所示。

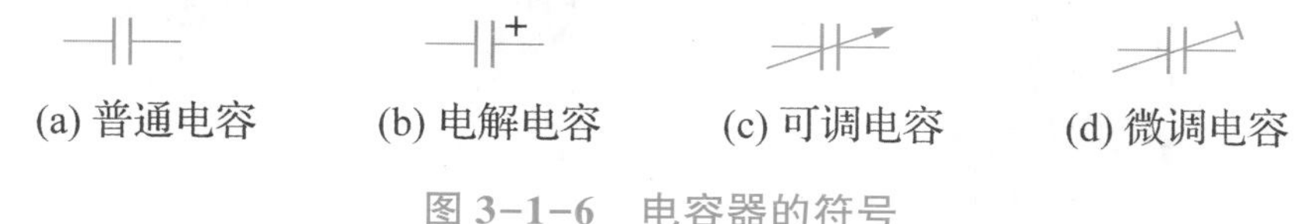

(a) 普通电容 (b) 电解电容 (c) 可调电容 (d) 微调电容

图 3-1-6 电容器的符号

2. 电容器的主要参数

电容器的主要参数包括标称容量及允许误差、工作电压和绝缘电阻等。

（1）标称容量及允许误差

电容器的外壳表面上标出的电容量值，称为电容器的标称容量。标称容量与实际容量之间的偏差称为电容器的允许误差。常用电容器的允许误差有±0.5%、±1%、±2%、±5%、±10%、±20%。

（2）工作电压

电容器在使用时，允许加在其两端的最大电压称为工作电压，又称耐压或额定工作电压，通常外加电压应在额定电压的 2/3 以下。

(3) 绝缘电阻

电容器的绝缘电阻表征电容器的漏电性能，在数值上等于加在电容器两端的电压除以漏电流。绝缘电阻越大，漏电流越小，电容器的质量越好。电解电容的绝缘电阻一般较低，漏电流较大。

3. 电容器主要参数的标注方法

(1) 直接标注法

直接标注法即将电容器标称容量、允许误差及工作电压直接标注在电容器上，如图 3-1-7 所示。

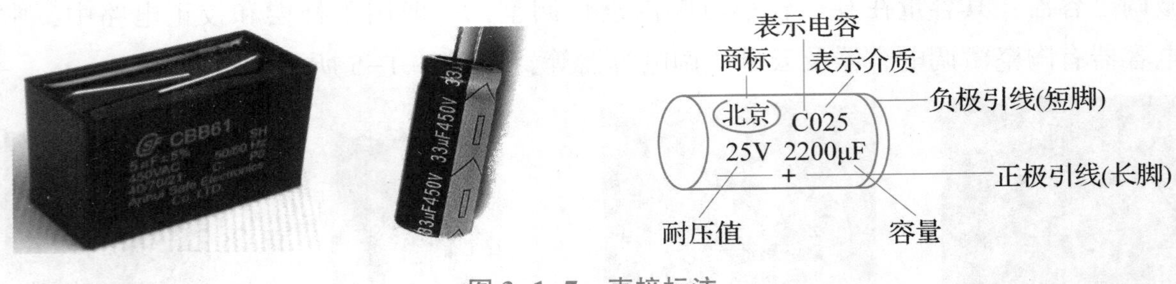

图 3-1-7　直接标注

(2) 数字标注法

数字标注法即只标数字，不标单位，一般为两位数，如图 3-1-8 所示。

对于小容量的电容，有效数字≥1 时，容量单位为 pF；有效数字<1 时容量单位为 μF。例如，标注数字 22，其容量为 22pF，标注数字 0. 47，其容量为 0. 47μF。

(3) 数码标注法

数码标注法一般用三位数字表示电容器的容量，单位 pF，如图 3-1-9 所示。

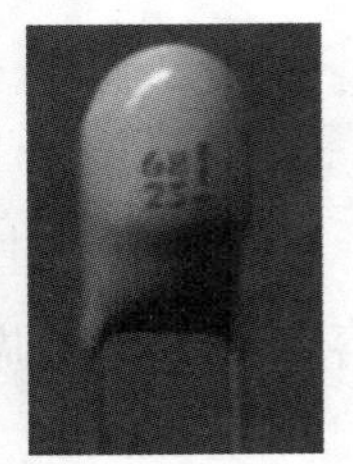

图 3-1-8　数字标注

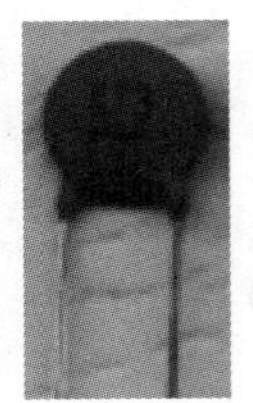

图 3-1-9　数码标注

其中前两位数字为电容量的有效数字，第三位为倍率，即后面加 0 的个数（但第三位倍乘数是 9 时表示×10^{-1}）。例如：

104 表示 $10\times10^4=100000$pF=0. 1μF

473 表示 $47\times10^3=47000$pF=0. 047μF

(4) 数字字母标注法

数字字母标注法即容量的整数部分写在容量单位的前面，容量的小数部分写在单位符号的后面，如图 3-1-10 所示。例如：

4μ7 表示容量为 4. 7μF，1p5 表示容量为 1. 5pF。

（5）色标法

在电容器上标注色环或色点来表示电容量及允许误差，单位是 pF，如图 3-1-11 所示。

图 3-1-10　数字字母标注

图 3-1-11　色标

温馨提示：标注的颜色符号与电阻器颜色符号相同。

在标注中，可用字母表示误码差的等级，如用 D（±0.5%）、F（±1%）、G（±2%）、J（±5%）、K（±10%）、M（±20%）、N（±30%）表示，此外，还用Ⅰ（±5%）、Ⅱ（±10%）、Ⅲ（±20%）表示允许误差。

例如：102J 表示容量为 1000 pF，误差为±5%。

（二）电感器

电感器是利用漆包线在绝缘骨架上绕制而成的一种能够存储磁场能的电子元件。在电路中电感有阻流、变压、传送信号等作用，如图 3-1-12 所示。

(a) 线圈实物图　(b) 电感线圈电路符号

图 3-1-12　电感线圈

电感的单位为亨利，简称亨，用符号“H”表示。常用单位还有毫亨（mH）和微亨（μH）。它们之间的关系是

$$1\text{H}=10^3\ \text{mH}=10^6\ \mu\text{H}$$

温馨提示：电感器的电感量只与线圈的结构，即线圈匝数、尺寸、绕制方式、有无磁芯或铁芯及它们的形状有关，与通过的电流大小无关。

1. 电感器的分类

电感器通常分为两大类，一类是应用于自感作用的电感线圈，另一类是应用于互感作用的变压器。下面分别介绍它们的各自分类情况。

电感线圈是根据电磁感应原理制成的器件，电感线圈用符号“*L*”表示。

按电感线圈圈芯性质分为空芯线圈和带磁芯的线圈；按绕制方式不同分为单层线圈、多层线圈、蜂房线圈等；按电感量变化情况分为固定电感线圈和微调电感线圈等。

2. 常用电感器

（1）小型固定电感器

这种电感器是在棒形、“工”字形或“王”字形的磁芯上绕制漆包线制成。它体积小，质量小，安装方便。其结构有卧式和立式两种，如图 3-1-13 所示。

图 3-1-13 常见小型固定电感器

(2) 磁芯（铁氧体）线圈

铁氧体材料是铁镁合金或铁镍合金，这种材料具有很高的磁导率，它可以使电感的线圈绕组之间在高频高阻的情况下产生的电容最小，如图 3-1-14 所示。

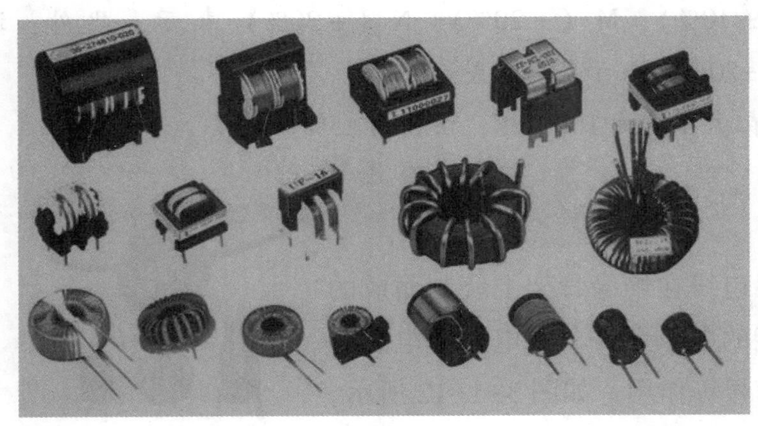

图 3-1-14 常见磁芯（铁氧体）线圈

(3) 电源变压器

电源变压器由带铁芯、绕组、绕组骨架、绝缘物等组成，如图 3-1-15 所示。

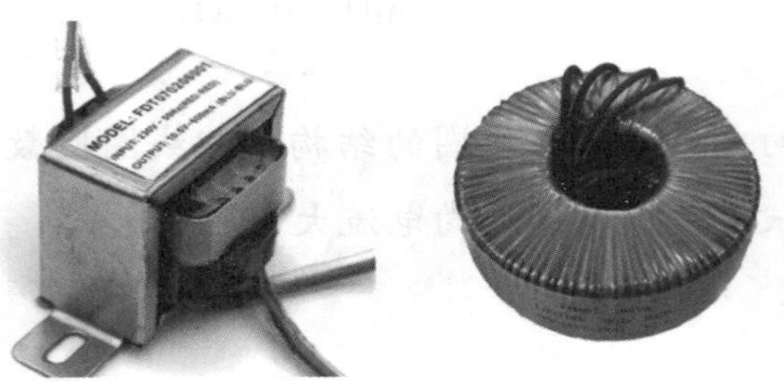

图 3-1-15 电源变压器

铁芯变压器的铁芯有“E”形、“口”形、“C”形和环形等。其中，“E”形铁芯使用较多，用这种铁芯制成的变压器，铁芯对绕组形成保护外壳。“口”形铁芯用在大功率的变压器中。“C”形和环形铁芯采用新型材料，具有体积小、质量小等优点，但制作要求高。环形变压器多用在功率放大器中。

❖理一理

请同学们对本任务所学内容，根据自己所学情况进行整理，在表 3-1-2 中做好记录，同时根据自己的学习情况，对照表 3-1-2 逐一检查所学知识点，并如实在表中做好记录。

表 3-1-2　知识点检查记录表

检查项目	理解概念		回忆		复述		存在的问题
	能	不能	能	不能	能	不能	
电容器的概念							
电容器的符号							
电容器的种类							
电感器的概念							
电感器的种类							

❖做一做

按学校整体布置的要求，根据本班的实际情况对学习区域进行 7S 整理。请各学习小组 QC（品质检验员）分别对组员进行 7S 检查，将检查结果记录在表 3-1-3 中，做得不好的小组长督促整改。

表 3-1-3　7S 检查表

项次	检查内容	配分	得分	不良事项
整理	学习区域是否有与学习无关的东西	5		
	学习工具、资料等摆放是否整齐有序	5		
整顿	学习工具和生活用具是否杂乱放置	5		
	学习资料是否随意摆放	5		
清扫	工作区域是否整洁，是否有垃圾	5		
	桌面、台面是否干净整齐	5		
清洁	地面是否保持干净，无垃圾、无污迹及纸屑等	5		
	是否乱丢纸屑等	5		
素养	是否完全明白 7S 的含义	10		
	是否有随地吐痰及乱扔垃圾现象	10		
	学习期间是否做与学习无关的事情，如玩手机等	10		
安全	是否在学习期间打闹	10		
	是否知道紧急疏散的路径	10		
节约	照明灯开关是否合理	5		
	是否存在浪费纸张、文具等物品的情况	5		
合计		100		

续表

评语	

注：80 分以上为合格，不足之处自行改善；60~80 分须向检查小组作书面改善交流；60 分以下，除向检查小组作书面改善交流外，还将全班通报批评。

审核：　　　　　　　　　　　　　　　　检查：

❖评一评

请同学们对学习过程进行评估，并在表 3-1-4 中记录。

表 3-1-4　评估表

<table>
<tr><td colspan="3">姓名</td><td colspan="3">学习 1</td><td colspan="3">日期</td></tr>
<tr><td colspan="3">班级</td><td colspan="3">工作任务 1</td><td colspan="3">小组</td></tr>
<tr><td colspan="3"></td><td colspan="3"></td><td colspan="3"></td></tr>
<tr><td colspan="2">1-优秀</td><td>2-良好</td><td colspan="2">3-合格</td><td colspan="2">4-基本合格</td><td colspan="2">5-不合格</td></tr>
<tr><td colspan="3">确定的目标</td><td>1</td><td>2</td><td>3</td><td>4</td><td>5</td><td>观察到的行为</td></tr>
<tr><td rowspan="12">工作过程评估</td><td rowspan="4">专业能力</td><td>制订工作计划</td><td></td><td></td><td></td><td></td><td></td><td></td></tr>
<tr><td>基本物理量的识记</td><td></td><td></td><td></td><td></td><td></td><td></td></tr>
<tr><td>基本物理量相互区别</td><td></td><td></td><td></td><td></td><td></td><td></td></tr>
<tr><td>基本测量仪器的使用</td><td></td><td></td><td></td><td></td><td></td><td></td></tr>
<tr><td rowspan="3">方法能力</td><td>收集信息</td><td></td><td></td><td></td><td></td><td></td><td></td></tr>
<tr><td>文献资料整理</td><td></td><td></td><td></td><td></td><td></td><td></td></tr>
<tr><td>成果演示</td><td></td><td></td><td></td><td></td><td></td><td></td></tr>
<tr><td rowspan="3">社会能力</td><td>合理分工</td><td></td><td></td><td></td><td></td><td></td><td></td></tr>
<tr><td>相互协作</td><td></td><td></td><td></td><td></td><td></td><td></td></tr>
<tr><td>同学及老师支持</td><td></td><td></td><td></td><td></td><td></td><td></td></tr>
<tr><td rowspan="2">个人能力</td><td>执行力</td><td></td><td></td><td></td><td></td><td></td><td></td></tr>
<tr><td>专注力</td><td></td><td></td><td></td><td></td><td></td><td></td></tr>
</table>

续表

成果评估	工作任务书	时间计划/进度记录					
		工作过程记录					
		解决问题记录					
		方案修改记录					
	环境保护	环境保护要求					
	成果汇报	汇报材料					

四、知识拓展

安规电容

安规电容是指用于这样场合的电容器，即电容器失效后，不会导致电击，不危及人身安全，它包括 X 电容和 Y 电容，如图 3-1-16 所示。X 电容是跨接在电力线两线（L-N）之间的电容，一般选用金属薄膜电容；Y 电容是分别跨接在电力线两线和地之间（L-E、N-E）的电容，一般成对出现。基于漏电流的限制，Y 电容值不能太大，一般 X 电容是 μF 级，Y 电容是 nF 级。X 电容抑制差模干扰，Y 电容抑制共模干扰。

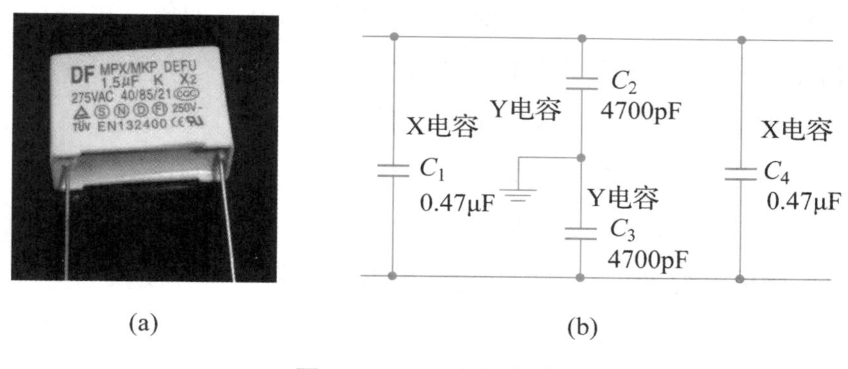

图 3-1-16　安规电容

五、能力延伸

（一）填空题

1. 电容器的基本特性是能够________，它的主要参数有________和________。

2. 电容量是表示电容器________的物理量，它表示________与________的比值，其表达式为________。

3. 电容量的单位是________，常用单位有________和________。

4. 平行板电容器的容量与________成正比，与________成反比，还与电介质的介电常数有关。

（二）选择题

1. 关于电容器和电容，以下说法中正确的是(　　)。

A. 任何两个彼此绝缘又互相靠近的导体都可以看成是一个电容器

B. 电容器带电量越多，它的电容就越大

C. 电容器两极板电压越高，它的电容越大

D. 电源对平行板电容器充电后，电容器所带的电量与充电的电压无关

2. 一只电容器接到 20V 电源上，它的电容量是 100μF；当接到 5V 电源上时，其电容是(　　)。

A. 25μF　　B. 50μF　　C. 100μF　　D. 200μF

3. 平行板电容器的电容(　　)。

A. 与两极板间的距离成正比　　B. 与极板间电介质的介电常数成反比

C. 与两极板间的正对面积成正比　　D. 与加在两极板间的电压成正比

4. 一只平行板电容器始终与电池相连，现将一块均匀的电介质板插进电容器，恰好充满两极板间的空间，与未插电介质板时相比(　　)。

A. 电容器所带的电量减小　　B. 电容器的电容增大

C. 电容器所带的电量不变　　D. 两极板间的电压减小

5. 两块平行金属板带等量异种电荷，要使两极板间的电压加倍，可采用的办法有(　　)。

A. 两板的电荷量加倍，而距离变成原来的 4 倍

B. 两板的电荷量加倍，而距离变成原来的 2 倍

C. 两板的电荷量减半，而距离变成原来的 4 倍

D. 两板的电荷量减半，而距离变成原来的 2 倍

6. 云母介质的平行板电容器，充电后与电源断开，若将云母介质换为空气，则电容(　　)。

A. 变大　　B. 变小　　C. 不变　　D. 无法判断

任务二　会闪光的音乐小熊猫电容电路的分析

一、学习目标

【知识目标】

★理解电容器的连接；

★了解电容器的充放电现象。

【能力目标】

能对电容器进行检测。

【素质目标】

★树立一丝不苟的敬业精神；

★培养勤奋、节俭、务实、守纪的职业素养；

★树立安全第一的职业意识；

★具备一定分析问题、解决问题的能力；

★培养学生认真仔细、细心和耐心的精神。

二、工作任务

1. 获取必要的信息，了解会闪光的音乐小熊猫电路中的电容器件；
2. 小组讨论，完成引导问题；
3. 和老师沟通，解决当下认知中存在的问题；
4. 记录工作过程，填写相关任务；
5. 撰写汇报材料；
6. 小组汇报演示。

三、实施过程

职场演练

请同学们在 3min 内按 7S 现场管理的要求对自己的学习区域进行自检，不合格项进行整改，在表 3-2-1 中做好相应的记录。

表 3-2-1　自检表

项次	检查内容	检查状况	检查结果
整理	学习区域是否有与学习无关的东西	□是　□否	□合格　□不合格
	学习工具、资料等摆放是否整齐有序	□是　□否	□合格　□不合格
整顿	学习工具和生活用具是否杂乱放置	□是　□否	□合格　□不合格
	学习资料是否随意摆放	□是　□否	□合格　□不合格

案例：在老师的帮助下，小明对会闪光的音乐熊猫电路有了一个全新的认识。小明想，如果我在图 3-2-1 所示原理图中电容 C_1 或 C_2 上串联或并联一个电容会有什么结果呢？在好奇心的驱使下，小明开始行动了，他分别在 C_1、C_2 上并联了一个相同容量的电容。当通电的时候，会发生什么变化？

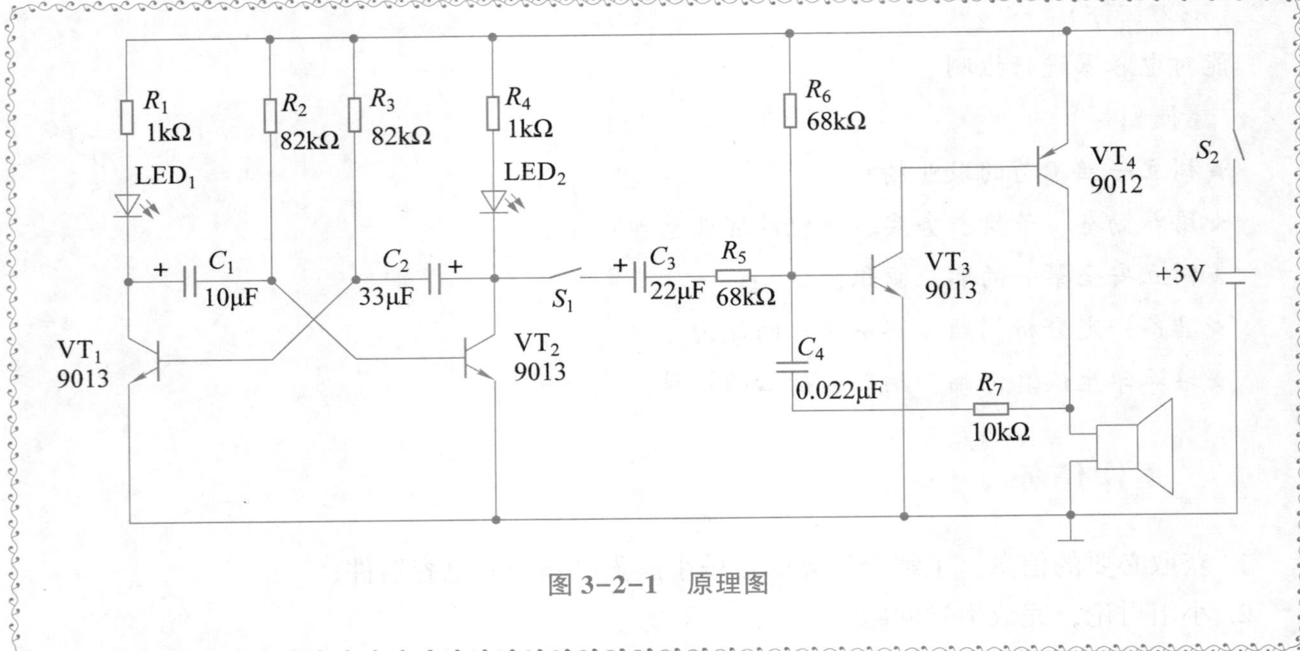

图 3-2-1 原理图

【知识链接】

(一) 电容器的联接

1. 电容器的串联

将几个电容器头尾依次连接，中间无分支的连接方式称为电容器的串联，如图 3-2-2 所示。

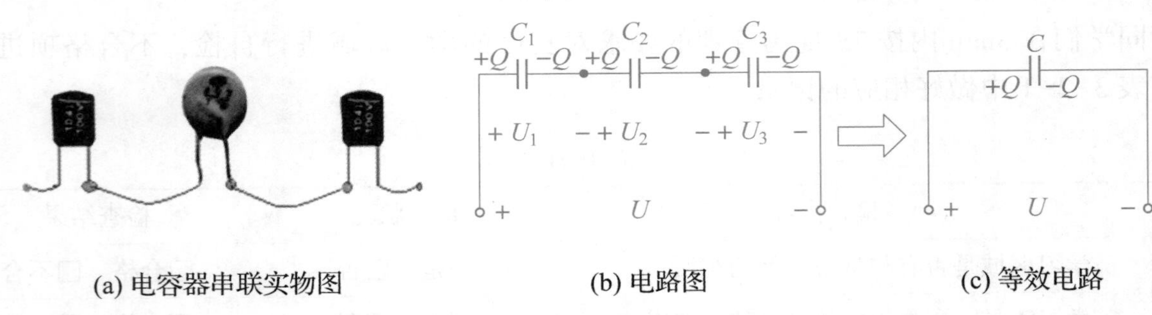

(a) 电容器串联实物图 (b) 电路图 (c) 等效电路

图 3-2-2 电容器的串联

电容器串联电路的特点：

1) 总容量的倒数等于各电容器容量的倒数之和，即

$$\frac{1}{C}=\frac{1}{C_1}+\frac{1}{C_2}+\cdots+\frac{1}{C_n} \tag{3-2-1}$$

2) 每个电容器上所带的电荷量相等，即

$$Q=Q_1=Q_2=\cdots=Q_n \tag{3-2-2}$$

3) 总电压等于各电容器上的电压之和，即

$$U=U_1+U_2+\cdots+U_n \tag{3-2-3}$$

4）各个电容器上分得的电压与自身容量成反比，即

$$U_1=\frac{Q_1}{C_1},\ U_2=\frac{Q_2}{C_2},\ \cdots,\ U_n=\frac{Q_n}{C_n} \tag{3-2-4}$$

电容器串联的总容量的计算与电阻并联的总电阻的计算公式类似。

❖讲一讲

有两个电容器，一个电容器 C_1 上标有 2μF、160V，另一个电容器 C_2 标有 10μF、250V。若将它们串联起来，接在 300V 的直流电源上使用，求等效电容量及每个电容器上的电压。另外，这样是否安全？

解：等效电容的电容量为 $C=\frac{C_1\times C_2}{C_1+C_2}\approx 1.7\mu F$。

根据分压公式计算 C_1 上电压为：

$$U_1=\frac{C_2}{C_1+C_2}U=250V$$

$$U_2=\frac{C_1}{C_1+C_2}U=50V$$

由计算可知，C_1 两端的电压 250V 大于其额定工作电压 160V，在工作时会被击穿，不安全。

2. 电容器的并联

将几个电容器头与头、尾与尾并排地连接在一起，这种连接方式称为电容器的并联，如图 3-2-3 所示。

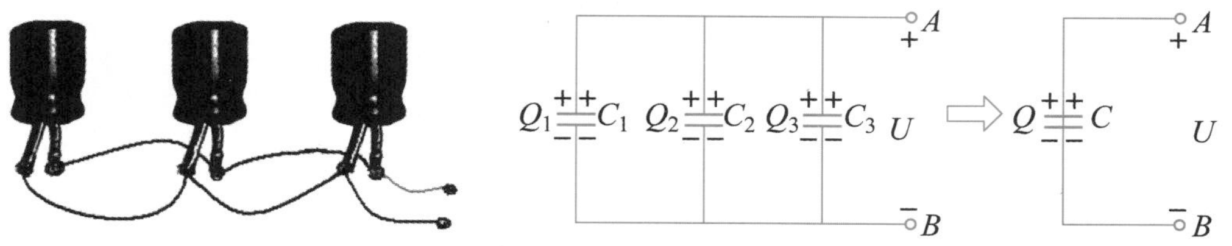

图 3-2-3　电容器的并联

电容器并联电路的特点：

1）总容量等于各电容器容量之和，即

$$C=C_1+C_2+\cdots+C_n \tag{3-2-5}$$

2）每个电容器上的电压相等，即

$$U=U_1=U_2=\cdots=U_n \tag{3-2-6}$$

3）总电荷量等于各电容器的电荷量之和，即

$$Q=Q_1+Q_2+\cdots+Q_n \tag{3-2-7}$$

4）各个电容器上的电荷量与自身容量成正比，即

$$Q_1=C_1\times U_1,\ Q_2=C_2\times U_2,\ \cdots,\ Q_n=C_n\times U_n \tag{3-2-8}$$

电容器并联的总容量的计算与电阻串联的总电阻的计算公式类似。

❖讲一讲

有两个电容器，一个 C_1 上标有“2μF，160V”，另一个 C_2 上标有“10 μF，250V”，若将它们并联起来，求等效电容量和最大安全工作电压。

解：等效电容量为：$C=C_1+C_2=12\mu F$

取其中最小的耐压值作为其最大安全工作电压，即 $U=160V$。

3. 电容器的混联

电容器的连接中，既有串联又有并联的连接方式，称为电容器的混联，如图 3-2-4 所示。

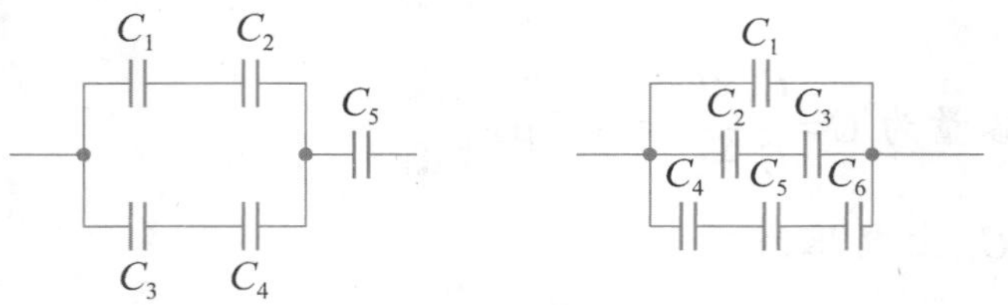

图 3-2-4 电容器的混联

温馨提示：对电容器混联电路的分析与电阻混联电路的分析相似。

（二）电容器的充放电现象

电容器充放电实验电路原理图如图 3-2-5 所示。

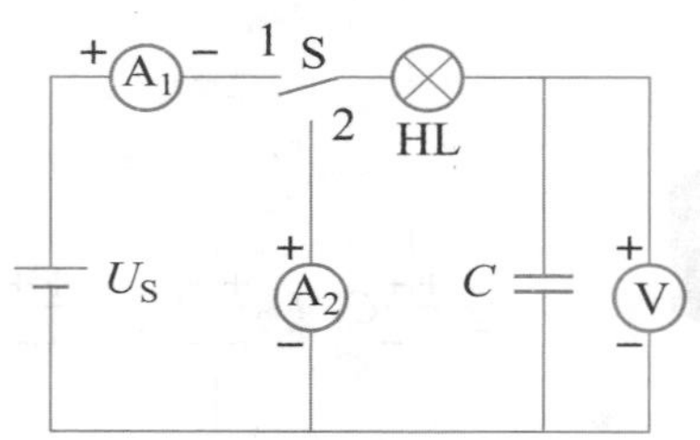

图 3-2-5 电容器的充放电实验电路原理图

U_S 为直流电源，C 为电容量很大的电容器，S 是单刀双掷开关，HL 是灯泡，A_1 和 A_2 是直流电流表，V 是直流电压表。先把开关 S 与接点 1 闭合，电源对电容器充电。当电容器充满电后，将开关 S 与接点 2 闭合，电容器就放电。

1. 电容器的充电过程

观察现象：

1）小灯泡 HL 开始较亮，然后逐渐变暗，经过短短的一段时间，小灯泡 HL 熄灭。

2）电流表指针最初偏转一个较大的角度（电流较大），然后指针偏转逐渐减小，直到零位置。

3）电压表指针从零逐渐上升，最后停在某一位置上。

电容器充电规律如图 3-2-6 所示。

结论：充电过程中，随着电容器两极板上所带的电荷量的增加，电容器两端电压逐渐增大，充电电流逐渐减小，当电容器充满电荷时，电流为零，电容器两端电压 $U=U_S$。

2. 电容器的放电过程

观察现象：

1）小灯泡 HL 开始较亮，然后逐渐变暗，经过一段时间后，小灯泡 HL 不亮了。

2）电流表指针最初偏转一个较大的角度（电流较大），然后逐渐向零刻度偏转，经过一段时间后，电流表指针指零。

3）电压表指针逐渐向零刻度偏转，最后指针指零。

电容器放电规律如图 3-2-7 所示。

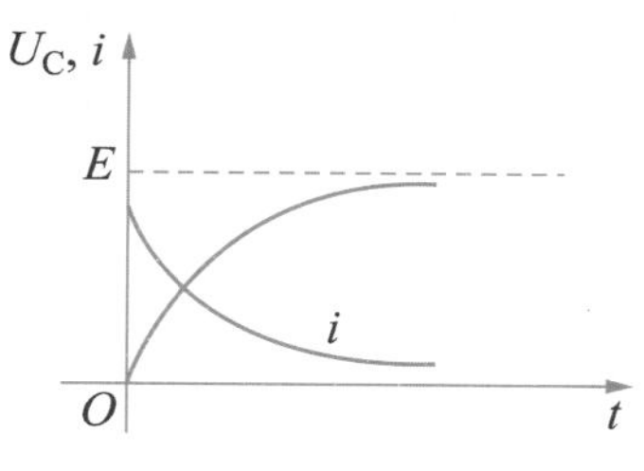

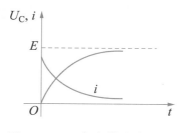

图 3-2-6　电容器充电规律

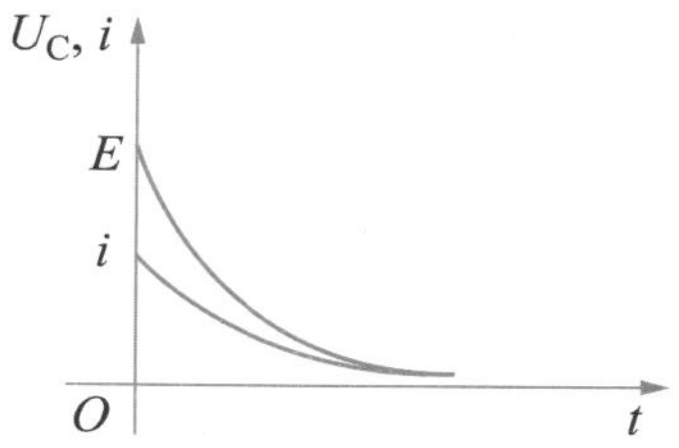

图 3-2-7　电容器放电规律

结论：在放电过程中，随着电容器极板上电量的减少，电容器两端电压逐渐减小，放电电流也逐渐减小直至为零，放电结束。

电容器在充电过程中使两极板带电，便在两极板之间形成电场，两电极之间便有了电压，电容器内就储存了电场能量。

$$W_C=\frac{1}{2}CU^2 \tag{3-2-9}$$

式中，W_C——电容器中的电场能，单位为焦耳，简称焦（J）。

由此可见，电容器中的电场能与电压大小有关。当一个电容器上充的电荷越多，电压就越高，储存的电场能量也就越多。

（三）电容器的检测

电容器常见的故障有开路、短路、漏电和电容量减小等。利用电容器的充放电原理，可用指针式万用表的欧姆挡来对电容器进行检测。

1. 万用表倍率挡的选择原则

容量大，倍率挡小；容量小，倍率挡大。一般容量大于 47μF 选择 $R\times100$ 挡或 $R\times10$ 挡，容量 1~47μF 选 $R\times1$k 挡，容量小于 1μF 选 $R\times10$k 挡。

2. 质量的判定

首先短接电容器上的两支引脚（目的是释放电容器储存的电荷），然后把万用表两表笔连接到电容器两引脚上，连通瞬间观察指针摆动情况：

1）若指针向右偏转后，然后又向左偏转回到起点（电阻无穷大的地方），则该电容器是好的。

2）若指针不能返回，稳定后的读数就是电容器的漏电电阻，阻值越小，漏电电流就大，电容器的绝缘性能越差，质量就差。

3）若指针不动，则该电容器已开路。

4）若指针向右偏转到“0Ω”处不动，则表明内部已击穿。

3. 电解电容器极性判别

首先用红、黑表笔接电容器的两端，测量电容器的漏电电阻，记录其大小。然后将电容器的两引脚相碰短路放电，再交换表笔进行测量，读出漏电电阻。比较两次漏电电阻的大小，阻值大的一次黑表笔所接的引脚为电解电容器的正极，红表笔所接的引脚为电解电容器的负极（因为有极性的电解电容器正向连接时漏电电流小，漏电电阻大），如图 3-2-8 所示。

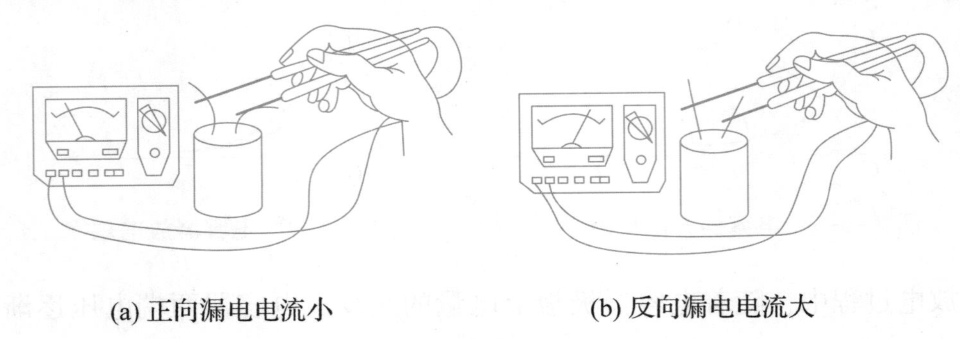

(a) 正向漏电电流小　　(b) 反向漏电电流大

图 3-2-8　通过漏电电阻判别电容器极性

4. 电容量大小的估判

1）用表笔接触电容器两端时，表针先是向右偏转，然后又向左偏转回到起点。这是对电容器充电的情形。

2）交换表笔再测，表针又是向右偏转，只不过偏转的角度比第一次大，然后缓慢地向左偏转回到起点。这是电容器先放电、再充电的情形。

3）电容器容量越大，充、放电电流越大，指针向右偏转的角度也越大，由此估判电容器容量的大小。

❖理一理

请同学们对本任务所学内容，根据自己所学情况进行整理，在表 3-2-2 中做好记录，同时根据自己的学习情况，对照表 3-2-2 逐一检查所学知识点，并如实在表中做好记录。

表 3-2-2　知识点检查记录表

检查项目	理解概念		回忆		复述		存在的问题
	能	不能	能	不能	能	不能	
电容器的串联							
电容器的并联							
电容器的充放电							
电感器的检测							

❖做一做

按学校整体布置的要求，根据本班的实际情况对学习区域进行7S整理。请各学习小组QC（品质检验员）分别对组员进行7S检查，将检查结果记录在表3-2-3中，对做得不好的由小组长督促整改。

表3-2-3　7S检查表

项次	检查内容	配分	得分	不良事项
整理	学习区域是否有与学习无关的东西	5		
	学习工具、资料等摆放是否整齐有序	5		
整顿	学习工具和生活用具是否杂乱放置	5		
	学习资料是否随意摆放	5		
清扫	工作区域是否整洁，是否有垃圾	5		
	桌面、台面是否干净整齐	5		
清洁	地面是否保持干净，无垃圾、无污迹及纸屑等	5		
	是否乱丢纸屑等	5		
素养	是否完全明白7S的含义	10		
	是否有随地吐痰及乱扔垃圾现象	10		
	学习期间是否做与学习无关的事情，如玩手机等	10		
安全	是否在学习期间打闹	10		
	是否知道紧急疏散的路径	10		
节约	照明灯开关是否合理	5		
	是否存在浪费纸张、文具等物品的情况	5		
合计		100		
评语				

注：80分以上为合格，不足之处自行改善；60~80分须向检查小组作书面改善交流；60分以下，除向检查小组作书面改善交流外，还将全班通报批评。

审核：　　　　　　　　　　　　　　检查：

❖评一评

请同学们对学习过程进行评估，并在表 3-2-4 中记录。

表 3-2-4　评估表

姓名	学习 1	日期
班级	工作任务 1	小组

1-优秀	2-良好	3-合格	4-基本合格	5-不合格

确定的目标			1	2	3	4	5	观察到的行为
工作过程评估	专业能力	制订工作计划						
		基本物理量的识记						
		基本物理量相互区别						
		基本测量仪器的使用						
	方法能力	收集信息						
		文献资料整理						
		成果演示						
	社会能力	合理分工						
		相互协作						
		同学及老师支持						
	个人能力	执行力						
		专注力						
成果评估	工作任务书	时间计划/进度记录						
		工作过程记录						
		解决问题记录						
		方案修改记录						
	环境保护	环境保护要求						
	成果汇报	汇报材料						

四、知识拓展

电容器的发明

1745 年，荷兰莱顿大学的教授马森布洛克（1692—1761）发明了莱顿瓶。他做了这样一个实验：把一支枪管悬在空中，将发电机跟枪管连接，他让助手握住玻璃瓶，自己摇起发电机，这时他的助手不小心把另一只手触近枪管，猛地感到了一次强烈的电击以致喊叫起来。于是马森布洛克跟助手互换了一下，他让助手摇起发电机，自己一手握瓶，一手去碰枪管，强烈的电击使他以为：这下子我可完蛋了！他的结论是：把带电体放在玻璃瓶内是可以把电保存下来的，只是当时他不能明确是靠瓶子还是靠瓶子里的水来起保存电的作用的。不久，他对莱顿瓶进行了改进，把玻璃瓶的内壁与外壁都用金属箔贴上。在莱顿瓶顶盖上插一根金属棒，它的上端连接一个金属球，它的下端通过金属链与内壁相连。这样莱顿瓶实际上是一个普通的电容器。若把它的外壁接地，而金属球连接到电荷源上，则在莱顿瓶的内壁与外壁之间会积聚起相当多的电荷。

莱顿瓶很快在欧洲引起了强烈的反响，电学家们不仅利用它做了大量的实验，还做了大量的示范表演，有人用它来点燃酒精和火药。其中最壮观的是法国人诺莱特在巴黎一座大教堂前所做的表演，诺莱特邀请了路易十五的皇室成员临场观看莱顿瓶的表演，他让 700 名修道士手拉手排成一行，队伍全长达 900 英尺（约 275m）。然后，诺莱特让排头的修道士用手握住莱顿瓶，让排尾的握瓶的引线，一瞬间，700 名修道士，因受电击几乎同时跳起来，在场的人无不为之目瞪口呆，诺莱特以令人信服的证据向人们展示了电的巨大威力。

莱顿瓶的发明使物理学第一次有办法得到很多电荷，并对其性质进行研究。1746 年，英国伦敦一名叫柯林森的物理学家，通过邮寄向美国费城的本杰明·富兰克林赠送了一只莱顿瓶，并在信中向他介绍了使用方法，这直导致了 1752 年富兰克林著名的费城实验。他用风筝将“天电”引了下来，收集到莱顿瓶中，从而弄明白了“天电”和“地电”原来是一回事。他肯定了“起储电作用的是瓶子本身”“全部电荷是由玻璃本身储存着的”。富兰克林正确地指出了莱顿瓶的原理，后来人们发现，只要两个金属板中间隔一层绝缘体就可以做成电容器，而并不一定要做成像莱顿瓶那样的装置。

莱顿瓶的发明，为科学界提供了一种储存电的有效方法，为进一步深入研究电现象提供了一种新的、强有力的手段，对电知识的传播与发展起了重要作用。

五、能力延伸

（一）填空题

1. 当两个电容 C_1 与 C_2 串联时，等效电电容 C 是________。

2. 串联电容器的等效电容量总是________其中任一电容器的电容量。串联电容器越多，总的等效电容量________。

3. 串联电容器的总电容比每个电容器的电容________，每个电容器两端的电压和自身电容成________。

4. 当单独一个电容器的________不能满足电路要求，而它的________足够大时，可将电容器串联起来使用。

5. 当两个电容 C_1 与 C_2 并联时，等效电容是________。

6. 并联电容器的等效电容量总是________其中任一电容器的电容量。并联电容器越多，总的等效电容量________。

7. 并联电容器的总电容比每个电容器的电容________，每个电容器两端的电压________。

8. 当单独一个电容器的________不能满足电路要求，而它的________足够大时，可将电容器并联起来使用。

9. 有两个电容器，$C_1 = 300\mu F$，$C_2 = 600\mu F$，则它们串联后等效电容为________，并联后等效电容为________。

10. 有 5 个容量为 10μF，耐压为 100 V 的电容器，如将它们全部串联后等效电容为________，耐压为________；如将它们全部并联后等效电容为________，耐压为________。

11. 有一容量为 100μF 的电容器，接到直流电源上对它充电，这时它的电容为________；当它充电结束后，对它进行放电，这时它的电容为________；当它不带电时，它的电容为________。

12. 将 10 μF 的电容器充电到 100V，这时电容器储存的电场能是________，若将该电容器继续充电到 200V，电容器内又增加了________电场能。

13. 一个容量为 50F 的电容器，当它的极板上带上 5×10^{-6}C 的电荷量时，电容器两极板间的电压是________，电容器储存的电场能是________。

（二）选择题

1. 电容器 C_1 与 C_2 串联后接在直流电路中，若 $C_1 = 3C_2$，则 C_1 两端的电压是 C_2 两端的电压的(　　)。

A. 3 倍　　B. 9 倍　　C. $\frac{1}{3}$　　D. $\frac{1}{9}$

2. 如图 3-2-9 所示电路中，已知 $E = 12V$，$R_1 = 1\Omega$，$R_2 = 2\Omega$，$R_3 = 5\Omega$，C 是电容器，R_3 两端的电压是(　　)。

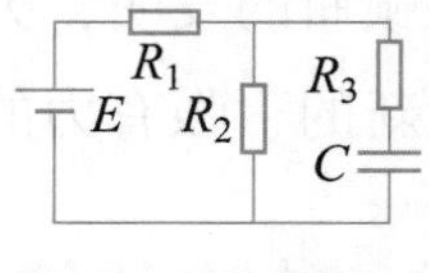

A. 0V　　B. 4V

C. 8V　　D. 12V

图 3-2-9　选择题 2 图

3. 一个电容为 x 的电容器和一个 4μF 的电容器串联，总电容为 x 电容器的一半，则电容 x 是(　　)。

A. 4μF　　B. 8μF　　C. 12μF　　D. 16μF

4. 有两个电容器 C_1 “0.25μF，200V”，C_2 “0.5μF，300V”，串联后接到电压为450V的电源上，则(　　)。

A. 能正常使用　　B. 其中一只电容器击穿

C. 两只电容器均被击穿　　D. 无法判断

5. 如图3-2-10所示，每个电容器的电容量都是3μF，额定工作电压都是100V，那么整个电容器组成的等效电容和额定电压分别是(　　)。

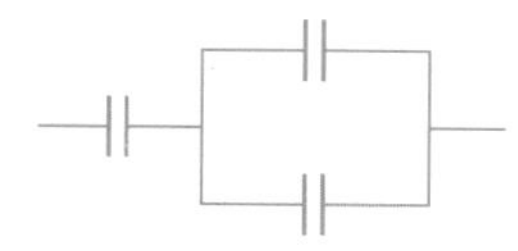

图3-2-10　选择题5图

A. 4.5μF，200V　　A. 4.5μF，150V　　C. 2μF，150V　　D. 2μF，200V

任务三　会闪光的音乐小熊猫电磁感应的分析

一、学习目标

【知识目标】

★理解磁的基本概念；

★理解电磁感应现象；

★了解自感、互感。

【能力目标】

★会判断直导体、通电螺线管的磁场方向；

★会判断通电导体在磁场中的受力方向；

★会判断电感器的好坏。

【素质目标】

★树立一丝不苟的敬业精神；

★培养勤奋、节俭、务实、守纪的职业素养；

★树立安全第一的职业意识；

★具备一定分析问题、解决问题的能力；

★培养学生认真仔细、细心和耐心的精神。

二、工作任务

1. 根据任务理解磁场、电场感应现象；
2. 小组讨论，完成引导问题；
3. 和老师沟通，解决当下认知中存在的问题；
4. 记录工作过程，填写相关任务；
5. 撰写汇报材料；
6. 小组汇报演示。

三、实施过程

职场演练

请同学们在3min内按7S现场管理的要求对自己的学习区域进行自检，对不合格项进行整改，在表3-3-1中做好相应的记录。

表3-3-1　自检表

项次	检查内容	检查状况	检查结果
整理	学习区域是否有与学习无关的东西	□是　□否	□合格　□不合格
	学习工具、资料等摆放是否整齐有序	□是　□否	□合格　□不合格
整顿	学习工具和生活用具是否杂乱放置	□是　□否	□合格　□不合格
	学习资料是否随意摆放	□是　□否	□合格　□不合格

案例：当小明和同学们正高兴地欣赏着自己的杰作——会闪光的音乐小熊猫时，忽然，小熊猫不发声了。小明和同学们一起将扬声器拆了下来，然后将其“解剖”开，发现里面有磁铁和线圈。小明和同学们更好奇了，就这样也能发出声音？小明和同学们带着好奇，查阅了相关资料，终于弄明白了原因。

【知识链接】

（一）电磁感应

1. 磁场

（1）磁场的基本概念

具有磁性的物质就称为磁体，磁体可分为天然磁体（如吸铁石）和人造磁体两大类。常见的人造磁体有条形、蹄形和针形等，如图3-3-1（a）所示。

任何一个磁体都有两个磁极，即北极（N 极）和南极（S 极）。磁体之间的相互的作用力表现为同性相斥，异性相吸，如图 3-3-1（b）所示。指南针就是利用磁体的这种性质制作的，如图 3-3-1（c）所示。

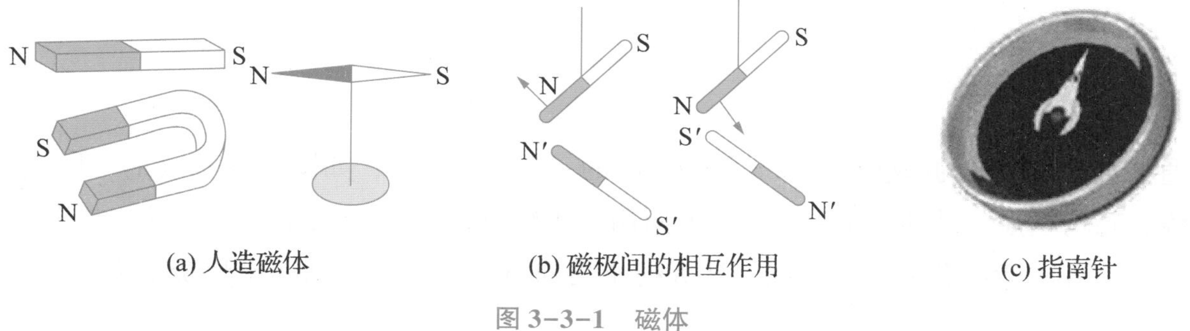

(a) 人造磁体　(b) 磁极间的相互作用　(c) 指南针

图 3-3-1　磁体

磁体之间相互吸引或排斥的力称为磁力。磁体周围存在着摸不着、看不见，而实际存在的特殊物质，这种物质就是磁场。磁力就是由磁场来传递的。

磁场具有方向，其方向的规定为：在磁场中任一点，小磁针静止时，N 极所指的方向为该点的磁场方向。

为了形象地表示磁场中各点的磁场方向和磁场的强弱，可以在磁场中画出一系列方向的曲线，使这些曲线上每一点的切线方向与该点的磁场方向一致，这种曲线称为磁感应线或磁感线，如图 3-3-2 所示。

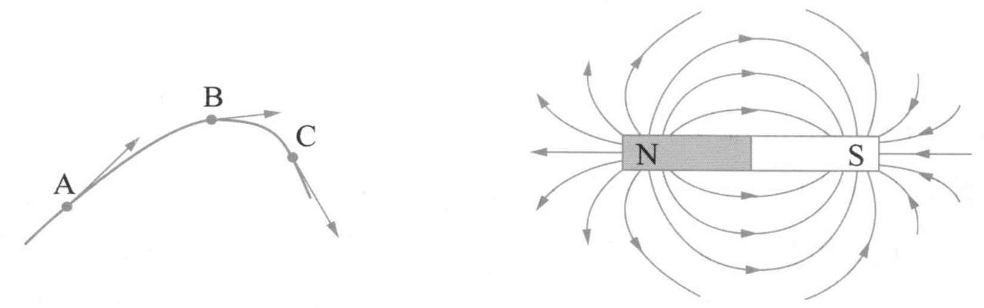

图 3-3-2　磁感应线

磁感应线具有以下特征：

1）磁感应线是互不交叉的闭合曲线，在磁体外部由 N 极指向 S 极，在磁体内部由 S 极指向 N 极。

2）磁感应线上任意一点的切线方向，就是该点的磁场方向，即小磁针静止时 N 极所指的方向。

3）磁感应线的疏密程度反映了磁场的强弱，磁感线越密，磁场越强；磁感线越疏，磁场越弱。磁感线以均匀分布在相互平行的区域，称为匀强磁场，如图 3-3-3 所示。

（2）载流直导体与通电螺线管周围的磁场

在直导线附近放置一枚小磁针，如图 3-3-4 所示，当导线中有电流通过时，磁针将发生偏转，这一现象是由丹麦物理学家奥斯特于 1820 年 7 月通过实验首先发现的，这一现象说明电流也能产生磁场，此现象称为电流的磁效应。这说明电和磁是密不可分的。

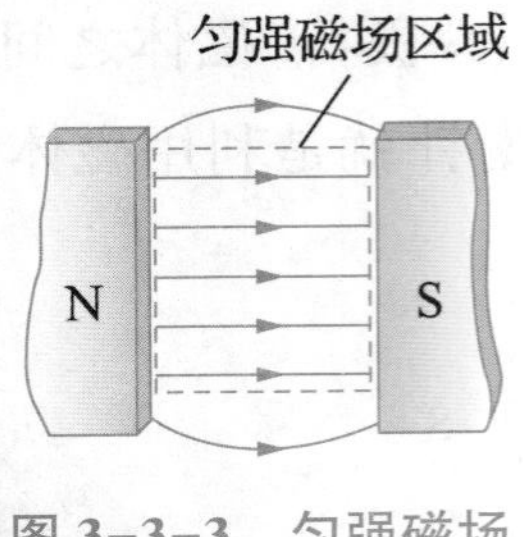

图 3-3-3　匀强磁场

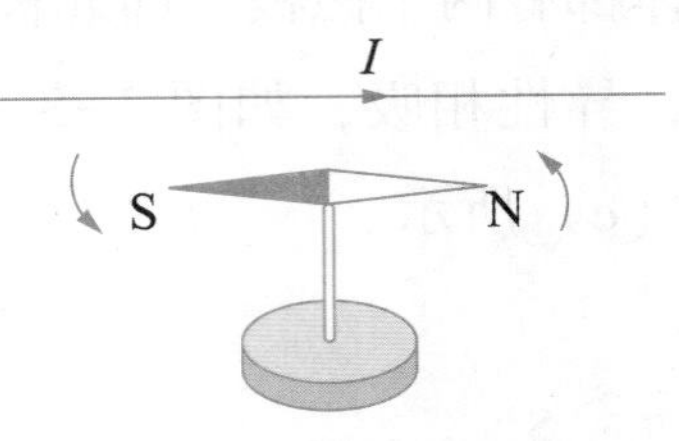

图 3-3-4　电流的磁效应

通电直导线周围的磁感线是以导线为圆心的一系列同心圆，如图 3-3-5（a）所示，越靠近导线，磁场越强，磁感线越密。磁场方向用右手螺旋定则（安培定则）判断，如图 3-3-5（b）所示：用右手握住通电直导线，让大拇指指向电流的方向，则四指环绕的方向就是磁感线的方向。

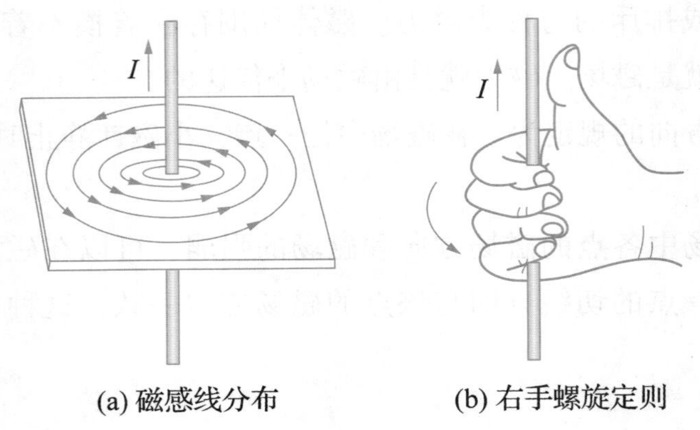

图 3-3-5　通电直导线周围的磁场

（3）通电螺线管导体周围的磁场

电流流入螺线管后产生的磁场，跟条形磁铁的磁场相似，一端相当于 N 极，另一端相当于 S 极，如图 3-3-6 所示。磁场的方向同样可用右手螺旋定则（安培定则）来判定，即右手握住螺线管，四指弯曲的方向与电流的方向一致，则大拇指所指的方向为通电螺线管的 N 极方向。

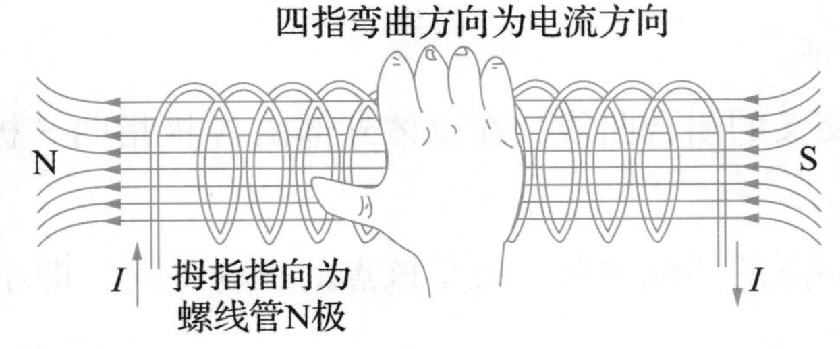

图 3-3-6　通电螺线管导体周围的磁场

2. 磁场的基本物理量

磁场不但有方向，而且有强弱，用磁感线的疏密程度可以直观形象地描述磁场，它只能定性分析，若要定量地解决问题，可以用磁通、磁感应强度、磁导率等物理量来描述。

（1）磁感应强度

磁感应强度是表示磁场中某点的磁场强弱和方向的物理量，用符号 B 表示，如图 3-3-7 所示。

把一段通电导体垂直放入磁场中，改变导体长度和电流的大小，发现导体所受的磁场力也发生改变，精确的实验表明：对于给定磁场中的同一点的比值 F/IL 是一个恒量，不同的磁场或磁场中的不同点，这个比值可以不同。由此，我们用比值 F/IL 来定量描述磁场的强弱，称为磁感应强度 B。

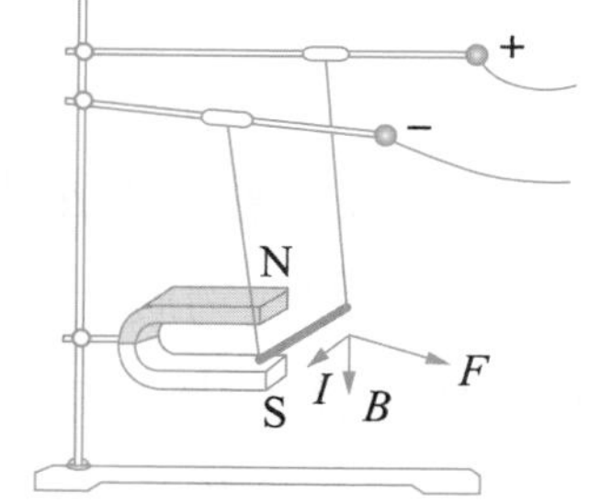

图 3-3-7　磁感应强度

$$B=\frac{F}{IL} \tag{3-3-1}$$

式中，F——垂直于磁场方向放置的通电导体受到的作用力，牛顿（N）；

I——导体中的电流，安培（A）；

L——导体在磁场中的长度，米（m）；

B——磁感应强度，特斯拉，简称特（T）。

磁感应强度是一个既有方向又有大小的矢量，方向可用右手螺旋法则判断。

（2）磁通量

把磁感应强度 B（如果不是均匀磁场，则取其平均值）与垂直于磁场方向的面积 S 的乘积，称为穿过该面积的磁通量（简称磁通），用 Φ 表示。其大小可以用穿过该面积的磁力线条数来描述。

$$\Phi=BS \tag{3-3-2}$$

在均匀磁场中，若 B 和 S 的夹角为 α，则磁通量为

$$\Phi=BS\sin\alpha \tag{3-3-3}$$

磁通量 Φ 的国际单位是韦伯（Wb），$1\text{Wb}=1\text{T}\cdot\text{m}^2$，由式（3-3-3）可得

$$B=\frac{\Phi}{S} \tag{3-3-4}$$

这说明在匀强磁场中，磁感应强度就是与磁场垂直与单位面积上的磁通，所以磁感应强度又称为磁通密度。

1）当 B 与 S 平行时，Φ 最小。

2）当 B 与 S 垂直时，Φ 最大。

3）磁通是描述磁场中某面的磁场强弱。

图 3-3-8 所示为通过截面的磁通量。

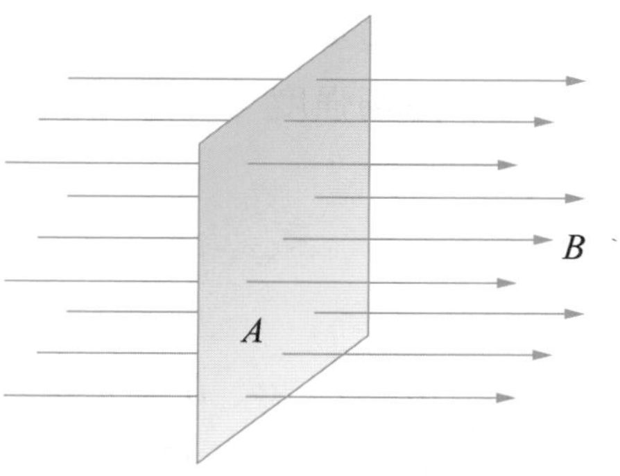

图 3-3-8　通过截面的磁通量

（3）磁导率

磁导率（绝对磁导率）是表征媒介质导磁能力大小的物理量，用符号 μ 来表示，其单位是亨/米（H/m）。真空中的磁导率 $\mu_0=4\pi\times10^{-7}$ H/m。磁导率大的媒介质导磁能力强，磁导率小的媒介质导磁能力弱。在实际应用中，一般不直接给出媒介质的磁导率，而是给出其与真空磁导率的比值，称为相对磁导率，常用符号 μ_r 表示，即

$$\mu_r = \frac{\mu}{\mu_0} \tag{3-3-5}$$

根据相对磁导率 μ_r 的大小，可将物质分为以下 3 类。

1）顺磁性物质：μ_r 略大于 1，如空气、氧、锡、铝、铅等物质都是顺磁性物质。在磁场中放置顺磁性物质，磁感应强度 B 略有增加。

2）反磁性物质：μ_r 略小于 1，如氢、铜、石墨、银、锌等物质都是反磁性物质，又称为抗磁性物质。在磁场中放置反磁性物质，磁感应强度 B 略有减小。

3）铁磁性物质：$\mu_r >> 1$，且不是常数，如铁、钢、铸铁、镍、钴等物质都是铁磁性物质。在磁场中放入铁磁性物质，可使磁感应强度 B 增加几千甚至几万倍。

表 3-3-2 列出了几种常见铁磁性物质的相对磁导率。

表 3-3-2 常见铁磁性物质的相对磁导率

材料	相对磁导率	材料	相对磁导率
钴	174	已经退火的铁	7000
未经退火的铸铁	240	变压器钢片	7500
已经退火的铸铁	620	在真空中熔化的电解铁	12950
镍	1120	镍铁合金	60000
软钢	2180	C 形坡莫合金	115000

（4）磁场强度

在任意磁介质中，磁场中某点的磁感应强度与媒介质磁导率的比值，称为该点的磁场强度，用 H 表示，即

$$H = \frac{B}{\mu} \text{ 或 } B = \mu H = \mu_0 \mu_r H \tag{3-3-6}$$

磁场强度是一个矢量，其方向与该点的磁感应强度方向相同，其国际单位为安/米（A/m）。磁场强度与磁感应强度的名称很相似，切忌混淆。磁场强度是为计算方便而引入的物理量。

注意：

①B、Φ、μ、H 都是反映磁场性质的物理量，但各自反映磁场性质的侧重点不同。

②B、Φ、μ 与媒质有关，而 H 与媒质无关。

❖想一想

为什么电动机通电后会转动？电磁起重机能够吸引质量较大的钢铁，而小磁铁只能吸引几颗铁钉，为什么？

3. 磁场对通电直导体的作用

图 3-3-9 所示，在蹄形磁体的两极中悬挂一根直导体，直导体与磁力线垂直。当导体中没有电流流过时，导体静止不动；当导体中有电流流过时，导体就会移动，若改变电流流向，导体就向相反方向移动。这说明导体在磁场中受到了磁场力的作用，这种力称为安培力，力的大小为

$$F=BIL\sin\theta \tag{3-3-7}$$

式中：F——作用力，牛顿（N）；

B——磁感应强度，特斯拉（T）；

I——导线上的电流，安培（A）；

L——导线长度，米（m）；

θ——电流方向与磁场方向的夹角。当 $\theta=0°$或 180°时，作用力为 0，当 $\theta=90°$时，作用力最大。

磁场力的方向用左手定则来判断，如图 3-3-10 所示，伸开左手，使大拇指与四指垂直，让磁感线垂直穿过掌心，四指指向电流方向，则大拇指所指方向就是通电导体的受力方向。

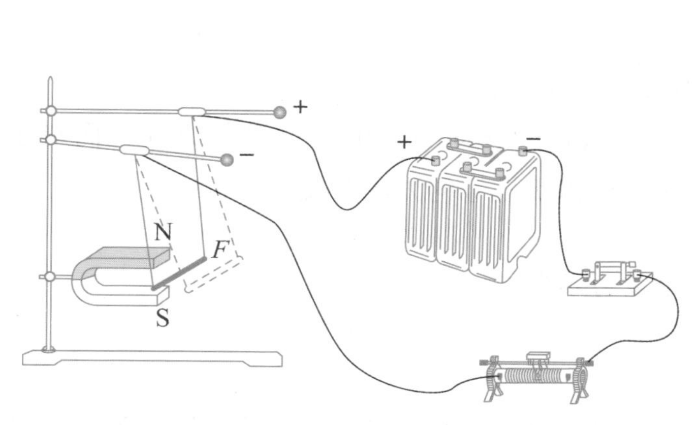

图 3-3-9　磁场对电流的作用力

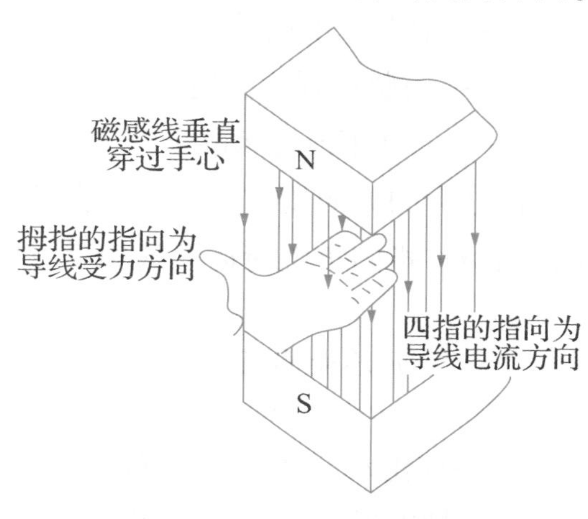

图 3-3-10　左手定则

由此可见，I、B、F 在同一平面内相互垂直；F 必定垂直于 B、I；但 B 不一定垂直于 I。

❖ 想一想

两根平行长直导线通过相同方向电流时，它们相互吸引吗？

4. 电磁感应现象

电磁感应现象是电磁学中的重大发现之一，它揭示了电和磁之间的相互联系。

下面通过实验认识电磁感应现象。

如图 3-3-11 所示，当导体在磁场中做切割磁感线运动或穿过线圈中的磁通量发生变化时，导体或线圈中将出现电流，说明电路中产生了电动势，这种由于磁通的变化在导体或线圈中产生电动势的现象称为电磁感应，由电磁感应产生的电动势称为感应电动势，由感应电动势产生的电流称为感应电流。

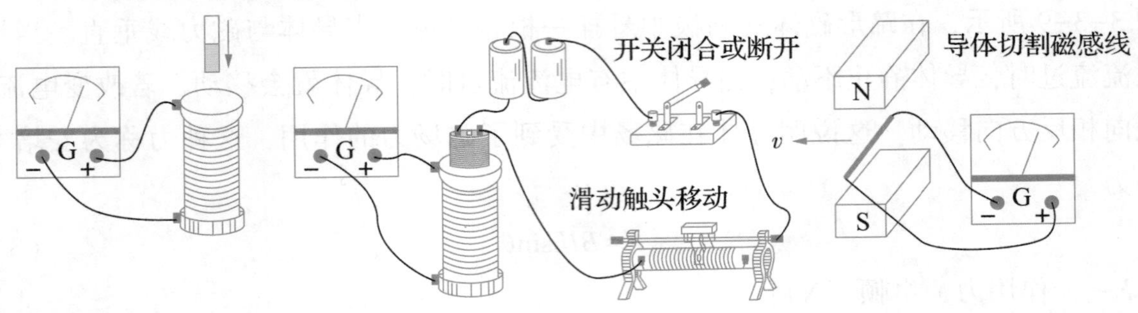

图 3-3-11 电磁感应现象实验

（1）磁场对运动电荷的作用

荷兰物理学家洛伦兹首先研究并确定了磁场运动中有作用力，所以把这种力称为洛伦兹力。

$$F=qvB\sin\alpha \tag{3-3-8}$$

式中，F——为洛伦兹力，牛顿（N）；

q——运动电荷的电量，库伦（C）；

v——带电粒子运动速度，米/秒（m/s）；

B——磁感应强度，特斯拉（T）；

α——带电粒子运动方向与磁感应强度方向的夹角，（°）。

洛伦兹力的方向用左手定则来判定，左手四指指的方向为正电荷运动的方向，而对于负电荷，四指将指向负电荷运动的相反方向，而大拇指所批号的方向为受力方向。

注意：F 总是垂直于 B 和 v，所以洛伦兹力不做功。

（2）感应电动势的大小和方向

法拉第把电磁感应现象中产生的感应电动势的大小与通过线圈的磁通变化的关系总结为法拉第电磁感应定律，即线圈中感应电动势的大小与线圈磁通的变化率成正比，即

$$|e|=\left|\frac{\Delta\Phi}{\Delta t}\right| \tag{3-3-9}$$

如果是 N 匝线圈，则产生的感应电动势大小为

$$|e|=\left|N\frac{\Delta\Phi}{\Delta t}\right| \tag{3-3-10}$$

感应电动势的方向由楞次定律确定。

当穿过线圈的磁通发生变化时，感应电动势的方向总是企图使它的感应电流所产生的磁通阻止原磁通的变化，这就是楞次定律。

由法拉第电磁感应定律和楞次定律知，感应电动势大小和方向的公式为

$$e=-\frac{\Delta\Phi}{\Delta t} \tag{3-3-11}$$

对于 N 匝线圈，感应电动势的表达式为

$$e=-N\frac{\Delta\Phi}{\Delta t} \tag{3-3-12}$$

式中，负号表示感应电动势的方向总是使感应电流产生的磁通阻碍原磁通的变化。

用楞次定律判断感应电动势的方法和步骤如下：

1）先确定引起感应电流的原磁场方向和强弱怎样变化；

2）根据楞次定律，确定感应电流产生的磁场方向；

3）用右手螺旋定则判断感应电流的方向；

4）根据导体或线圈中感应电流是由负极流向正极的原则确定感应电动势的方向。

在磁场中，做切割磁感线运动的导体，导体中感应电动势的方向可由右手定则来判断。右手定则：伸开右手，让大拇指与四指垂直，且在一个平面上，使磁感线垂直穿过手心，大拇指指向导体运动方向，则四指所指方向就是导体中感应电动势或感应电流的方向。

❖讲一讲

如图 3-3-12 所示，一条长为 L 的导体，在磁感应强度为 B 的匀强磁场中，以速度 v 做与磁场方向垂直且向左的运动，判断检流计指针的偏转方向和导体哪一端的电位较高？

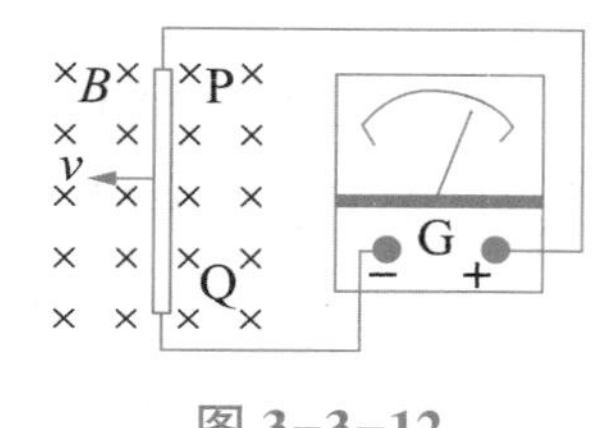

图 3-3-12

解：由右手定则判断，导体中的感应电流方向由 P 指向 Q，在电路中，经检流计的“-”接线柱流入，从检流计的“+”接线柱流出。

当电流从检流计的“+”接线柱流入，从检流计的“-”接线柱流出时，检流计的指针向右偏转；当电流从检流计的“-”接线柱流入，从检流计的“+”接线柱流出时，检流计的指针向左偏转。本题检流计的指针向左偏转。

用楞次定律判断感应电动势的方向，如图 3-3-13 所示。

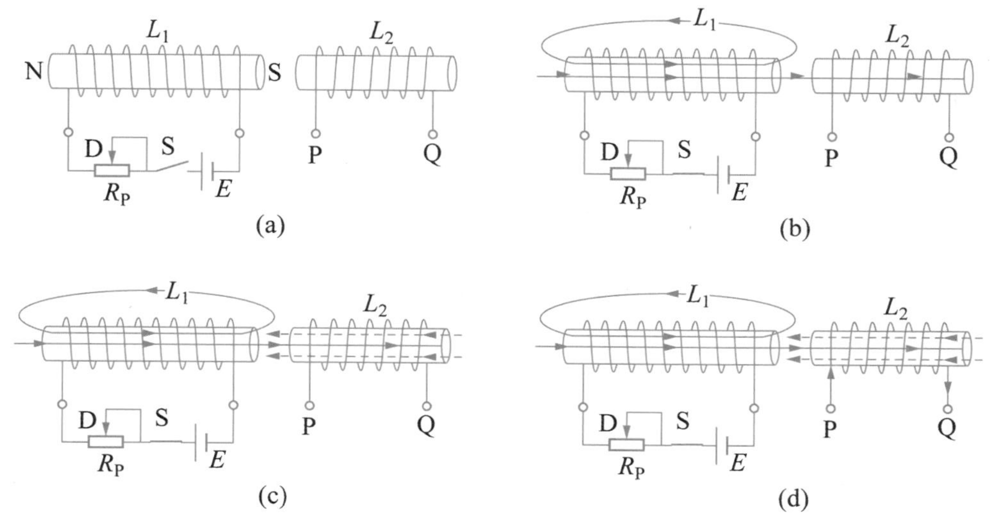

图 3-3-13　判断感应电动势方向

当线圈 L_1 与电源连接并将开关 S 闭合时，线圈 L_1 的磁场方向如图 3-3-13（b）所示，该

磁场也穿过线圈 L_2。当滑动电阻 R_P 的滑动触头 D 向左滑动时，线圈 L_1 中的电流增大，故引起感应电流的磁场增强。

根据楞次定律，当引起感应电流的磁场增强时，感应电流产生的磁场方向与引起感应电流的磁场方向相反，故感应电流产生的磁场方向如图 3-3-13（c）中的虚线所示。

用右手定则判断线圈 L_2 中的感应电流的方向，如图 3-3-13（d）所示，它由线圈 L_2 中的 P 端流向 Q 端。

根据在线圈中，感应电流由感应电动势的负极流向正极，判断线圈 L_2 中感应电动势的方向由 P 指向 Q，即 P 为负极，Q 为正极。

（二）互感概念

当一个线圈中的电流发生变化，使其他线圈产生感应电动势的现象称为互感现象，简称互感。这个感应电动势称为互感电动势，用 e_m 表示。

如图 3-3-14 所示，线圈 1 和线圈 2 靠得很近，线圈 2 中接一个灵敏电流计 G，当开关 S 断开和闭合的瞬间，会看到电流计发生左右偏转。这是因为线圈 1 中电流的变化产生了变化的磁通 Φ_{11}。其中一部分变化的磁通 Φ_{12} 通过线圈 2，在线圈 2 中产生了感应电动势，使电路中的电流计指针发生偏转。Φ_{12} 称为互感磁通。

互感在电工电子技术中应用很广泛，通过互感线圈可以使能量或信号由一个线圈方便地传递到另一个线圈。利用互感原理可制成变压器、感应圈、电压互感器、电流互感器、电视中的行输出变压器等。

1. 互感电动势

如图 3-3-15 所示，当线圈 1 中通入电流 i_1 时，在线圈 1 中产生磁通 Φ_{11}，同时，有部分磁通穿过临近的线圈 2，在线圈 2 中产生磁通 Φ_{12}。当 i_1 为交变电流时，在线圈 1 中产生自感电动势 e_{11} 和在线圈 2 中产生互感电动势 e_{12}。

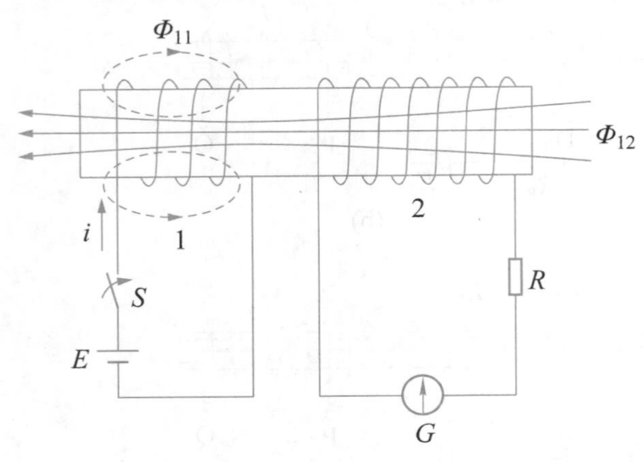

图 3-3-14 互感示意图

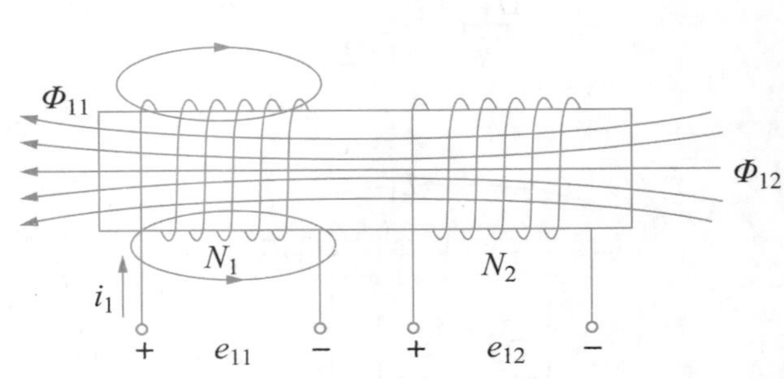

图 3-3-15 互感电动势示意图

当两个线圈同时通以交变电流时，每个线圈两端的电压均包含自感电动势和互感电动势：

$$u_1 = e_{11} + e_{21} \tag{3-3-13}$$

$$u_2 = e_{22} + e_{12} \quad (3-3-14)$$

2. 互感线圈的同名端

同名端：当两个电流分别从两个线圈的对应端子同时流入时，若产生的磁通相互增强，则这两个对应端子称为两互感线圈的同名端，用小圆点“·”或星号“*”等符号表示。

图 3-3-16（a）为磁通相助情况，图 3-3-16（b）为磁通相消情况。

如图 3-3-17 所示，电流 i_1、i_2、i_3 分别流入端口 1、3、5。由右手螺旋定则可知，i_1 和 i_2 产生的磁通相助，i_1 与 i_3，i_2 与 i_3 产生的磁通相消，则 1、3 和 6 为同名端，2、4、5 也为同名端。

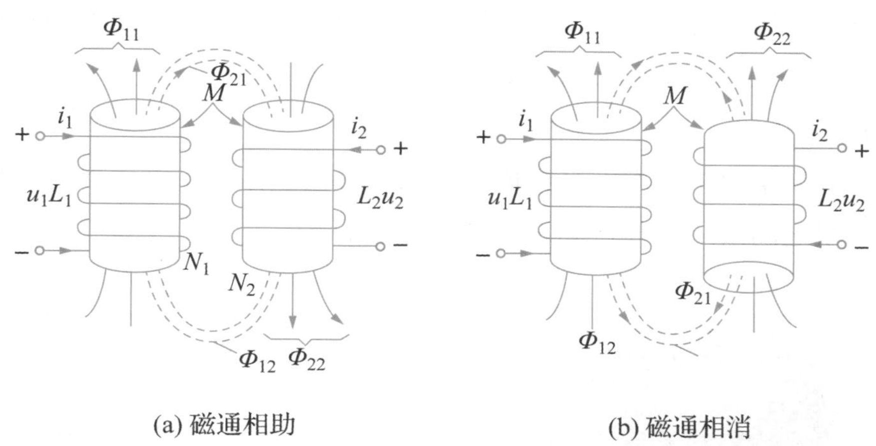

(a) 磁通相助　　(b) 磁通相消

图 3-3-16　磁通情况示意图

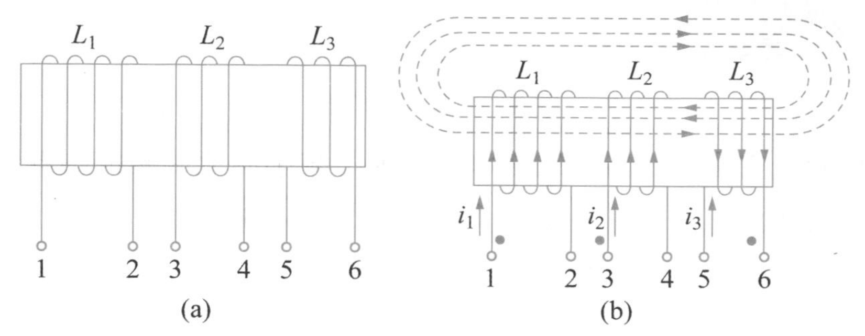

图 3-3-17　互感线圈磁通情况示意图

（三）变压器

1. 变压器概念

绕在同一骨架或铁芯上的两个线圈便构成了一个变压器。它是根据电磁感应现象制成的一种电磁能转换器件，如图 3-3-18 所示。变压器具有变换交流电压、交流电流和变换阻抗的作用。

图 3-3-18　变压器

2. 变压器的分类

按用途分，变压器可分为电力变压器、电源变压器、调压变压器、环形变压器、音频变压器、中频变压器、高频变压器、脉冲变压器等。

按电源相数分，变压器可分为单相变压器、三相变压器等。

按铁芯结构分，变压器可分为芯式变压器（绕组包着铁芯）和壳式变压器（铁芯包着绕组）、环形变压器。

按冷却介质和冷却方式分，变压器可分为油浸式变压器和干式变压器。

按容量大小分，变压器可分为小型变压器、中型变压器、大型变压器和特大型变压器。

3. 变压器的结构、电路符号和工作原理

（1）变压器的结构

变压器由铁芯和绕组两个基本部分组成，如图 3-3-19 所示。在一个闭合的铁芯上套有两个绕组，绕组与绕组之间及绕组与铁芯之间都是绝缘的。

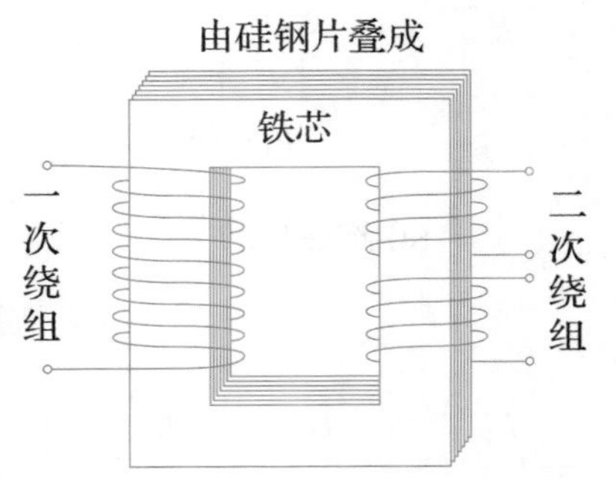

图 3-3-19 变压器

1）变压器的铁芯。它是变压器的磁路部分，为了减小涡流和磁滞损耗，它用磁导率高且相互绝缘的硅钢片叠装而成。图 3-3-20 为常见变压器铁芯的形状。

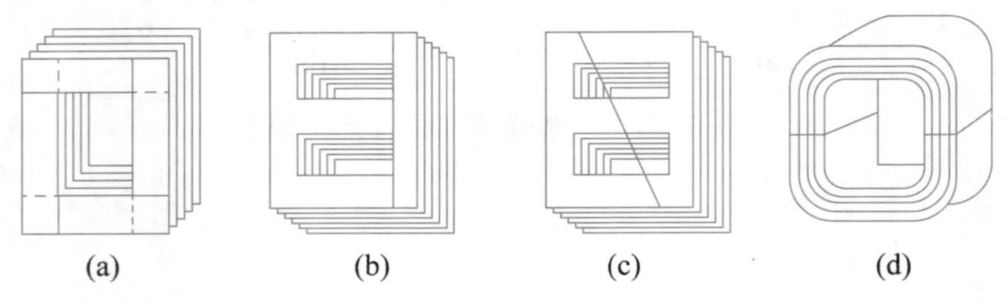

图 3-3-20 常见变压器铁芯的形状

2）变压器的绕组。绕组一般采用绝缘铜线或铝线绕制，其中与电源相连的绕组称为一次绕组，与负载相连的绕组称为二次绕组。变压器绕组形式如图 3-3-21 所示。

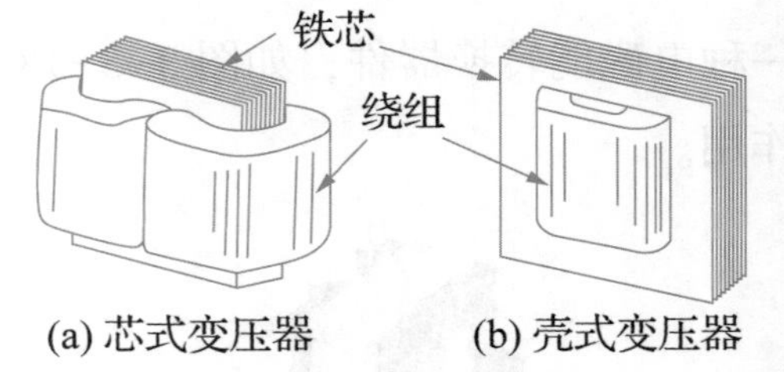

图 3-3-21 变压器绕组形式

在制造变压器时，通常将电压低的绕组安装在靠近铁芯的内层，电压高的绕组安装在外面，各绕组之间和层与层之间，绕组和铁芯之间要绝缘良好。为了提高绝缘性能，还利用了浸漆、烘干、密封等生产工艺。

（2）变压器的电路符号

变压器的电路符号如图 3-3-22 所示。

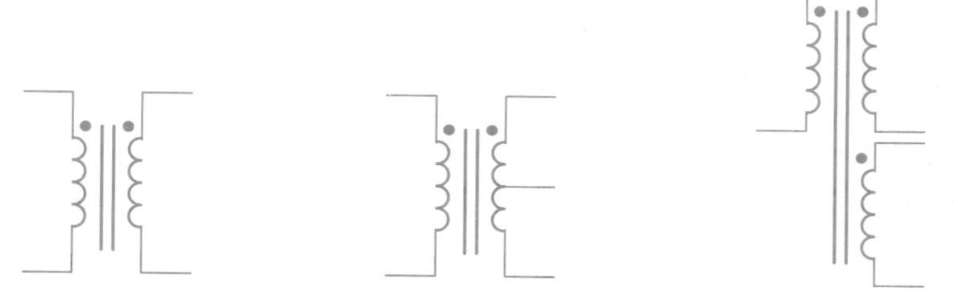

图 3-3-22　变压器符号

（3）变压器的工作原理

如图 3-3-23 所示，当在一次绕组中通有交流电流时，铁芯（或磁芯）中便产生交变磁通，使一次、二次绕组中产生感应电动势电压 e_1 和 e_2。设一次绕组匝数为 N_1，其电压为 u_1，流过的电流为 i_1，从一次绕组两端看进去的等效阻抗为 Z_1；二次绕组匝数为 N_2，其电压为 u_2，流过的电流为 i_2，二次绕组两端的等效阻抗为 Z_2（也就是 Z_L）。

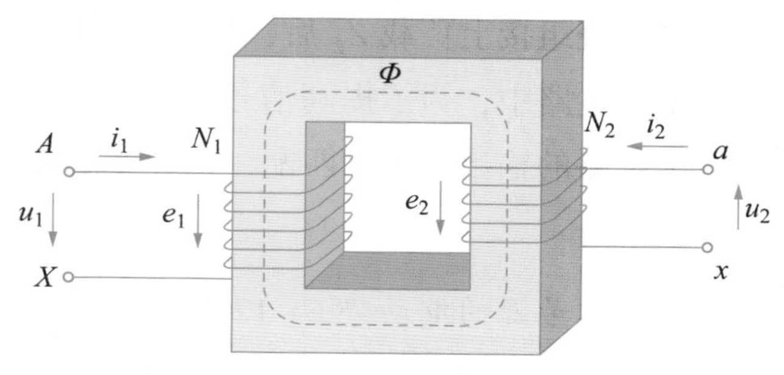

图 3-3-23　变压器工作原理

在忽略漏磁和绕组导线上电阻压降的情况下，可认为一次、二次绕组上电压的有效值近似等于一次、二次绕组上电动势的有效值，即

$$U_1 \approx E_1$$

$$U_2 \approx E_2$$

$$\frac{U_1}{U_2} \approx \frac{E_1}{E_2} = \frac{N_1}{N_2} = K$$

即

$$\frac{U_1}{U_2} = \frac{N_1}{N_2} = K$$

可见，变压器一次、二次绕组上的电压之比等于一次、二次绕组的匝数之比，即电压与匝数成正比。K 称为变压器的变压比。当二次绕组的匝数 N_2 比一次绕组的匝数 N_1 多时，$K<1$，这种变压器为升压变压器；反之，当 N_2 的匝数少于 N_1 的匝数时，$K>1$，为降压变压器。

在忽略一次、二次绕组的电阻、铁芯的磁滞损耗、涡流损耗的情况下，变压器的输入功率等于负载的消耗功率，即

$$U_1 I_1 = U_2 I_2 \qquad \frac{I_1}{I_2} = \frac{N_2}{N_1} = \frac{1}{K}$$

由此可见，当变压器额定运行时，一次、二次绕组的电流之比等于一次、二次绕组上线圈的匝数之比的倒数，即电流与匝数成反比。

不难看出，变压器的电压比与电流比互为倒数。因此，匝数多的绕组电压高，电流小；匝数少的绕组电压低，电流大。

在远距离输电线路中，线路损耗 $P=I^2r$（r 为输电线电阻）。在输送同样功率的情况下，如果用高电压输电，线路中的电流就会减小，输电线上的损耗就减少。这样，可以减小输电导线的横截面积，从而大大降低了成本。所以电厂在输送电能之前，必须先用升压变压器将电压升高，传输到用户后，用降压变压器再进行降压，变成 380V 或 220V。

由上可知，变压器具有变压和变流作用，除此之外，它还具有变换阻抗的作用，且

$$\frac{Z_1}{Z_2}=\frac{N_1^2}{N_2^2} \qquad Z_1=K^2Z_2$$

变压器二次绕组接上负载 Z_2 后，就相当于电源直接接在一个阻抗为 $K^2 Z_2$ 的负载上。

在电子电路中，为了提高信号的传输功率，常用变压器将负载阻抗变换为合适的值，使其与放大电路的输出阻抗相匹配，这种做法称为阻抗匹配。

❖讲一讲

某交流信号源的电动势 $E=120\text{V}$，内阻 $R_0=800\Omega$，负载电阻 $R_L=8\Omega$。试求：

1）若将负载与信号源直接相连，信号源输出的功率有多大？

2）若要信号源输给负载的功率达到最大，负载电阻应等于信号源内阻。今用变压器进行阻抗变换，则变压器的匝数比应选多少？阻抗变换后信号源的输出功率有多大？

解：1）若将负载直接与信号源连接，信号源的输出功率为

$$P=I^2R_L=\left(\frac{E}{R_0+R_L}\right)^2R_L=\left(\frac{120}{800+8}\right)^2\times 8=0.176(\text{W})$$

2）用变压器把负载 R_L 变换为等效电阻 R'_L 使其等效阻值与电源内阻相等，即 $R'_L=800\Omega$

由公式 $Z_1=K^2Z_2$ 知：

$$K=\sqrt{\frac{Z_1}{Z_2}}=\sqrt{\frac{800}{8}}=10$$

信号源的输出功率为

$$P=I^2P'_L=\left(\frac{E}{R_0+R'_L}\right)^2R'_L=\left(\frac{120}{800+800}\right)^2\times 800=4.5(\text{W})$$

可见，阻抗匹配后输出功率为最大。

4. 变压器的检测

（1）气味判断法

在严重短路的情况下，变压器会冒烟，并发出烧焦绝缘漆、绝缘纸等的气味。因此，只要闻到绝缘漆烧焦的气味，就表明变压器已烧毁。

（2）外观观察法

用眼睛或借助放大镜，仔细查看变压器的外观，看其引脚是否断路、接触不良，包装是否损坏，骨架是否良好，铁芯是否松动等。

（3）变压器绝缘性能的检测

变压器绝缘性能检测可用指针式万用表的 $R\times10\text{k}$ 挡进行简易测量。分别测量变压器铁芯与一次、一次与二次、铁芯与二次、静电屏蔽层与一次、二次各绕组间的电阻值，阻值应大于 100MΩ 或无穷大。否则，说明变压器绝缘性能不良。

（4）变压器绕组直流电阻的测量

变压器绕组的直流电阻很小，用万用表的 $R\times1$ 挡检测，可判断绕组有无短路或断路情况。一般情况下，电源变压器（降压式）一次绕组的直流电阻多为几十至几百欧姆，二次直流电阻多为零点几至几欧姆。

（5）电源变压器一次、二次绕组判别

电源变压器（降压式）一次绕组是高压侧，线圈匝数多，线径细，电阻大；二次绕组是低压侧，线圈匝数少，线径粗，电阻小。因此，根据线径的粗细，电阻的大小可判别一次、二次绕组。

（6）电源变压器线圈匝间短路故障的判断

线圈匝间短路后的主要症状是发热严重和二次绕组输出电压失常。通常，线圈内部匝间短路越多，短路电流就越大，而变压器发热就越严重，因此通过检测空载电流的大小来判断有无短路，以及短路是否严重。正常情况下，空载电流很小。如果有短路，空载电流将增大。当短路严重时，变压器在空载加电后，会迅速发热，用手触摸铁芯会有烫手的感觉。

❖理一理

请同学们对本任务所介绍内容，根据自己所学情况进行整理，在表 3-3-3 中做好记录，同时根据自己的学习情况，对照表 3-3-3 逐一检查所学知识点，并如实记录在表中。

表 3-3-3　知识点检查记录表

检查项目	理解概念		回忆		复述		存在的问题
	能	不能	能	不能	能	不能	
磁场的基本概念							
左手定则							
电磁感应现象							
右手定则							
自感							
互感							

❖做一做

按学校整体布置的要求，根据本班的实际情况对学习区域进行 7S 整理。请各学习小组 QC（品质检验员）分别对组员进行 7S 检查，将检查结果记录在表 3-3-4 中，针对做得不好的由小组长督促整改。

表 3-3-4　7S 检查表

项次	检查内容	配分	得分	不良事项
整理	学习区域是否有与学习无关的东西	5		
	学习工具、资料等摆放是否整齐有序	5		
整顿	学习工具和生活用具是否杂乱放置	5		
	学习资料是否随意摆放	5		
清扫	工作区域是否整洁，是否有垃圾	5		
	桌面、台面是否干净整齐	5		
清洁	地面是否保持干净，无垃圾、无污迹及纸屑等	5		
	是否乱丢纸屑等	5		
素养	是否完全明白 7S 的含义	10		
	是否有随地吐痰及乱扔垃圾现象	10		
	学习期间是否做与学习无关的事情，如玩手机等	10		
安全	是否在学习期间打闹	10		
	是否知道紧急疏散的路径	10		
节约	基本物理量电路是否节能	5		
	是否存在浪费纸张、文具等物品的情况	5		
合计		100		
评语				

注：80 分以上为合格，不足之处自行改善；60~80 分须向检查小组作书面改善交流；60 分以下，除向检查小组作书面改善交流外，还将全班通报批评。

审核：　　　　　　　　　　　　　　　　检查：

❖评一评

请同学们对学习过程进行评价，并在表 3-3-5 中纪录。

表 3-3-5　学业评估表

姓名	学习 1	日期
班级	工作任务 1	小组

1-优秀	2-良好	3-合格	4-基本合格	5-不合格

确定的目标			1	2	3	4	5	观察到的行为
工作过程评估	专业能力	制订工作计划						
		基本物理量的识记						
		基本物理量相互区别						
		基本测量仪器的使用						
	方法能力	收集信息						
		文献资料整理						
		成果演示						
	社会能力	合理分工						
		相互协作						
		同学及老师支持						
	个人能力	执行力						
		专注力						
成果评估	工作任务书	时间计划/进度记录						
		工作过程记录						
		解决问题记录						
		方案修改记录						
	环境保护	环境保护要求						
	成果汇报	汇报材料						

四、知识拓展

迈克尔·法拉第

迈克尔·法拉第（Michael Faraday，1791—1867），英国著名物理学家、化学家，在化学、电化学、电磁学等领域都做出过杰出贡献。他家境贫寒，未受过系统的正规教育，但在众多领域中做出了惊人成就，堪称刻苦勤奋、探索真理、不计个人名利的典范，对于青少年富有教育意义。

电磁感应现象是电磁学中的重大发现之一，它显示了电、磁现象之间的相互联系和转化，对其本质的深入研究所揭示的电、磁场之间的联系，对麦克斯韦电磁场理论的建立具有重大意义。电磁感应现象在电工技术、电子技术及电磁测量等方面都有广泛的应用。

五、能力延伸

（一）填空题

1. 磁体是具有________的物体，常见的磁体有________、________等。

2. 磁极之间存在的相互作用力是通过________传递的，________是磁体周围存在的特殊物质。

3. 在磁场中某点放一个能自由转动的小磁针，小磁针静止时________所指的方向，就是该点磁场的方向。

4. 通过与磁场方向垂直的某一面积上的磁感线的总数，称为通过该面积的________，简称________，其单位是________。

5. 与磁场方向垂直的单位面积上的磁通，称为______，又称______，其单位是______。

6. 磁导率就是一个用来表示________导磁性能的物理量，单位是________。真空中的磁导率为________。

7. 铁磁物质可分为________材料、________材料和________材料3类。

8. 闭合回路中的一部分导体相对于磁场做________运动时，回路中有电流流过。

9. 由电磁感应产生的电动势称为________，由感应电动势在闭合回路中的导体中引起的电流称为________。

10. 由于线圈本身电流发生________而产生电磁感应的现象称为自感现象，在自感现象中产生的感应电动势，称为________。

11. 表示穿过线圈的磁通变化的快慢与电流变化的快慢关系的物理量称为________，简称________，单位是________。

12. 电感线圈也是一个________元件，线圈中储存的磁场能量与通过线圈的________成正比，与________成正比，用公式表示为________。

13. 变压器主要由________和________两个基本部分组成。

14. 变压器是利用________原理制成的电气设备。变压器的铁芯通常是采用________制成的。

15. 若变压器的变压比 $K=20$，当一次绕组的电流为 1A 时，则二次绕组流过负载的电流是________。

16. 某理想变压器一次绕组接到 220V 电源上，二次绕组匝 165 匝，输出电压为 5.5V，电流为 20mA，则一次绕组的匝数等于________，一次绕组中的电流等于________。

（二）选择题

1. 条形磁铁磁感应强度最强的位置是(　　)。

A. 磁铁两极　　B. 磁铁中心点

C. 闭合磁力线中间位置　　D. 磁力线交汇处

2. 一条形磁铁摔断后变为两段，将(　　)。

A. 都没有磁性　　B. 每段只有一个磁极

C. 变成两个小磁体　　D. 无法判断

3. 关于磁场和磁感线的描述，正确的说法有(　　)。

A. 磁极之间存在相互作用力，异名磁极互相排斥，同名磁极互相吸引

B. 磁感线可以形象地表现磁场的强弱与方向

C. 磁感线总是从磁铁的北极出发，到南极终止

D. 磁感线就是细铁屑在磁铁周围排列出的曲线，没有细铁屑的地方就没有磁感线

4. 下列装置工作时，利用电流磁效应工作的是（　　）。

A. 电镀　　B. 白炽灯　　C. 电磁铁　　D. 干电池

5. 发现电流周围存在磁场的物理学家是(　　)。

A. 奥斯特　　B. 焦耳　　C. 法拉第　　D. 安培

6. 判断电流的磁场方向时，用(　　)。

A. 安培定则　　B. 左手定则

C. 右手定则　　D. 上述 3 个定则均可以

7. 磁场中某点的磁感应强度的方向(　　)。

A. 放在该点的通电直导线所受的磁场力的方向

B. 放在该点的正检验电荷所受的磁场力的方向

C. 放在该点的小磁针静止时 N 极所指的方向

D. 通过该点磁感线的切线方向

8. 电动机、变压器、继电器等铁芯常用的硅钢片是(　　)。

A. 软磁材料　　B. 硬磁材料　　C. 矩磁材料　　D. 导电材料

9. 判断磁场对通电导体的作用力方向是用(　　)。

A. 右手定则　　B. 右手螺旋定则　　C. 左手定则　　D. 楞次定律

10. 产生感应电流的条件是(　　)。

A. 导体做切割磁感线运动

B. 闭合电路的一部分导体在磁场中做切割磁感线运动

C. 闭合电路的全部导体在磁场中做切割磁感线运动

D. 闭合电路的一部分导体在磁场中沿磁感线运动

11. 理想变压器一次、二次线圈中的电流 I_1、I_2，电压 U_1、U_2，功率为 P_1、P_2，关于它们之间的关系，正确的说法是（　　）。

A. I_2 由 I_1 决定　　B. U_2 与负载有关　　C. P_1 由 P_2 决定　　D. U_1 与负载有关

12. 变压器一次绕组 100 匝，二次绕组 1200 匝，在一次绕组两端接有电动势为 10V 的蓄电池组，则二次绕组的输出电压是(　　)。

A. 120V　　B. 12V　　C. 0.8V　　D. 0

13. 为了安全，机床上照明电灯的电压是 36V，这个电压是把 220V 的交流电压通过变压器降压后得到的。如果这台变压器给 40W 的电灯供电（不计变压器的损耗），则一次侧和二次侧绕组的电流之比是(　　)。

A. 1∶1　　B. 55∶9　　C. 9∶55　　D. 无法确定

（三）作图题

1. 如图 3-3-24 所示电路中，当 R 的滑动片向左移动时，标出 A 和 B 中电流计指针的偏转方向。

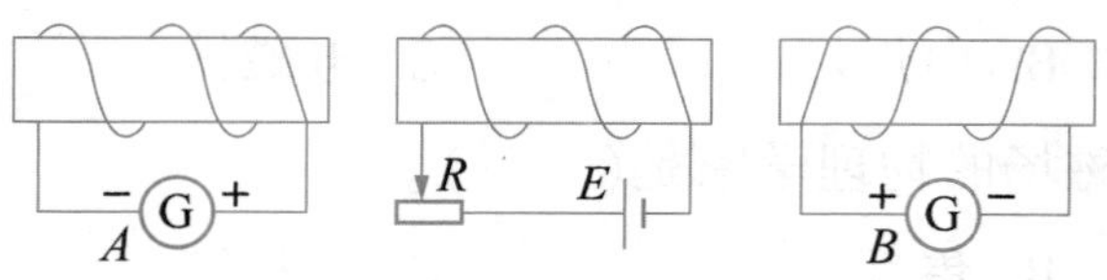

图 3-3-24　作图题 1 图

2. 如图 3-3-25 所示，有一电子以速度 v 垂直于磁感线进入匀强磁场 B 中，它会怎样运动？请画运动轨迹，写出受力大小的公式。

图 3-3-25　作图题 2 图

3. 如图 3-3-26 所示，当开关 S 闭合时，试标出 R 中电流的方向，并判断 a、b 两点电位的高低。

4. 如图 3-3-27 所示，当条形磁铁向下插入的瞬间：

1）试画线圈中感应电流的方向；2）感应电动势的极性；3）线框 *abcd* 如何转动？（俯视）

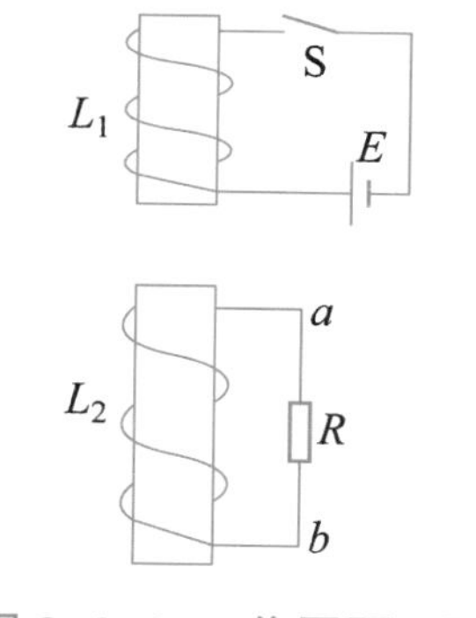

图 3-3-26　作图题 3 图

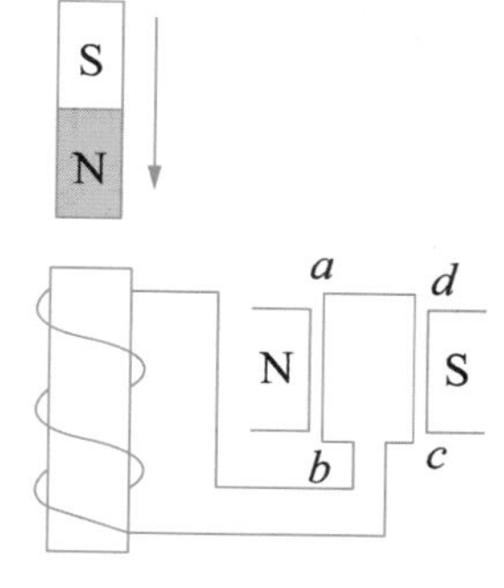

图 3-3-27　作图题 4 图

任务四　综合实训：会闪光的音乐小熊猫

一、学习目标

【知识目标】

★掌握振荡电路的工作原理；

★了解装配流程。

【能力目标】

★通使用仪器仪表对元器件进行正确的测量；

★掌握元器件的安装焊接技能；

★能对电路进行分析。

【素质目标】

★培养一丝不苟的敬业精神；

★养成勤奋、节俭、务实、守纪的职业素养；

★树立安全第一的职业意识；

★具备一定分析问题、解决问题的能力。

二、工作任务

1. 获取信息，识读电路原理图，了解电子产品装配工艺要求；
2. 常用工具的使用；

3. 焊接技能；
4. 简单电路调试；
5. 相互协作，完成工作任务；
6. 和老师沟通，解决当下认知中存在的问题；
7. 记录工作过程，填写相关任务；
8. 撰写汇报材料；
9. 小组汇报演示。

三、实施过程

职场演练

请同学们在3min内按7S现场管理的要求对自己的学习区域进行自检，不合格项进行整改，并在表3-4-1中做好相应的记录。

表3-4-1 自检表

项次	检查内容	检查状况	检查结果
整理	学习区域是否有与学习无关的东西	□是 □否	□合格 □不合格
	学习工具、资料等摆放是否整齐有序	□是 □否	□合格 □不合格
整顿	学习工具和生活用具是否杂乱放置	□是 □否	□合格 □不合格
	学习资料是否随意摆放	□是 □否	□合格 □不合格

（一）电路原理

由VT_1、VT_2两个晶体管和配套的阻容元件组成一个集基耦合的超低频的多谐振荡器（频率仅几Hz），VT_3、VT_4两个晶体管和配套的阻容元件组成一个NPN、PNP互补晶体管直接耦合的音频多谐振荡器。超低频振荡器的信号输出一方面直接驱动两个发光二极管除发出可以让人眼分清楚次数的闪光以外，还通过C_3、R_5两个元件的连接把信号传递到音频振荡器，从而影响到音频振荡器的工作。这种影响作用在电路术语中称为“调制”。音频振荡器在没有受到超低频振荡器调制影响的时候，音频振荡器驱动扬声器发出的是一个单一频率的声音，受到超低频振荡器调制影响之后的音频振荡器则将驱动扬声器交替发出“一高一低”两个频率的声音，原理图如图3-4-1所示。

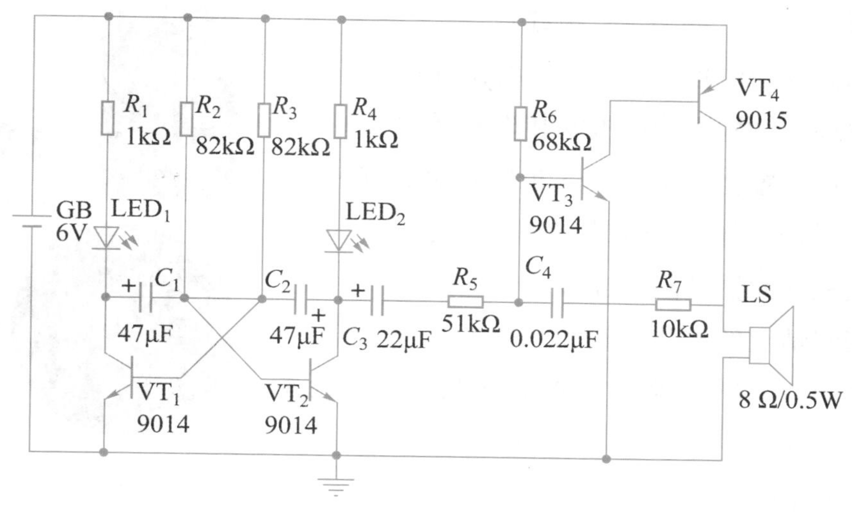

图 3-4-1　原理图

（二）实训耗材

会闪光的音乐小熊猫所需耗材如表 3-4-2 所示。耗材实物如图 3-4-2 所示。

表 3-4-2　会闪光的音乐小熊猫耗材清单

代号	名称	元器件规格型号	数量
R_1、R_4	电阻器	1kΩ	2
R_2、R_3	电阻器	82kΩ	2
R_5	电阻器	51kΩ	1
R_6	电阻器	68kΩ	1
R_7	电阻器	10kΩ	1
C_1、C_2	电解电容器	47μF	2
C_3	电解电容器	22μF	1
C_4	涤纶电容器	0. 022μF	1
LED	发光二极管	ϕ5 红色	2
VT_1—VT_3	晶体管	9014	3
VT_4	晶体管	9015	1
LS	扬声器	普通	1
GB	接线端子	2P	1
	排线 2P	1	

（三）安装步骤

1）元器件的检测和外形的预处理（清洁、镀锡、弯脚）；

2）电路简单，按原理图的结构布局；

3）明确电源正（+）、负（-）极线；

4）先定好晶体管的位置及 3 个电极的位置；

5）依电路原理图结构逐管逐极安装阻容元件；

6）调整元器件位置至电路排布（布局）美观（密度、字面朝向等）后，将元器件引线焊接在焊盘上；

7）用金属线完成元器件间的连接。

8）电路板安装情况的自我检查和互查。

① 对照原理图，观察电路板检查焊接状况，有无漏焊、错焊、搭焊；

图 3-4-2 耗材实物

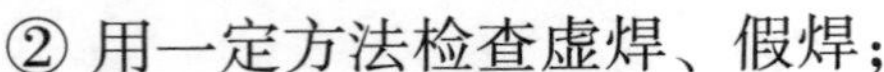

② 用一定方法检查虚焊、假焊；

③ 用万用表欧姆挡检查对称点电阻，尤其是电源正负极电阻，确定有无短路。

（四）调试方法

两个功能电路可以在断开 C_3、R_5 的情况下分别调试。超低频部分正常工作使发光二极管闪光，音频部分正常工作使扬声器发出某一频率的单调的声音。同时，由于振荡器是在放大器加上正反馈的基础之上演变而来的，所以当某个振荡器不能正常工作的情况下，可以采用暂时断开反馈元件把放大器处理好了之后再恢复的办法解决。超低频振荡器中暂时断开 C_1 或 C_2 任意一边的电极，音频振荡器中暂时断开 C_4 或 R_7 任意一边的电极就去掉了电路的正反馈，变成了两个完完全全的放大器了。此时，通过用万用表的电压挡去检测晶体管的偏置电压的情况就可以找到故障所在。

❖理一理

请同学们对本任务所学内容，根据自己所学情况进行整理，在表 3-4-3 中做好记载，同时根据自己的学习情况，对照表 3-4-3 逐一检查所学知识点，并如实在表中做好记录。

表 3-4-3 知识点检查记录表

检查项目	理解概念		回忆		复述		存在的问题
	能	不能	能	不能	能	不能	
振荡电路的工作原理							
仪器仪表使用							
装调步骤和技巧							

❖做一做

按学校整体布置的要求，根据本班的实际情况对学习区域进行 7S 整理。请各学习小组 QC（品质检验员）分别对组员进行 7S 检查，将检查结果记录在表 3-4-4 中，做得不好的小组长督促整改。

表 3-4-4　7S 检查表

项次	检查内容	配分	得分	不良事项
整理	学习区域是否有与学习无关的东西	5		
	学习工具、资料等摆放是否整齐有序	5		
整顿	学习工具和生活用具是否杂乱放置	5		
	学习资料是否随意摆放	5		
清扫	工作区域是否整洁，是否有垃圾	5		
	桌面、台面是否干净整齐	5		
清洁	地面是否保持干净，无垃圾、无污迹及纸屑等	5		
	是否乱丢纸屑等	5		
素养	是否完全明白 7S 的含义	10		
	是否有随地吐痰及乱扔垃圾现象	10		
	学习期间是否做与学习无关的事情，如玩手机等	10		
安全	是否在学习期间打闹	10		
	是否知道紧急疏散的路径	10		
节约	是否节能（电烙铁的使用、照明灯开关是否合理）	5		
	是否存在浪费纸张、文具等物品的情况	5		
合计		100		
评语				

注：80 分以上为合格，不足之处自行改善；60~80 分须向检查小组作书面改善交流；60 分以下，除向检查小组作书面改善交流外，还将全班通报批评。

审核：　　　　　　　　　　　　检查：

❖评一评

请同学们对学习过程进行评估，并在表 3-4-5 中记录。

表 3-4-5 评估表

<table>
<tr><td colspan="3">姓名</td><td colspan="3">学习 1</td><td colspan="3">日期</td></tr>
<tr><td colspan="3">班级</td><td colspan="3">工作任务 1</td><td colspan="3">小组</td></tr>
<tr><td colspan="3"></td><td colspan="3"></td><td colspan="3"></td></tr>
<tr><td colspan="2">1-优秀</td><td colspan="2">2-良好</td><td colspan="2">3-合格</td><td colspan="2">4-基本合格</td><td>5-不合格</td></tr>
<tr><td colspan="3">确定的目标</td><td>1</td><td>2</td><td>3</td><td>4</td><td>5</td><td>观察到的行为</td></tr>
<tr><td rowspan="13">工作过程评估</td><td rowspan="5">专业能力</td><td>制订工作计划</td><td></td><td></td><td></td><td></td><td></td><td></td></tr>
<tr><td>万用表基本功能电路</td><td></td><td></td><td></td><td></td><td></td><td></td></tr>
<tr><td>万用表的结构</td><td></td><td></td><td></td><td></td><td></td><td></td></tr>
<tr><td>元器件的识别</td><td></td><td></td><td></td><td></td><td></td><td></td></tr>
<tr><td>元器件的组装</td><td></td><td></td><td></td><td></td><td></td><td></td></tr>
<tr><td rowspan="3">方法能力</td><td>收集信息</td><td></td><td></td><td></td><td></td><td></td><td></td></tr>
<tr><td>文献资料整理</td><td></td><td></td><td></td><td></td><td></td><td></td></tr>
<tr><td>成果演示</td><td></td><td></td><td></td><td></td><td></td><td></td></tr>
<tr><td rowspan="3">社会能力</td><td>合理分工</td><td></td><td></td><td></td><td></td><td></td><td></td></tr>
<tr><td>相互协作</td><td></td><td></td><td></td><td></td><td></td><td></td></tr>
<tr><td>同学及老师支持</td><td></td><td></td><td></td><td></td><td></td><td></td></tr>
<tr><td rowspan="2">个人能力</td><td>执行力</td><td></td><td></td><td></td><td></td><td></td><td></td></tr>
<tr><td>专注力</td><td></td><td></td><td></td><td></td><td></td><td></td></tr>
<tr><td rowspan="6">成果评估</td><td rowspan="4">工作任务书</td><td>时间计划/进度记录</td><td></td><td></td><td></td><td></td><td></td><td></td></tr>
<tr><td>工作过程记录</td><td></td><td></td><td></td><td></td><td></td><td></td></tr>
<tr><td>解决问题记录</td><td></td><td></td><td></td><td></td><td></td><td></td></tr>
<tr><td>方案修改记录</td><td></td><td></td><td></td><td></td><td></td><td></td></tr>
<tr><td>环境保护</td><td>环境保护要求</td><td></td><td></td><td></td><td></td><td></td><td></td></tr>
<tr><td>成果汇报</td><td>汇报材料</td><td></td><td></td><td></td><td></td><td></td><td></td></tr>
</table>

五、能力延伸

1. 在电路基本正常工作的情况下，记录电源的电压及工作电流；记录晶体管各个电极的电压及其变化情况。

2. 尝试在 C_1、C_2、C_4 上串、并联电容器，使电路的发声效果达到自己的预期（该电路除了可以模拟警报器的啸叫声以外，不改变电路结构基本上只需要调整电路 C_1、C_2、C_4 的参数就可以模拟鸟鸣和“知了”的叫声了。）记录电路发生的变化，思考其中的原理。

3. 自行查资料（可以通过网路），明确能够产生与调整 C_1、C_2、C_4 相同效果的因素还有哪些？其原理是什么？

模块四

一室一厅照明电路

随着科技的发展和人类生活的进步，人们对电的依赖越来越强烈。试想，当家中停电时会给我们的生活带来多大的不便？本模块的载体选择一厅一室照明电路的安装。通过学习，使学生掌握交流电的特点、规律的同时学会民用照明电路的安装。

任务一　一室一厅照明电路的识读

一、学习目标

【知识目标】

★了解各种光源及灯具；

★会进行家装电工材料的选择。

【能力目标】

能识读简单电路图，并对电路进行分析。

【素质目标】

★塑造一丝不苟的敬业精神；

★培养勤奋、节俭、务实、守纪的职业素养；

★树立安全第一的职业意识；

★具备一的分析问题、解决问题的能力。

二、工作任务

1. 获取必要的信息，了解光电源及电工材料。
2. 小组讨论，完成引导问题。
3. 和老师沟通，解决当下认知中存在的问题。
4. 记录工作过程，填写相关任务。
5. 撰写汇报材料。

6. 小组汇报演示。

三、实施过程

职场演练

请同学们在 3min 内按 7S 现场管理的要求对自己的学习区域进行自检，不合格项进行整改，在表 4-1-1 中做好相应的记录。

表 4-1-1　自检记录表

项次	检查内容	检查状况	检查结果
整理	学习区域是否有与学习无关的东西	□是　□否	□合格　□不合格
	学习工具、资料等摆放是否整齐有序	□是　□否	□合格　□不合格
整顿	学习工具和生活用具是否杂乱放置	□是　□否	□合格　□不合格
	学习资料是否随意摆放	□是　□否	□合格　□不合格

❖看一看

观察图 4-1-1 和图 4-1-2。

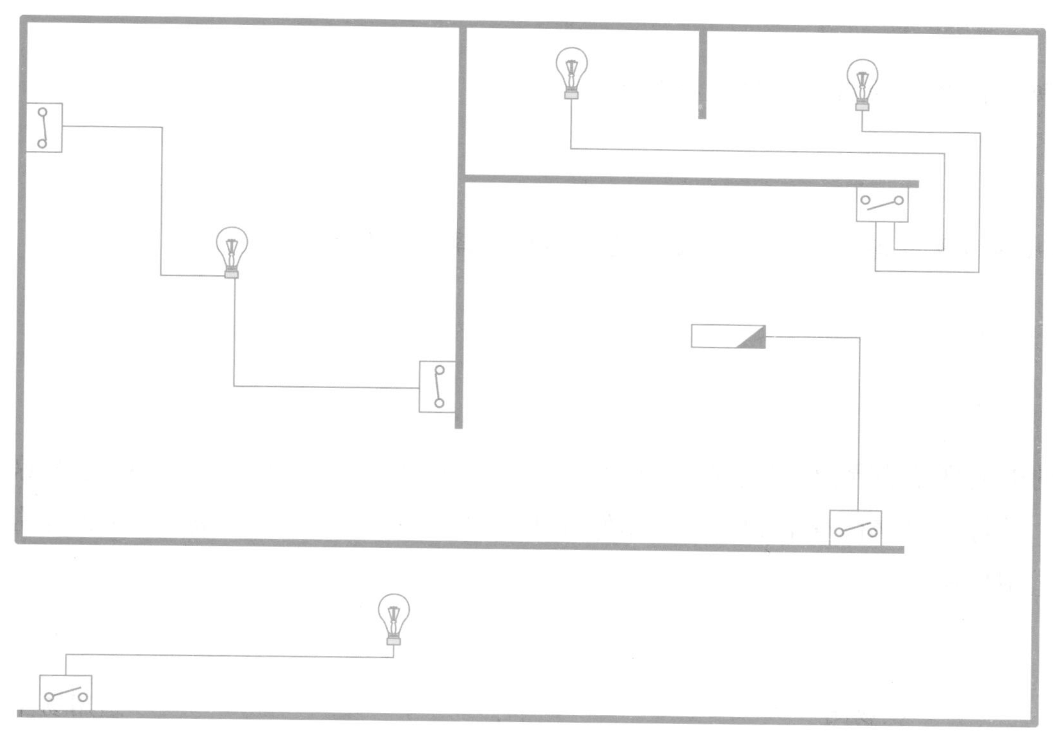

图 4-1-1　一室一厅照明器件布置图

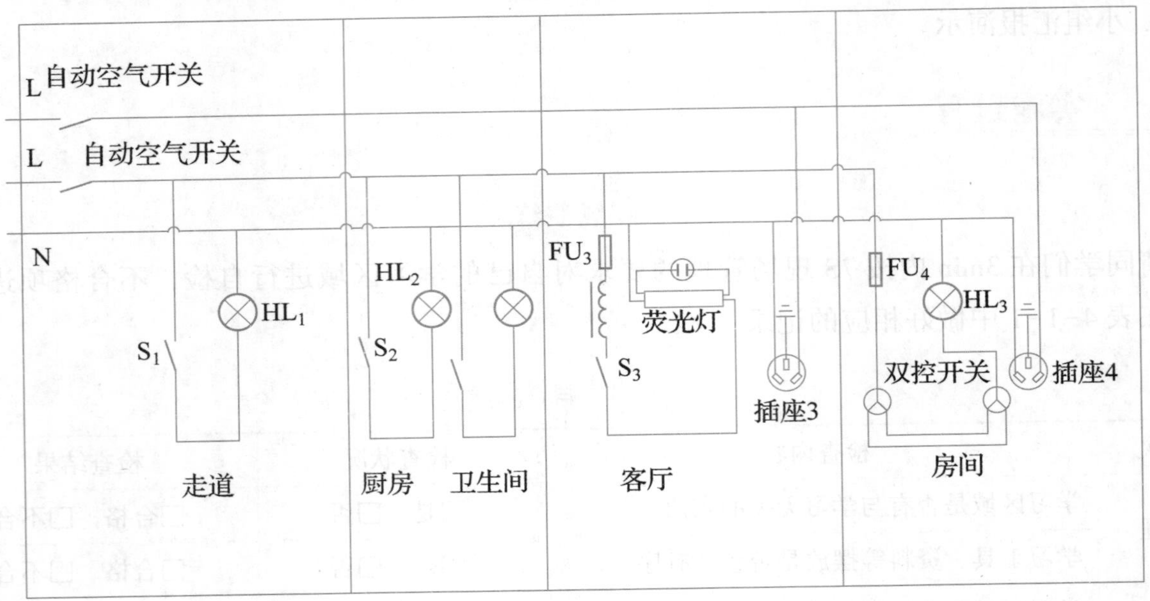

图 4-1-2　一室一厅照明原理图

❖想一想

1. 上面的一室一厅电路中，需要多少个灯具？

2. 根据不同房间的用途怎样选择灯具？

3. 根据各用电设备的功率和安装环境，怎样选择电工材料？

【知识链接】

（一）常用的电光源

常用的电光源有热致发光电光源（如白炽灯、卤钨灯）、气体放电发光电光源（如荧光灯、汞灯、钠灯、金属卤化物灯）、固体发光电光源（如 LED）等。表 4-1-2 为常见电光源的特点、适用场所。

表 4-1-2　常用电光源的特点、适用场所

名称	实物图	特点	适用场合
白炽灯		光效 8～18lm/W，寿命 1000h，显色性好、开灯即亮	适用于住宅的基本照明及装饰性照明

续表

名称	实物图	特点	适用场合
卤钨灯		光效 12～14lm/W，寿命 2000～3000h，体积小、高亮度、光色较白、安装容易、寿命较普通灯长	适用于商业空间的重点照明
荧光灯		光效 60～104lm/W，寿命 5000～12000h，有各种不同光色可供选择，可达到高照度并兼顾经济性	适用于办公室、商场、住宅及一般公共建筑的照明
电子节能灯		①发光效率高，节能效果好； ②体积小，质量小； ③无频闪、无噪声、低压启动性好； ④寿命 3000～5000h	适用于住宅照明
高压汞灯		寿命长、成本相对较低	适用于道路照明、室内外工业照明及商业照明等
高压钠灯		光效 68～150lm/W，寿命 8000～16000h，效率极高、寿命较长、透雾性强、光输出稳定	适用于道路、隧道投光、工业照明等
金卤灯		光效 66～108lm/W，寿命 4000～10000h，效率高、寿命长、显色性佳	适用于彩色电视转播运动场投光照明、工业照明、道路照明等
管型氙灯		功率大、发光效率高、开灯即亮	适用于广场、机场及海港等照明
LED 节能灯		高效节能、寿命长（10 万小时以上）、不怕振动、环保、无频闪等	适用于各种室内照明、车灯、装饰照明等

❖ 议一议

表 4-1-2 中各种光电源有什么优缺点？

案例：小明购买新房刚刚交房，正筹划着装修的事情，一有空就到市场去打听行情，可是面对纷繁的电气安装材料时，小明拿不定主意了，面对众多品牌的电气材料不知从何下手。请同学们为小明出出主意吧！

（二）电线

常见的电线如图 4-1-3 所示。

图 4-1-3 电线

购买电线，首先看成卷的电线包装上有无中国电工产品认证委员会的“长城标志”和生产许可证号；再看电线外层塑料皮是否色泽鲜亮、质地细密，用打火机点燃应无明火。非正规产品使用再生塑料，色泽暗淡，质地疏松，能点燃明火。其次看长度、比价格，BVV2×2.5 每卷的长度是（100±5）m，非正规产品长度不等，有的厂家把绝缘外皮做厚，使内行也难以看出问题，一般可以数一下电线的圈数，再乘以整卷的半径，就可大致推算出长度。可以要求商家剪断线头，看铜芯材质。2×2.5 铜芯直径 1.784mm，可用千分尺测量一下，正规电线使用精红纯铜，外层光亮而稍软，非正规产品铜质偏黑而发硬，属再生杂铜，电阻率高，导电性能差，会升温而导致用电不安全。最后应选择正规渠道进行采购。

家庭用电源线宜采用 BVV2×2.5 和 BVV2×1.5 型号的电线。BVV 是国家标准代号，为铜质护套线，2×2.5 和 2×1.5 分别代表 2 芯 2.5mm^2 和 2 芯 1.5mm^2。一般情况下，2×2.5 做主线、干线，2×1.5 做单个电器支线、开关线。单相空调专线用 BVV2×4，另配专用地线。

（三）电工辅料类

常见的电工辅料如图 4-1-4 所示。

(a)绝缘胶布

(b)开关盒

(c)电线卡

(d)PVC电线管

图 4-1-4 电工辅料

（四）开关插座类

常见的开关插座如图 4-1-5 所示。

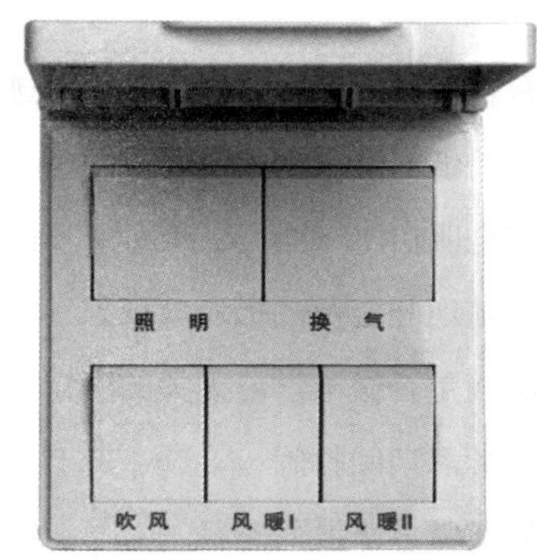

图 4-1-5　开关插座

❖理一理

请同学们对本任务所学内容，根据自己所学情况进行整理，在表 4-1-3 中做好记录，同时根据自己的学习情况，对照表 4-1-3 逐一检查所学知识点，并如实在表中做好记录。

表 4-1-3　知识点检查记录表

检查项目	理解概念		回忆		复述		存在的问题
	能	不能	能	不能	能	不能	
光电源特点							
电线的选择							
辅料的选择							
开关插座的选择							

❖做一做

按学校整体布置的要求，根据本班的实际情况对学习区域进行 7S 整理。请各学习小组 QC（品质检验员）分别对组员进行 7S 检查，将检查结果记录在表 4-1-4 中，对做得不好的小组长督促整改。

表 4-1-4　7S 检查表

项次	检查内容	配分	得分	不良事项
整理	学习区域是否有与学习无关的东西	5		
	学习工具、资料等摆放是否整齐有序	5		
整顿	学习工具和生活用具是否杂乱放置	5		
	学习资料是否随意摆放	5		
清扫	工作区域是否整洁，是否有垃圾	5		
	桌面、台面是否干净整齐	5		

续表

清洁	地面是否保持干净，无垃圾、无污迹及纸屑等	5		
	是否乱丢纸屑等	5		
素养	是否完全明白7S的含义	10		
	是否有随地吐痰及乱扔垃圾现象	10		
	学习期间是否做与学习无关的事情，如玩手机等	10		
安全	是否在学习期间打闹	10		
	是否知道紧急疏散的路径	10		
节约	照明灯开关是否合理	5		
	是否存在浪费纸张、文具等物品的情况	5		
合计		100		
评语				

注：80分以上为合格，不足之处自行改善；60~80分须向检查小组作书面改善交流；60分以下，除向检查小组作书面改善交流外，还将全班通报批评。

审核：　　　　　　　　　　　　　　　　检查：

❖评一评

请同学们对学习过程进行评估，并在表4-1-5中记录。

表4-1-5　评估表

姓名						学习1				日期		
班级						工作任务1				小组		
1-优秀		2-良好		3-合格			4-基本合格			5-不合格		
确定的目标					1	2	3	4	5	观察到的行为		

续表

工作过程评估	专业能力	制订工作计划						
		电路的组成						
		导线的选择						
		控制器件的作用						
		控制器件的区别						
	方法能力	收集信息						
		文献资料整理						
		成果演示						
	社会能力	合理分工						
		相互协作						
		同学及老师支持						
	个人能力	执行力						
		专注力						
成果评估	工作任务书	时间计划/进度记录						
		列举理由/部件描述						
		工作过程记录						
		解决问题记录						
		方案修改记录						
	环境保护	环境保护要求						
	成果汇报	汇报材料						

四、知识拓展

小小面板大学问

水电路改造是装修中很重要的一个环节，很多业主往往因为这一环节的专业性而头疼，甚至很多装修公司还将这一环节做成一个重要的盈利点。一个开关面板看似很小，在整体家装中在上面的花销可是不少，并且产品质量参差不齐。建议消费者选择优质开关面板要“望闻问切”。

“望”是看光泽度，正常产品采用的是 PC 材料，而有些产品使用的是二次回收料，二次回收料和 PC 料光泽度不一样，二次回收料发黄、发暗，而优质的 PC 材料产品光泽度较好。

“闻”是指拆包之后闻味道，同样是产品用料的原因，劣质产品会有很明显的刺激性气味。

“问”是指向商家询问产品的铜片、接触点等内部细节，现在使用新轻铜、银镍合金来做插座。二次回收料生产的产品采用铜片或银触电，一般厂家不采用。如果开关选择不好，可能会带来安全隐患。

“切”是指检查产品内部的构造，主要看金属材质、PC 材料，从分量可以知道材质的好与坏，用这个方法可以选择合格的开关插座。

任务二 正弦交流电的基本物理量分析

一、学习目标

【知识目标】

★理解正弦量解析式、波形图的表现形式及其对应关系，掌握正弦交流电的三要素；

★理解有效值、最大值和平均值的概念；

★理解频率、角频率和周期的概念；

★理解相位、初相和相位差的概念；

★理解正弦量的旋转矢量表示法。

【能力目标】

★掌握有效值、最大值和平均值之间的关系；

★掌握频率、角频率和周期之间的关系；

★掌握相位、初相和相位差之间的关系；

★能对正弦量解析式、波形图、矢量图的进行相互转换。

【素质目标】

★塑造一丝不苟的敬业精神；

★培养勤奋、节俭、务实、守纪的职业素养；

★树立安全第一的职业意识；

★具备一定分析问题、解决问题的能力。

二、工作任务

1. 获取必要的信息，了解正弦交流电的相关知识。
2. 小组讨论，完成引导问题。
3. 和老师沟通，解决当下认知中存在的问题。
4. 记录工作过程，填写相关任务。
5. 撰写汇报材料。

6. 小组汇报演示。

三、实施过程

职场演练

请同学们在 3min 内按 7S 现场管理的要求对自己的学习区域进行自检，不合格项进行整改，在表 4-2-1 中做好相应的记录。

表 4-2-1　自检记录表

项次	检查内容	检查状况	检查结果
整理	学习区域是否有与学习无关的东西	□是　□否	□合格　□不合格
	学习工具、资料等摆放是否整齐有序	□是　□否	□合格　□不合格
整顿	学习工具和生活用具是否杂乱放置	□是　□否	□合格　□不合格
	学习资料是否随意摆放	□是　□否	□合格　□不合格

❖想一想、议一议

1. 哪些地方用的是交流电？哪些地方用的是直流电？各有什么特点？

2. 正弦交流电的三要素是什么？

3. 正弦交流电有哪些表示方法？

【知识链接】

电荷在电场的作用下定向移动，就形成了电流。按照电流的大小和方向随时间的不同变化，可将其分为直流电、脉动直流电和交流电。

1）直流电：电流的大小和方向不随时间变化，即正负极性始终不会改变。用“DC”（Direct Current）表示，如干电池、蓄电池等产生的电流，如图 4-2-1（a）所示。

2）脉动直流电：指电流的方向（正负极）不变，但大小随时间变化，用“PDC”（Pulsating Direct Current）表示，如图 4-2-1（b）所示。

3）交流电：电流的大小和方向（即正负极性）都随时间而变化。用“AC”（Alternating Current）表示，如图 4-2-1（c）所示。其中大小和方向随时间按正弦规律变化的交流电称为正弦交流电。

正弦交流电在工业中得到广泛的应用，最基础的应用是照明，各类小电器、汽车的蓄电池所用直流电也是由它转换而来的。

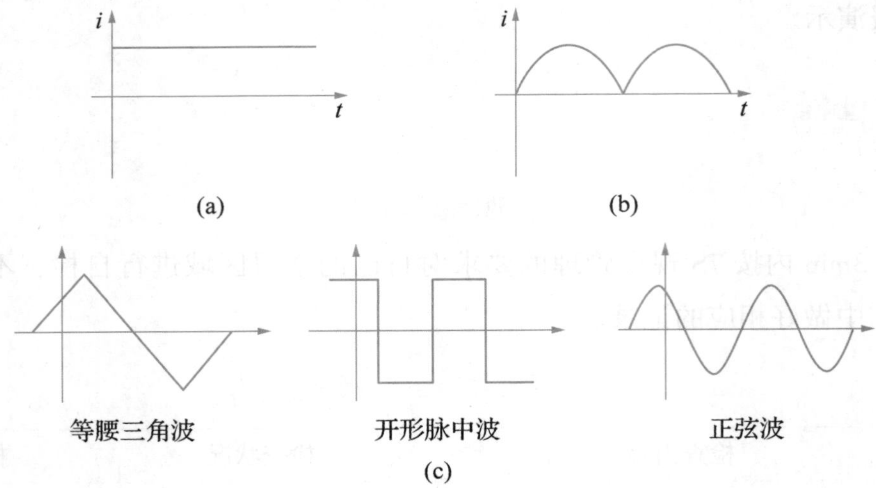
i
t
i
t
等腰三角波
开形脉中波
正弦波

(a) (b) (c)

图 4-2-1 直流电、脉动直流电、交流电

(一) 正弦交流电的产生

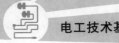

正弦交流电由交流发电机产生。图 4-2-2 是交流发电机示意图。

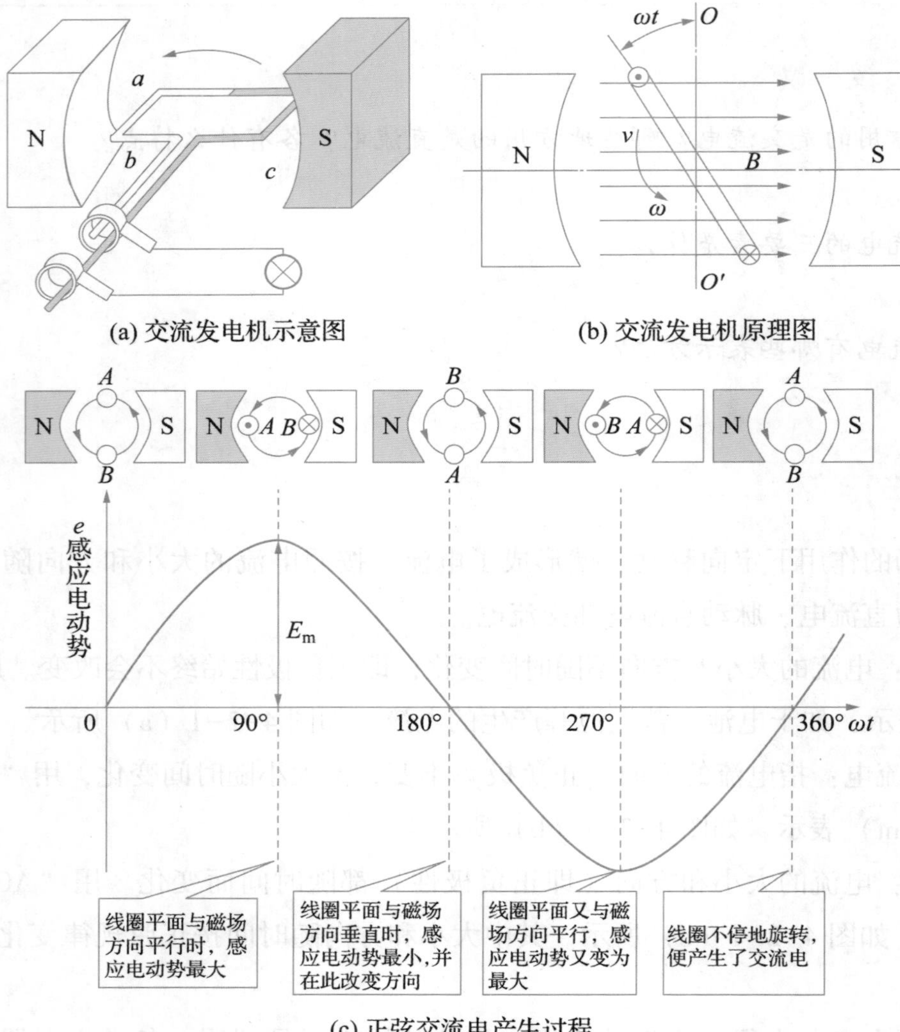
N
S
a
b
c
ωt
O
v
B
ω
O'
A
B
e
感应电动势
E_m
0
90°
180°
270°
360° ωt
线圈平面与磁场方向平行时，感应电动势最大
线圈平面与磁场方向垂直时，感应电动势最小，并在此改变方向
线圈平面又与磁场方向平行，感应电动势又变为最大
线圈不停地旋转，便产生了交流电

(a) 交流发电机示意图　(b) 交流发电机原理图

(c) 正弦交流电产生过程

图 4-2-2 交流发电机示意图

设磁感应强度为 B，磁场中线圈一边的长度为 L，平面从中性面开始转动，经过时间 t，线圈转过的角度为 ωt，这时，其单侧线圈切割磁感线的线速度与磁感线的夹角也为 ωt，所产生的感应电动势 $e=BLv\sin\omega t$。所以，整个线圈所产生的感应电动势为 $e=2BLv\sin\omega t$。其中，$2BLv$ 为感应电动势的最大值，设为 E_m，则

$$e=E_m\sin\omega t$$

上式为正弦交流电电动势的瞬时值表达式，又称为解析式。

电压瞬时值表达式为

$$u=U_m\sin\omega t$$

电流瞬时值表达式为

$$i=I_m\sin\omega t$$

正弦交流电的 3 个特点如下。

1）瞬时性：在一个周期内，不同时间瞬时值均不同；

2）周期性：每隔一相同时间间隔，曲线将重复变化；

3）规律性：始终按正弦函数规律变化。

（二）正弦交流电的三要素

1. 正弦交流电的瞬时值、最大值、有效值和平均值

随时间按正弦规律变化的电压、电流、电动势称为正弦交流电压、正弦交流电流和正弦弦交流电动势。

用示波器测出的某电动势的波形如图 4-2-3 所示。

根据正弦函数的表达式可知：$e=E_m\sin\omega t$ 。

1）瞬时值：即某一瞬间的值，用小写字母表示：电动势（e）、电压（u）、电流（i）。

❖试一试

结合图 4-2-3，写出对应时刻的瞬时值：

$t_0=0$，则此时 $e_0=$ ________　　　$t_2=\dfrac{\pi}{2}$，则此时 $e_2=$ ________

$t_4=\pi$，则此时 $e_4=$ ________　　　$t_6=\dfrac{3\pi}{2}$，则此时 $e_6=$ ________

$t_8=2\pi$，则此时 $e_8=$ ________

2）最大值：正弦交流电在一个周期内所能达到的最大数值，又称振幅、幅值或峰值，可以用来表示正弦交流电变化的范围。通常用大写字母带下标 m 表示，如电动势（E_m）、电压（U_m）、电流（I_m）。

❖想一想

正弦交流电在哪些时刻会出现最大值？

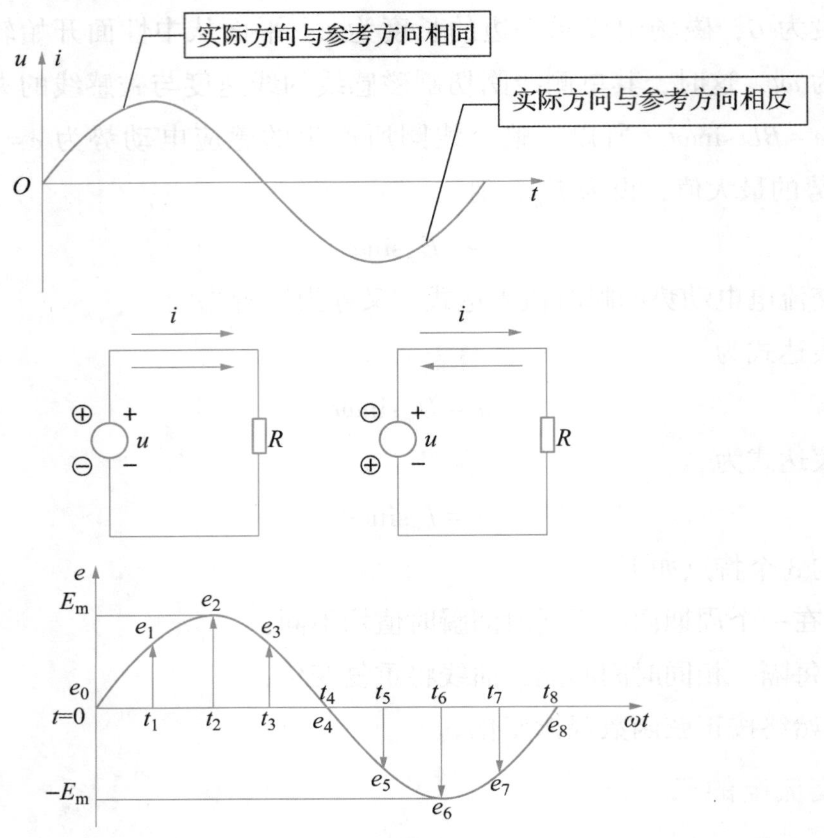

图 4-2-3 用示波器测出的某电动势的波形

3）有效值：瞬时值和最大值描述的是其幅度，另外幅度还有有较值和平均值两种描述方式。交流电的有效值是根据电流的热效应来规定的。如图 4-2-4 所示，让交流电和直流电分别通过同样阻值的电阻，如果它们在同一时间内产生的热量相等，就把这一直流电的数值称为这一交流电的有效值，分别用大写 E、U、I 来表示电动势、电压、电流的有效值。

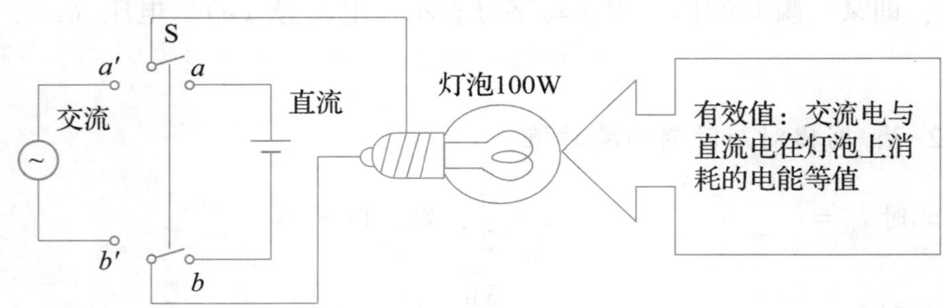

图 4-2-4 有效值测试电路

4）平均值：对于某一段时间或某一过程，其平均值通常用大写字母带下标 P 表示，如电动势（E_P）、电压（U_P），电流（I_P）。

有效值、最大值、平均值之间的关系：

$$有效值=\frac{最大值}{\sqrt{2}}，E=\frac{E_m}{\sqrt{2}}，U=\frac{U_m}{\sqrt{2}}，I=\frac{I_m}{\sqrt{2}}$$

$$平均值=\frac{2}{\pi}最大值，E_P=\frac{2}{\pi}E_m，U_P=\frac{2}{\pi}U_m，I_P=\frac{2}{\pi}I_m$$

温馨提示：在实际应用中，凡未作特殊说明时所用的电流、电压、电动势的值，均指有效值。例如，常使用的220V照明电压，380V的动力电压，电动机铭牌所标电流、电压及电流表、电压表所测数据，均指有效值。

❖想一想

耐压为220V的电容器，能否用在180V的正弦交流电源上？

❖做一做

某正弦交流电压最大值为380V，求出其最大值、有效值、平均值。

2. 正弦交流电的角频率、频率、周期

1）角频率：又称电角度，用符号 ω 表示，代表正弦量1s内变化的弧度数，单位为弧度/秒，符号为rad/s。

2）频率：正弦交流电在1s内完成周期性变化的次数，通常用 f 表示，单位是赫［兹］，符号为Hz。频率单位还有千赫（kHz）、兆赫（MHz）、吉赫兹（GHz），它们的换算如下。

$$1\ \text{GHz}=10^3\ \text{MHz}=10^6\ \text{kHz}=10^9\ \text{Hz}$$

3）周期：正弦交流电完成一次周期性变化所需的时间，称为正弦交流电的周期，通常用大写字母 T 表示，单位是秒，符号为s。

周期、频率、角频率之间的关系为 $T=\dfrac{1}{f}$，即周期与频率互为倒数。

$$\omega=\frac{2\pi}{T}=2\pi f$$

温馨提示：我国供电系统中，交流电的频率是50Hz，习惯上称为“工频”，周期为0.02s。世界多数国家交流电频率是50Hz，但也有不少国家如美国、加拿大、日本等交流电的频率为60Hz。

❖做一做

已知交流电电压为 $u=220\sqrt{2}\sin(314t+30°)$ V，求该交流电的周期、频率、角频率、最大值和有效值。

3. 相位、初相位、相位差

1）相位：对于确定交流电的大小和方向起着重要作用，用 $\varphi=\omega t+\varphi_0$ 表示，相当于角度的量。

2）初相位：表示 $t=0$ 时的相位，简称初相，通常用 φ_0 表示。初相确定了正弦量计时开始的位置，初相规定不得超过±180°。

3）相位差：两个同频率的正弦交流电的相位之差称为正弦交流电的相位差，用 $\Delta\varphi$ 表示。设 $u=U_m\sin(\omega t+\varphi_{01})$，$i=I_m\sin(\omega t+\varphi_{02})$，则 $\Delta\varphi=(\omega t+\varphi_{01})-(\omega t+\varphi_{02})=\varphi_{01}-\varphi_{02}$。相位差确立了两个正弦量之间的相位关系（超前或滞后）。

特殊的相位关系有如下几种。

①同相：$\Delta\varphi=0$，相位差为零，即同时到达正最大（负最大），或同时到达零，如图 4-2-5（a）所示。

②反相：$\Delta\varphi=\pm\pi$（180°），即任一瞬时方向相反，如图 4-2-5（b）所示。

③超前（滞后）：$\Delta\varphi>0$，称 u 超前 i，又称 i 滞后 u，如图 4-2-5（c）所示。

④正交：$\Delta\varphi=\pm\frac{\pi}{2}$（90°），如图 4-2-5（d）所示。

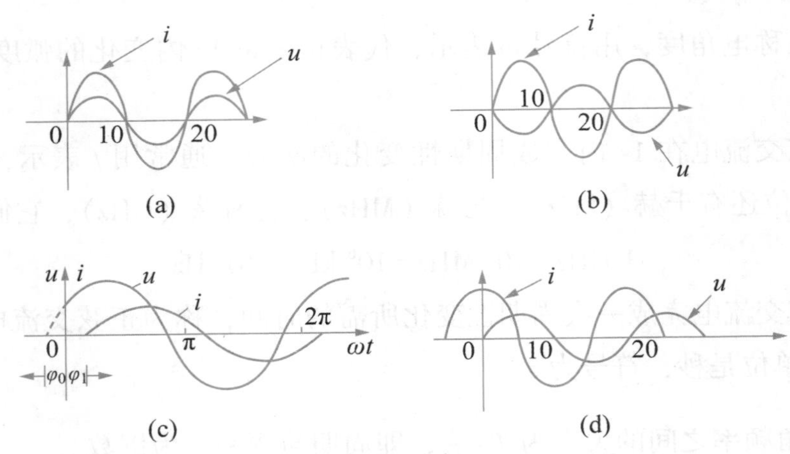

图 4-2-5 相位关系

> 注意：确定超前或滞后一般应不大于 180°，不同频率的正弦量之间不存在相位差的概念。

❖做一做

如图 4-2-6 所示，判断 u_1 和各正弦量之间的关系。

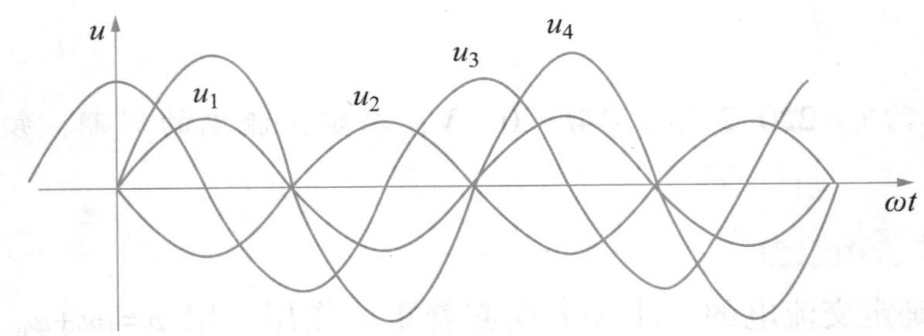

图 4-2-6 判断 u_1 和各正弦量之间的关系

4. 交流电三要素

交流电的三要素即最大值（或有效值）、初相位、频率（或周期、角频率）。

结合图 4-2-7 理解交流电的三要素。

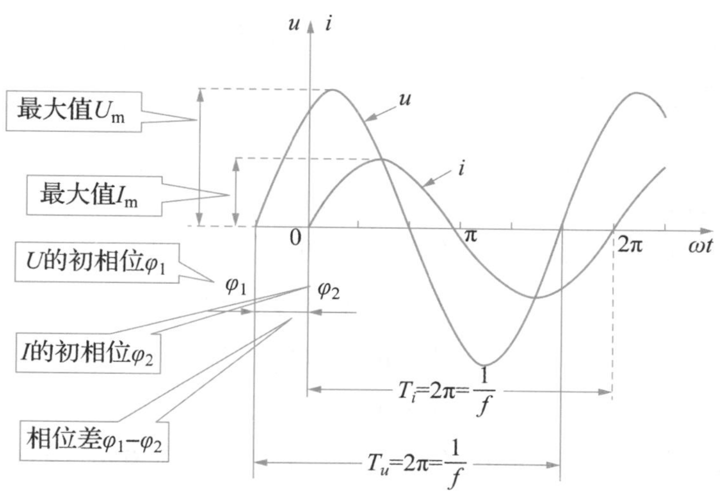

图 4-2-7　交流电波形图

【例 1】　已知 $u=311\sin(314t+30°)$ V，$i=5\sin(314t-30°)$ A。计算 u 和 i 在 $t=0$ 时 u_0 和 i_0 的数值，比较其相位关系，并写出其三要素的数值。

解：1）当 $t=0$ 时

$$u_0=311\sin(314t+30°)\text{V}$$
$$=311(\sin30°)\text{V}$$
$$=155.5\text{V}$$
$$i_0=5\sin(314t-30°)\text{A}$$
$$=5\sin(-30°)\text{A}=-2.5\text{A}$$

2）u 和 i 的相位关系。由于 u 和 i 的频率相同，故

$$\Delta\varphi=\varphi_{0u}-\varphi_{0i}$$
$$=30°-(-30°)$$
$$=60°$$

电压超前电流 60°，或电流滞后电压 60°。

3）u 的三要素：

最大值 $U_m=311\text{V}$，初相位 $\varphi_{0u}=30°$，频率为 $f=\frac{\omega}{2\pi}=\frac{314}{2\pi}=50\text{Hz}$。

i 的三要素：

最大值 $I_m=5\text{A}$，初相位 $-30°$，频率为 $f=\frac{\omega}{2\pi}=\frac{314}{2\pi}=50\text{Hz}$。

❖做一做

某正弦交流电压的最大值 $U_m=310\text{V}$，初相 $\varphi_{0u}=300$；某正弦交流电流的最大值 $I_m=14.1\text{A}$，初相 $\varphi_{0i}=-600$。它们的频率均为 50Hz。

1）分别写出该交流电压和电流的瞬时值表达式。

2）正弦交流电压和电流的相位差。

（三）正弦交流电表示方法

正弦交流电的表示方法一般有解析式、波形图、相量图（旋转矢量图）3 种，任何一种表示方法，都必须准确描述正弦交流电的三要素。

1. 解析式

利用正弦函数表达式形式表示正弦交流电的方法。

正弦交流电的瞬时值=最大值 sin（角频率 t+初相位），如：

电动势 $e=U_m\sin(\omega t+\varphi_0)$

电压 $u=U_m\sin(\omega t+\varphi_0)$

电流 $i=I_m\sin(\omega t+\varphi_0)$

描述出了交流电的三要素：最大值（E_m、U_m、I_m）、角频率 ω、初相位 φ_0。

【例 2】 已知 $i=100\sin(314t-45°)$mA，它的周期、有效值及初相位各为多少？

解：由题可知，$I_m=100$mA，则有效值 $I=\frac{I_m}{\sqrt{2}}=\frac{100}{\sqrt{2}}=50\sqrt{2}$mA。

$\omega=314$rad/s，则周期 $T=\frac{2\pi}{\omega}=\frac{6.28}{314}=0.02$s。

$$i=100\sin(314t-45°)\text{mA},$$

$$i=100\sin[314t+(-45°)]\text{mA}$$

所以初相位 $\varphi_0=-45°$。

2. 波形图

用正弦函数图像表示正弦交流电的方法，如图 4-2-8 所示。

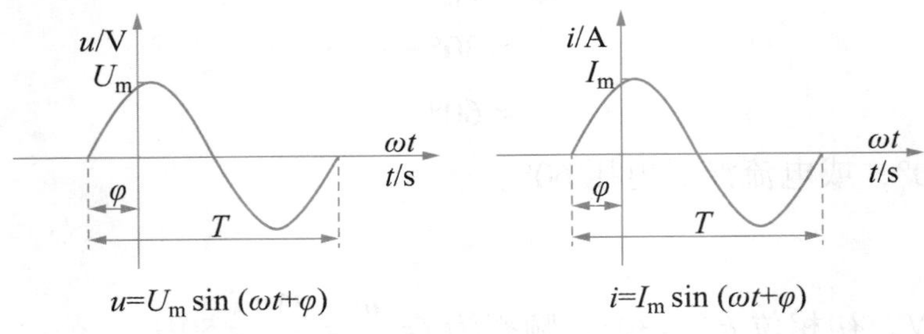

图 4-2-8 正弦交流电

作波形图的步骤如下。

1）作坐标图：横坐标（X 轴）表示电角度 ωt，纵坐标（Y 轴）表示交流电的瞬时值，并标出合理的比例线段。

2）计算出相位分别等于 0、$\pi/2$、π、$3\pi/2$、2π 时的幅度，并在坐标图中标示出来。

3）用光滑的曲线将各点连接起来。

描述出了交流电的三要素：最大值（U_m、I_m）、角频率 $\omega=2\pi/T$、初相位 φ_j。

【例 3】 作出 $u=\sin(\omega t+\pi/2)$V 的波形图。

解：令 $wt+\pi/2=0$，则 $wt=-\pi/2$ 此时 $u=\sin0=0$V。

$\omega t+\pi/2=\pi/2$，则 $\omega t=0$ 此时 $u=\sin(\pi/2)=1V$。

$\omega t+\pi/2=\pi$，则 $\omega t=\pi/2$ 此时 $u=\sin\pi=0V$。

$\omega t+\pi/2=3\pi/2$，则 $\omega t=\pi$ 此时 $u=\sin 3\pi/2=-1V$。

$\omega t+\pi/2=2\pi$，则 $\omega t=3\pi/2$ 此时 $u=\sin 2\pi=0V$。

根据以上 5 个特殊点，可作出该电压的波形图如图 4-2-9 所示。

❖试一试

某正弦交流电电流的波形如图 4-2-10 所示，那么该正弦交流电的周期 T=（ ）s；电流最大值 I_m=（ ）A；初相位 φ_0=（ ）；当 $t=0$ 时刻时，u=（ ）V。

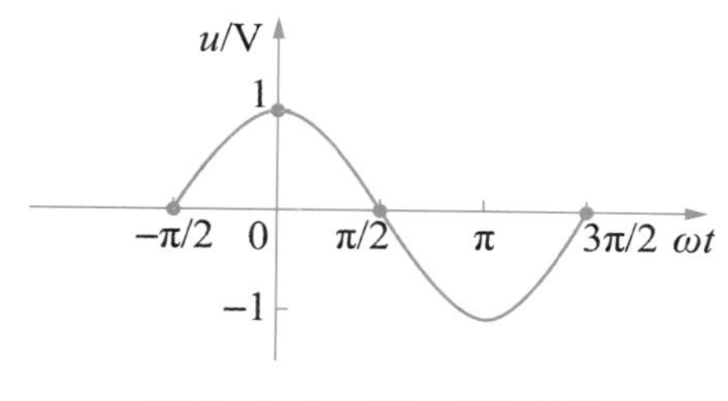

图 4-2-9 例 3 波形图

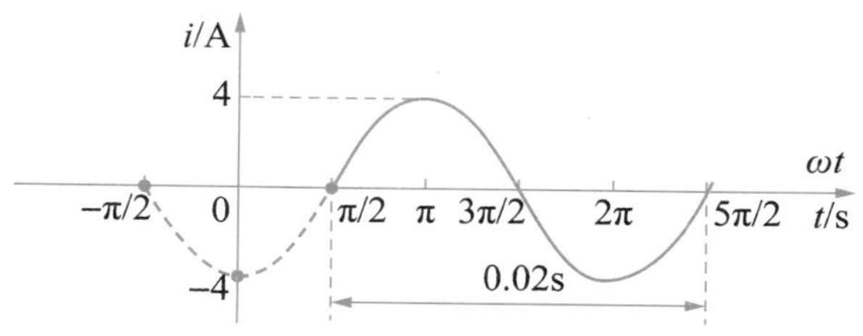

图 4-2-10 正弦交流电电流的波形

3. 相量图（旋转矢量图）

用旋转矢量表示正弦交流电的方法。

注意：只有正弦量才能用相量表示，非正弦量不可以。

描述正弦交流电的有向线段称为相量。

符号表示：最大值$\dot{E}_m$、$\dot{U}_m$、$\dot{I}_m$。有效值 $\dot{E}$、$\dot{U}$、$\dot{I}$。

作相量图的方法如下。

第一步，从 O 点出发，作一条虚线作为基准线，即 Ox 轴。

第二步，确定出有向线段长度的比例单位。

第三步，从 O 点出发，有几个正弦量作出几条有向线段，它们与基准线的夹角分别为各自的初相位，逆时针方向的角度为正，顺时针方向的角度为负。

第四步，在上述射线上按规定单位长度及各自的比例取线段，使各自的长度符合瞬时值表达式中的最大值（或有效值），在末端加上箭头，并在箭头处标上相应的矢量。

【例 4】 已知正弦交流电 $i=4\sin(\omega t+\pi/3)A$，试作出它的旋转相量图。

解：第一步，用虚线作出 Ox 基准线。

第二步，确定比例单位长，一单位表示 2A。

第三步，从 O 点出发逆时针方向作一条射线，使它与 Ox 轴的夹角为 $\pi/3$。

第四步，在射线上取两个单位长，标上箭头，在箭头处标上 $\dot{I}_m$ 。

作出的相量图如图 4-2-11 所示。

❖练一练

已知正弦交流电 $u=4\sin(\omega t-\pi/4)V$，试作出它的旋转相量图。

旋转相量遵循矢量运算规律，但在正弦量的加减运算中，必须是同频率的正弦量方能进

行。先在平面直角坐标系中，作出与正弦量相对应的旋转相量，再用平行四边形法则求和。和的长度表示了正弦量和的最大值（原旋转相量为最大值）或有效值（原旋转相量为有效值）。和相量与 X 轴正方向的夹角为和相量的初相位，和相量的角频率不变。

旋转相量法除可以求旋转相量之和外，还可求两旋转相量之差。其方法是将减数的负值（即它的反方向旋转相量）与被减数旋转相量用平行四边形法则求和。

【例 5】 已知

$u_1=5\sqrt{2}\sin(314t-\pi/2)$ V，$u_2=5\sqrt{2}\sin 314t$ V，试求两电压之和。

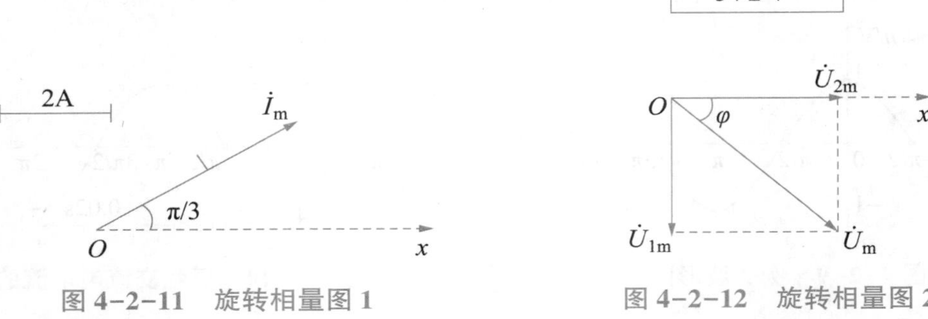

图 4-2-11 旋转相量图 1　　图 4-2-12 旋转相量图 2

解：用 u_1、u_2 的最大值作旋转相量，如图 4-2-12 所示。

用平行四边形法则求 $\dot{U}_m=\dot{U}_{1m}+\dot{U}_{2m}$，即为求 $\dot{U}_{1m}$ 与 $\dot{U}_{2m}$ 之相量和。

$$U_m=\sqrt{U_{1m}^2+U_{2m}^2}=\sqrt{(5\sqrt{2})^2+(5\sqrt{2})^2}=10\text{V}$$

因四边形 $OU_{1m}U_mU_{2m}$ 为正方形，所以 $\varphi=\pi/4$，即和相量 U_m 的初相位为 $-\pi/4$，则 u_1、u_2 两电压之和的瞬时表达式为 $u=10\sin(314t-\pi/4)$ V。

❖练一练

求例 4 中两交流电压之差 $u=u_2-u_1$。

❖理一理

请同学们对本任务所学内容，根据自己所学情况进行整理，在表 4-2-3 中做好记录，同时根据自己的学习情况，对照表 4-2-2 逐一检查所学知识点，并如实在表中做好记录。

表 4-2-2 知识点检查记录表

检查项目	理解概念		回忆		复述		存在的问题
	能	不能	能	不能	能	不能	
正弦交流电的三要素							
三要素间的关系							
旋转矢量表示法							
各表示法间的进行相互转换							

❖做一做

按学校整体布置的要求，根据本班的实际情况对学习区域进行 7S 整理。请各学习小组 QC（品质检验员）分别对组员进行 7S 检查，将检查结果记录在表 4-2-3 中，对做得不好的小组长督促整改。

表 4-2-3　7S 检查表

项次	检查内容	配分	得分	不良事项
整理	学习区域是否有与学习无关的东西	5		
	学习工具、资料等摆放是否整齐有序	5		
整顿	学习工具和生活用具是否杂乱放置	5		
	学习资料是否随意摆放	5		
清扫	工作区域是否整洁，是否有垃圾	5		
	桌面、台面是否干净整齐	5		
清洁	地面是否保持干净，无垃圾、无污迹及纸屑等	5		
	是否乱丢纸屑等	5		
素养	是否完全明白 7S 的含义	10		
	是否有随地吐痰及乱扔垃圾现象	10		
	学习期间是否做与学习无关的事情，如玩手机等	10		
安全	是否在学习期间打闹	10		
	是否知道紧急疏散的路径	10		
节约	是否存在浪费纸张、文具等物品的情况	5		
	是否随手关灯	5		
合计		100		
评语				

注：80 分以上为合格，不足之处自行改善；60~80 分须向检查小组作书面改善交流；60 分以下，除向检查小组作书面改善交流外，还将全班通报批评。

审核：　　　　　　　　　　　　　　　　检查：

❖评一评

请同学们对学习过程进行评估，并在表 4-2-4 中记录。

表 4-2-4　评估表

<table>
<tr><td>姓名</td><td>学习 1</td><td>日期</td></tr>
<tr><td>班级</td><td>工作任务 1</td><td>小组</td></tr>
<tr><td></td><td></td><td></td></tr>
</table>

1-优秀	2-良好	3-合格	4-基本合格	5-不合格

<table>
<tr><td colspan="3">确定的目标</td><td>1</td><td>2</td><td>3</td><td>4</td><td>5</td><td>观察到的行为</td></tr>
<tr><td rowspan="13">工作过程评估</td><td rowspan="5">专业能力</td><td>制订工作计划</td><td></td><td></td><td></td><td></td><td></td><td></td></tr>
<tr><td>正弦交流电三要素</td><td></td><td></td><td></td><td></td><td></td><td></td></tr>
<tr><td>三要素间的关系</td><td></td><td></td><td></td><td></td><td></td><td></td></tr>
<tr><td>三要素的表示方法</td><td></td><td></td><td></td><td></td><td></td><td></td></tr>
<tr><td>三要素各表示法互换</td><td></td><td></td><td></td><td></td><td></td><td></td></tr>
<tr><td rowspan="3">方法能力</td><td>收集信息</td><td></td><td></td><td></td><td></td><td></td><td></td></tr>
<tr><td>文献资料整理</td><td></td><td></td><td></td><td></td><td></td><td></td></tr>
<tr><td>成果演示</td><td></td><td></td><td></td><td></td><td></td><td></td></tr>
<tr><td rowspan="3">社会能力</td><td>合理分工</td><td></td><td></td><td></td><td></td><td></td><td></td></tr>
<tr><td>相互协作</td><td></td><td></td><td></td><td></td><td></td><td></td></tr>
<tr><td>同学及老师支持</td><td></td><td></td><td></td><td></td><td></td><td></td></tr>
<tr><td rowspan="2">个人能力</td><td>执行力</td><td></td><td></td><td></td><td></td><td></td><td></td></tr>
<tr><td>专注力</td><td></td><td></td><td></td><td></td><td></td><td></td></tr>
<tr><td rowspan="7">成果评估</td><td rowspan="5">工作任务书</td><td>时间计划/进度记录</td><td></td><td></td><td></td><td></td><td></td><td></td></tr>
<tr><td>列举理由/部件描述</td><td></td><td></td><td></td><td></td><td></td><td></td></tr>
<tr><td>工作过程记录</td><td></td><td></td><td></td><td></td><td></td><td></td></tr>
<tr><td>解决问题记录</td><td></td><td></td><td></td><td></td><td></td><td></td></tr>
<tr><td>方案修改记录</td><td></td><td></td><td></td><td></td><td></td><td></td></tr>
<tr><td>环境保护</td><td>环境保护要求</td><td></td><td></td><td></td><td></td><td></td><td></td></tr>
<tr><td>成果汇报</td><td>汇报材料</td><td></td><td></td><td></td><td></td><td></td><td></td></tr>
</table>

四、知识拓展

光伏发电的原理

光伏发电的主要原理是半导体的光电效应，如图 4-2-13 所示。光子照射到金属上时，它的能量可以被金属中某个电子全部吸收，电子吸收的能量足够大，能克服金属原子内部的库仑力做功，离开金属表面逃逸出来，成为光电子。硅原子有 4 个外层电子，如果在纯硅中掺入有 5 个外层电子的原子如磷原子，形成 N 型半导体；若在纯硅中掺入有 3 个外层电子的原子如硼原子，形成 P 型半导体。当 P 型和 N 型结合在一起时，接触面就会形成电势差，成为太阳能电池。当太阳光照射到 P-N 结后，电流便从 P 型一边流向 N 型一边，形成电流。

光电效应就是光照使不均匀半导体或半导体与金属结合的不同部位之间产生电位差的现象。它首先是由光子（光波）转化为电子、光能量转化为电能量的过程；其次，是形成电压过程。

图 4-2-13　光伏发电原理

多晶硅经过铸锭、破锭、切片等程序后，制作成待加工的硅片。在硅片上掺杂和扩散微量的硼、磷等，就形成 P-N 结。然后采用丝网印制，将精配好的银浆印在硅片上做成栅线，经过烧结，同时制成背电极，并在有栅线的面涂一层防反射涂层，电池片至此制成。电池片排列组合成电池组件，就组成了大的电路板。一般在组件四周包铝框，正面覆盖玻璃，反面安装电极。有了电池组件和其他辅助设备，就可以组成发电系统。为了将直流电转化交流电，需要安装电流转换器。发电后可用蓄电池存储，也可输入公共电网。发电系统成本中，电池组件约占 50%，电流转换器、安装费、其他辅助部件及其他费用约占另外 50%。

五、能力延伸

（一）填空题

1. 正弦交流电的三要素是________、________、________。我国电网的频率是________，角频率是________。市网电压为200V，其电压最大值是________。

2. 两个同频率正弦量同相时，其相位差为________；反相时，其相位差为________；正交时，其相位差为________。

3. 已知正弦交流电 $u=10\sin\left(314t-\dfrac{\pi}{4}\right)\text{V}$，则其电压的最大值为________，有效值为________，角频率为________，频率为________，周期为________，相位为________，初相位为________。

4. 电流 i_1、i_2 的波形如图4-2-14所示，两个函数的频率为50Hz，则其 $I_1=$________，$I_2=$________；i_1 的初相位为________，i_2 的初相位为________；i_1 的瞬时值表达式为________，i_2 的瞬时值表达式为________；i_1、i_2 的相位关系为 i_1 与 i_2 ________。

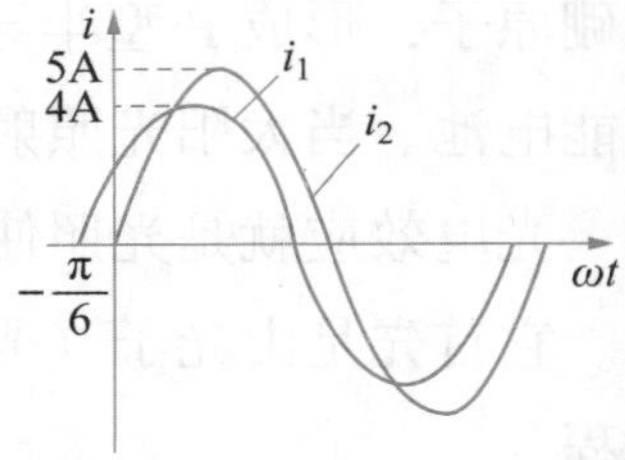

图4-2-14 电流波形

（二）判断题

1. 两个正弦交流电的相位差即为它们的初相位之差。（　）

2. 两个正弦交流电正交，则其相位差为 π。（　）

3. 正弦交流电的三要素为瞬时值、角频率、相位。（　）

4. $u_1=10\sin\left(\omega t+\dfrac{\pi}{3}\right)\text{V}$，$u_2=15\sin\left(\omega t+\dfrac{2\pi}{3}\right)\text{V}$，则 u_1、u_2 相位关系为 u_1 超前 u_2。（　）

5. 最大值是在热效应方面与直流量相等的量。（　）

（三）选择题

1. 将100W，220V的白炽灯分别接到220V的交、直流电源上，其发光效果为（　）。

A. 接在直流电源上比接到交流电源上亮

B. 接到交、直流电源上一样亮

C. 接到交流电源上比接到直流电源上亮

D. 接到交流电源上灯光闪烁，接到直流电源上灯光稳定

2. 通常所说的380V的动力电为（　）。

A. 瞬时值　　B. 有效值　　C. 最大值　　D. 不清楚

3. 两个正弦交流电的表达式为 $u_1=380\sqrt{2}\sin\left(\omega t-\dfrac{\pi}{3}\right)\text{V}$，$u_2=380\sqrt{2}\sin\left(\omega t-\dfrac{\pi}{3}\right)\text{V}$，则 u_1 与 u_2 的相位关系是（　）。

A. 超前　　B. 滞后　　C. 同相　　D. 正交

（四）作图题

1. 已知 $I=5\text{A}$，$f=50\text{Hz}$，$\varphi_0=\frac{\pi}{4}$，画出该正弦交流电的波形图和相量图。

2. 已知 3 个正弦交流电的频率均为 50Hz，且：1）$U=10\text{V}$，$\varphi_{u0}=\frac{\pi}{3}$；2）$I=5\text{A}$，$i$ 和 u 的相位关系为 i 超前 u $\frac{\pi}{3}$；3）$E_m=10\text{V}$，e 和 i 的相位关系为 e 滞后 i $\frac{\pi}{2}$。写出 3 个函数的表达式，并在同一个坐标轴上画出 3 个正弦交流电的波形图和相量图。

任务三　纯电路分析

一、学习目标

【知识目标】

★掌握电阻元件电压与电流的关系，理解有功功率的概念；

★掌握电感元件电压与电流的关系，理解感抗、有功功率和无功功率的概念；

★掌握电容元件电压与电流的关系，了解容抗、有功功率和无功功率的概念。

【能力目标】

会使用信号发生器、毫伏表和示波器，会使用示波器观察信号波形，会测量正弦电压的频率和峰值，会观察电阻、电感、电容元件上的电压与电流之间的关系。

【素质目标】

★塑造一丝不苟的敬业精神；

★培养勤奋、节俭、务实、守纪的职业素养；

★树立安全第一的职业意识；

★具备一定分析问题、解决问题的能力。

二、工作任务

1. 获取必要的信息，了解纯电阻、纯电容、纯电感电路的相关知识。
2. 小组讨论，完成引导问题。
3. 和老师沟通，解决当下认知中存在的问题。
4. 记录工作过程，填写相关任务。
5. 撰写汇报材料。

6. 小组汇报演示。

三、实施过程

职场演练

请同学们在 3min 内按 7S 现场管理的要求对自己的学习区域进行自检，不合格项进行整改，在表 4-3-1 中做好相应的记录。

表 4-3-1 自检记录表

项次	检查内容	检查状况	检查结果
整理	学习区域是否有与学习无关的东西	□是 □否	□合格 □不合格
	学习工具、资料等摆放是否整齐有序	□是 □否	□合格 □不合格
整顿	学习工具和生活用具是否杂乱放置	□是 □否	□合格 □不合格
	学习资料是否随意摆放	□是 □否	□合格 □不合格

❖想一想、议一议

1. 吊灯（纯电阻）电路电压、电流和功率用哪些仪器测量？如何测量？

2. 感抗与哪些因素有关？直流情况下感抗为多大？容抗与哪些因素有关？直流情况下容抗为多大？

3. 电阻、电感、电容对电流的阻碍作用有什么区别？

4. 纯电感电路、纯电容电路中，各元件端电压与流过元件的电流的数量关系是怎样的？相位关系如何？

5. 无功功率是有用的功率吗？无功功率是否与频率有关？纯电阻电路、纯电感电路、纯电容电路的功率因数各为多少？

【知识链接】

纯电路，即单一参数电路，通常指纯电阻电路、纯电感电路、纯电容电路。

（一）纯电阻电路

在日常生活中，我们所接触的白炽灯泡、电烙铁、电熨斗等，电阻值很大，而其他参数如电感、电容小到可以忽略，所以可以将它们的电路视为纯电阻电路，如图 4-3-1 所示。

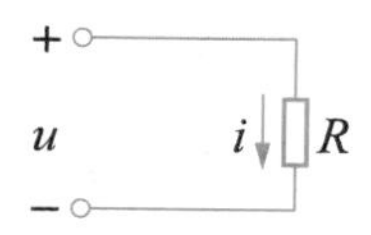

图 4-3-1 纯电阻电路

1. 纯电阻电路的电压、电流数量关系

u、i 最大值或有效值之间符合欧姆定律的数量关系：

$$U_m = I_m R \text{ 或 } U = IR$$

2. 电压、电流间的相位关系

在纯电阻电路中，电压电流相位相同，它们的相位差为零，即 $\Delta\varphi_0 = \Delta\varphi_{0u} - \Delta\varphi_{0i} = 0$。

设流过电阻的交流电流瞬时值表达式为

$$i_R = I_m \sin\omega t$$

由于二者同相，则电阻电压瞬时值表达式为

$$u = iR = I_m R\sin\omega t = U_m \sin\omega t$$

由上式可以画出纯电阻电路电压、电流的波形图和相量图，如图 4-3-2 所示。

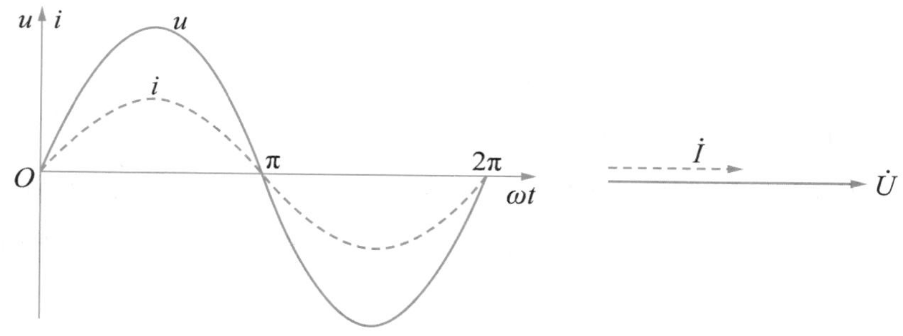

图 4-3-2 纯电阻电路电压、电流的波形图和相量图

3. 纯电阻电路的功率

1）瞬时功率：因为交流电的电压、电流随时间不断变化，所以电阻上的功率也是不断变化的，我们把某一时刻电阻上消耗的功率叫瞬时功率，等于某时刻电压瞬时值和电流瞬时值的乘积，即

$$p = ui = U_m I_m \sin^2\omega t = \frac{U_m I_m}{2}(1 - \cos 2\omega t) = UI(1 - \cos 2\omega t)$$

2）平均功率：交流电变化一个周期在电阻上消耗功率的平均值。理论和实践证明，在纯电阻电路上交流电的平均功率为电压有效值与电流有效值之积，即

$$P = UI = I^2 R = \frac{U^2}{R}$$

❖记一记

纯电阻电路的特点：

1）电流、电压在数量关系上，有效值、最大值、瞬时值均满足欧姆定律。

2）电流、电压同相位，两者相位差为0。

3）电阻是耗能元件，全部为有功功率。

【例1】 在纯电阻电路中，已知电阻 $R=44\ \Omega$，交流电压 $u=311\sin(314t+30°)$ V，求通过该电阻的电流大小，并写出电流的解析式。

解：根据纯电阻电路的特点大小（有效值）为

$$I=\frac{U}{R}=\frac{311/\sqrt{2}}{44}\text{A}\approx 5\ \text{A}$$

解析式 $i=\dfrac{u}{R}=5\sqrt{2}\sin(314t+30°)\,\text{A}$。

❖练一练

已知交流电压 $u=311\sin(314t+45°)$ V，若电路接上一电阻负载 $R=220\ \Omega$，电路上电流的有效值是________，电流 i 的解析式是________，画出上题 u 与 i 的相量图。

（二）纯电感电路

当电感元件在电路中起决定作用，而电阻、电容可忽略时，可将它视为纯电感电路，如图4-3-3所示。

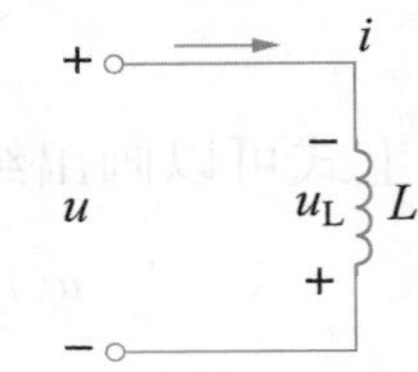

图4-3-3 纯电感电路

1. 电压电流的数量关系

1）电感器对交流电路中的电流具有阻碍作用。电感器对交流电路中的电流的阻碍作用称为感抗，用符号 X_L 表示，在这方面与电阻 R 相似。但它们又有本质区别：电阻在阻碍电流时要消耗电流的功率，而感抗只表示线圈所产生的自感电动势要阻碍交变电流的变化，但不消耗能量。感抗只在交流电路中才有意义。

感抗与交流电的频率成正比，与电感器的电感量成正比。感抗的计算公式为

$$X_L=\omega L=2\pi fL$$

式中，f——电源频率，赫兹（Hz）；

L——电感器的电感量，亨利（H）；

ω——角频率，弧度/秒（rad/s）。

对于一定的电感 L，当频率越高时，其所呈现的感抗越大，反之越小。在直流情况下，频率为零，$X_L=0$，电感相当于短路，电感具有“通直流，阻交流，通低频，阻高频”的特性。

2）纯电感电路的电压与电流的有效值、最大值都满足欧姆定律。由实验数据表可得出：

$$X_L=\frac{U_L}{I}=\frac{\sqrt{2}U_L}{\sqrt{2}I}$$

由上式可知，电压与电流的有效值、最大值都满足欧姆定律。

2. 纯电感电路的电压与电流的相位关系

纯电感电路电压超前于电流 90°相位角。以电流为参考量，设电流的初相为零，则电流与电压的瞬时值表达式为

$$i_L = I_{Lm}\sin\omega t$$

$$u_L = U_{Lm}\sin\left(\omega t + \frac{\pi}{2}\right)$$

根据解析式可以画出纯电感电路电流与电压相位关系的波形图与相量图，如图 4-3-4 所示。

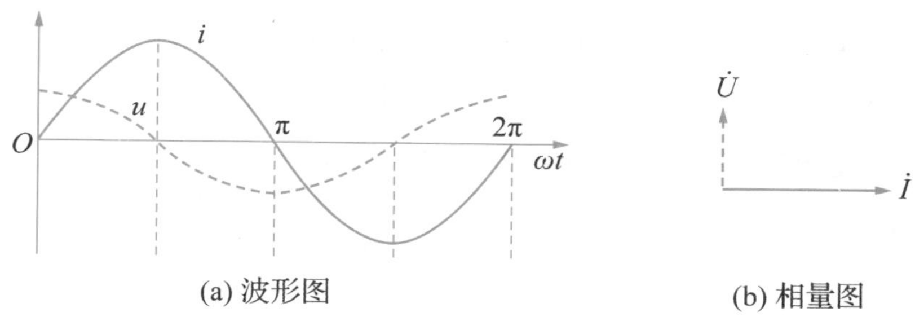

(a) 波形图　　(b) 相量图

图 4-3-4　纯电感电路电流与电压相位关系的波形图

> 温馨提示：由纯电感电路电压与电流相位关系的波形图可以看出，电压与电流的瞬时值不满足欧姆定律。

3. 纯电感电路的功率

在电感线圈上，因为电流 i、电压 u 随时间不断变化，所以功率也是不断变化的，这个功率又称为瞬时功率，它等于电压瞬时值和电流瞬时值之积，即

$$p_L = iu = \sqrt{2}I_L\sin\omega t \cdot \sqrt{2}U_L\sin(\omega t + 90°) = I_L U_L\sin 2\omega t$$

从上式可以看出，纯电感电路瞬时功率仍然按照正弦规律变化，但它的变化频率提高到了原来的两倍。理论研究证明，在交流电的一个周期内，电感线圈两次向电源吸取能量，又两次将这些能量释放给电源，完成电源能与线圈磁场能的两次交换，纯电感线圈本身并不消耗能量，所以它的有功功率为零。

为了表述电感线圈随时间在电源与线圈之间进行交换的能量大小，我们引入了无功功率的概念。无功功率在数值上等于加在电感线圈两端电压有效值 U_L 与线圈中的电流有效值 I_L 之积，即

$$Q = U_L I_L \text{ 或 } Q = I_L^2 X_L = \frac{U_L^2}{X_L}$$

式中，Q——无功功率，乏（var）。

电流、电压为同频率交流电，在相位上电压超前$\frac{\pi}{2}$。

电感线圈不消耗有功功率，只占用无功功率，所以它不是耗能元件，而是储能元件。它的无功功率等于电流有效值与电压有效值之积。

❖记一记

纯电感电路的特点：

1）电流与电压的数量关系，只有有效值、最大值满足欧姆定律，瞬时值不满足欧姆定律。

2）电流、电压为同频率交流电，在相位上电压超前$\frac{\pi}{2}$。

3）电感线圈不消耗有功功率，只占用无功功率，所以它不是耗能元件，而是储能元件。它的无功功率等于电流有效值与电压有效值之积。

【例 2】　已知一电感 $L=80\text{mH}$，外加电压 $u_L=50\sin(314t+65°)\text{V}$。

试求：1）感抗 X_L；2）电感中的电流 I_L；3）电流瞬时值 i_L。

解：1）电路中的感抗为 $X_L=\omega L=314\times0.08\Omega\approx25\Omega$。

2）$I_L=\frac{U_L}{X_L}=\frac{50/\sqrt{2}}{25}\text{A}=\sqrt{2}\text{A}$。

（3）电感电流 i_L 比电压 u_L 滞后 90°，则

$$i_L=2\sin(314t-25°)\text{A}$$

❖练一练

一只 $L=20\text{mH}$ 的电感线圈，通以 $i=5\sqrt{2}\sin(314t-30°)\text{A}$ 的电流，求：1）感抗 X_L；2）线圈两端的电压 u。

（三）纯电容电路

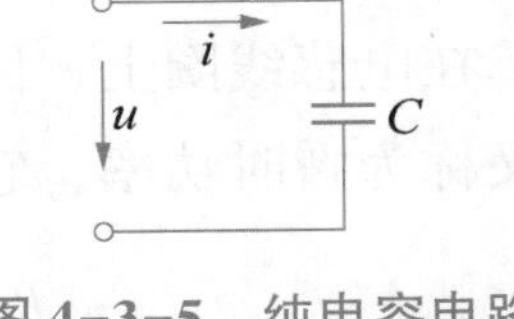

图 4-3-5　纯电容电路

当电路中电容器的电容在电路中起决定作用，而电阻、电感的影响可忽略不计时，这种电路称为纯电容电路，如图 4-3-5 所示。

1. 纯电容电路电压与电流之间的数量关系

1）电容器对交流电路中的电流具有阻碍作用。

电容器对交流电路中的电流的阻碍作用称为容抗，用符号 X_C 表示。由实验可知，容抗与交流电源的频率成反比，与电容器的电容量成反比。容抗的计算公式为

$$X_C=\frac{1}{\omega C}=\frac{1}{2\pi fC}$$

式中，f——电源频率，赫兹（Hz）；

C——电容器的电容量，法拉（F）；

ω——角频率，弧度/秒（rad/s）。

对于一定的电容 C，当频率越高时，其所呈现的容抗越小，反之越大。在直流情况下，频率为零，$X_C=\infty$，电容相当于开路。

2）纯电容电路的电压与电流的有效值、最大值都满足欧姆定律。由实验数据表可得出：

$$X_C=\frac{U_C}{I}=\frac{\sqrt{2}U_C}{\sqrt{2}I}=\frac{U_{Cm}}{I_m}$$

由上式可知，电压与电流的有效值、最大值都满足欧姆定律。

2. 纯电容电路的电压与电流的相位关系

纯电容电路电压滞后于电流 90°相位角。以电压为参考量，设加在电容器两端的交流电压的初相为零，则电压与电流的瞬时值表达式为

$$u_C=U_{Cm}\sin\omega t$$

$$i=I_m\sin\left(\omega t+\frac{\pi}{2}\right)$$

根据解析式，可以画出纯电容电路电流与电压相位关系的波形图与相量图，如图 4-3-6 所示。

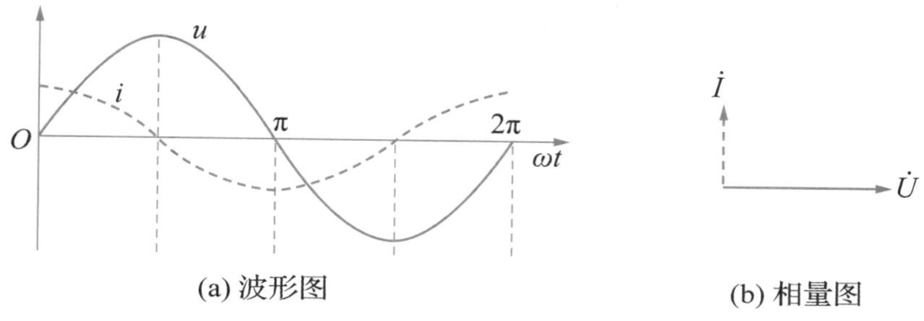

(a) 波形图　(b) 相量图

图 4-3-6　纯电容电路电流与电压相位关系的波形图与相量图

> 温馨提示：由纯电容电路电压与电流相位关系的波形图可以看出，纯电容电路电压与电流的瞬时值不满足欧姆定律。

3. 纯电容电路的功率

与纯电感电路类似，纯电容电路的瞬时功率也等于电压瞬时值和电流瞬时值之积，即

$$p_C=ui=\sqrt{2}U\sin\omega t\cdot\sqrt{2}I\sin\left(\omega t+90°\right)=U_CI_C\sin 2\omega t$$

从上式可以看出，纯电容电路瞬时功率仍然按照正弦规律变化的，它的最大值为 I_CU_C，变化频率为电源频率的两倍。在电源电流或电压变化的一个周期内，电容器两次向电源吸取能量给极板充电，将电源能转换为电场能储存在两极板中，又两次对电源放电，将电容器储存的电场能释放回电源。与纯电感电路一样，在电容器的充放电过程中，只有能量的相互转换，而无能量消耗，所以电容器也是储能元件，而不是耗能元件，与电感线圈不同的是，电感线圈储存的是磁场能，而电容器储存的是电场能。

由于电容器在充、放电过程中不消耗有功功率，也只是占用无功功率，它的无功功率在数值上电压有效值 U_C 与电流有效值 I_C 之积，即

$$Q=U_CI_C \text{ 或 } Q=I_C^2X_C=\frac{U_C^2}{X_C}$$

式中，Q——无功功率，乏（var）。

❖记一记

纯电容电路的特点如下：

1）电流与电压的数量关系，只有有效值、最大值满足欧姆定律，瞬时值不满足欧姆定律。

2）电流、电压为同频率交流电，且电压滞后于电流$\frac{\pi}{2}$。

3）电容器不消耗有功功率，无功功率等于电流有效值与电压有效值之积，瞬时功率频率为电源频率的2倍。

【例3】 一电容 $C=100\mu F$，接于 $u=220\sqrt{2}\sin(1000t-45°)$ V 的电源上。

求：1）X_C；2）流过电容的电流 i_C；3）电容元件的有功功率 P_C 和无功功率 Q_C；4）电容中储存的最大电场能量 W_m；5）绘出电流和电压的有效值相量图。

解：1）$X_C=\frac{1}{\omega C}=\frac{1}{1000\times100\times10^{-6}}\Omega=10\Omega$

2）$U_C=220V$。

$$I_C==\frac{U_C}{X_C}=\frac{220}{10}=22(A)$$

$$\varphi_U=-45°$$

$$\varphi_i=-45°+90°=45°$$

所以 $i_C=22\sqrt{2}\sin(1000t+45°)A$。

3）$P_C=0W$。

$$Q_C=U_CI_C=220\times22var=4840var$$

4）$W_m=\frac{1}{2}CU_m^2=\frac{1}{2}\times100\times10^{-6}\times(220\sqrt{2})^2J=4.84J$。

5）相量图如图4-3-7所示。

❖练一练

已知一电容 $C=50\mu F$，接到220V、50Hz的正弦交流电源上，求：1）X_C；2）电路中的电流 I_C 和无功功率 Q_C。3）绘出电流和电压的有效值相量图。

【例4】 如图4-3-8所示电路中，已知 $R=100\Omega$，$L=31.8mH$，$C=318\mu F$，求电源的频率和电压分别为50Hz、100V和1000Hz、100V两种情况下，开关S合向 a、b、c 位置时电流表的读数，并计算各元件中的有功功率和无功功率。

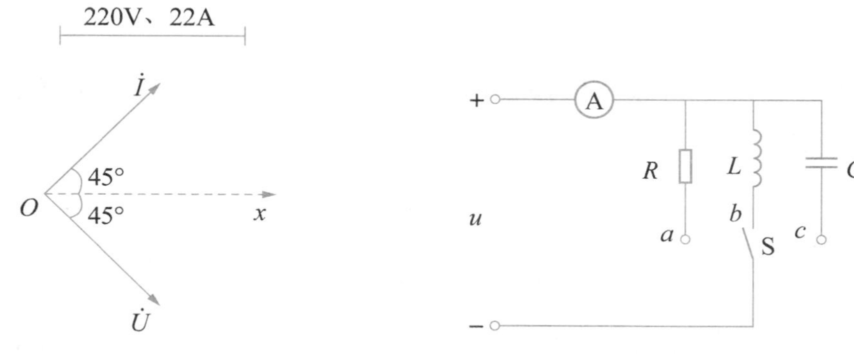

图 4-3-7　电流和电压的相量图　　图 4-3-8　实验电路

解：本题目的是熟悉 R、C、L 在交流电路中的作用，即熟悉单一参数交流电路。

当 $f=50\text{Hz}$、$U=100\text{V}$ 时

S 合向 a：

$$I_{\text{R}}=\frac{U}{R}=\frac{100}{100}\text{A}=1\text{A}$$

$$P=UI=100\times1\text{W}=100\text{W},\ Q=0$$

S 合向 b：

$$I_{\text{L}}=\frac{U}{X_{\text{L}}}=\frac{U}{2\pi fL}=\frac{100}{2\times3.14\times50\times31.8\times10^{-3}}\text{A}=10\text{A}$$

$$Q_{\text{L}}=UI_{\text{L}}=100\times10\text{var}=1000\text{var},\ P=0$$

S 合向 c：

$$I_{\text{C}}=\frac{U}{X_{\text{C}}}=2\pi fCU=2\times3.14\times50\times318\times10^{-6}\times100\text{A}=10\text{A}$$

$$Q_{\text{C}}=UI_{\text{C}}=100\times10\text{var}=1000\text{var},\ P=0$$

当 $f=1000\text{Hz}$、$U=100\text{V}$ 时，

S 合向 a：

$$I_{\text{R}}=\frac{100}{100}\text{A}=1\text{A}$$

$$P=100\times1\text{W}=100\text{W},\ Q=0$$

S 合向 b：

$$I_{\text{L}}=\frac{100}{2\times3.14\times1000\times31.8\times10^{-3}}\text{A}$$

$$Q_{\text{L}}=100\times0.5\text{var}=50\text{var},\ P=0$$

S 合向 c：

$$I_{\text{C}}=2\times3.14\times1000\times318\times10^{-6}\times100\text{A}=200\text{A}$$

$$Q_{\text{C}}=100\times200\text{var}=20000\text{var},\ P=0$$

❖理一理

请同学们结合本任务所学内容，根据自己所学情况整理纯电阻、纯电感、纯电容电路的特点，如表 4-3-2 所示。

表 4-3-2 纯电阻、纯电感、纯电容的特点

特性名称		电阻 R	电感 L	电容 C
阻抗特性	1. 阻抗	电阻 R	感抗 $X_L=\omega L$	容抗 $X_C=\frac{1}{\omega C}$
	2. 直流特性	呈现一定的阻碍作用	通直流（相当于短路）	隔直流（相当于开路）
	3. 交流特性	呈现一定的阻碍作用	通低频，阻高频	通高频，阻低频
伏安特性	大小关系	$U_R=RI_R$	$U_L=X_LI_L$	$U_C=X_CI_C$
	相位关系	$\varphi_{ui}=0$	$\varphi_{ui}=90°$	$\varphi_{ui}=-90°$
功率情况		耗能元件，存在有功功率 $P_R=U_RI_R$	储能元件（$PL=0$），存在无功功率 $Q_L=U_LI_L$	储能元件（$PL=0$），存在无功功率 $Q_L=U_LI_L$

❖做一做

按学校整体布置的要求，根据本班的实际情况对学习区域进行 7S 整理。请各学习小组 QC（品质检验员）分别对组员进行 7S 检查，将检查结果记录在表 4-3-3 中，做得不好的小组长督促整改。

表 4-3-3 7S 检查表

项次	检查内容	配分	得分	不良事项
整理	学习区域是否有与学习无关的东西	5		
	学习工具、资料等摆放是否整齐有序	5		
整顿	学习工具和生活用具是否杂乱放置	5		
	学习资料是否随意摆放	5		
清扫	工作区域是否整洁，是否有垃圾	5		
	桌面、台面是否干净整齐	5		
清洁	地面是否保持干净，无垃圾、无污迹及纸屑等	5		
	是否乱丢纸屑等	5		
素养	是否完全明白 7S 的含义	10		
	是否有随地吐痰及乱扔垃圾现象	10		
	学习期间是否做与学习无关的事情，如玩手机等	10		
安全	是否在学习期间打闹	10		
	是否知道紧急疏散的路径	10		

续表

节约	是否存在浪费纸张、文具等物品的情况	5		
	是否随手关灯	5		
合计		100		
评语				

注：80 分以上为合格，不足之处自行改善；60~80 分须向检查小组作书面改善交流；60 分以下，除向检查小组作书面改善交流外，还将全班通报批评。

审核：　　　　　　　　　　　　　　　　检查：

❖评一评

请同学们对学习过程进行评估，并在表 4-3-4 中记录。

表 4-3-4　评估表

<table>
<tr><td colspan="3">姓名</td><td colspan="3">学习 1</td><td colspan="3">日期</td></tr>
<tr><td colspan="3">班级</td><td colspan="3">工作任务 1</td><td colspan="3">小组</td></tr>
<tr><td colspan="3"></td><td colspan="3"></td><td colspan="3"></td></tr>
<tr><td colspan="2">1-优秀</td><td colspan="2">2-良好</td><td colspan="2">3-合格</td><td colspan="2">4-基本合格</td><td>5-不合格</td></tr>
<tr><td colspan="3">确定的目标</td><td>1</td><td>2</td><td>3</td><td>4</td><td>5</td><td>观察到的行为</td></tr>
<tr><td rowspan="11">工作过程评估</td><td rowspan="3">专业能力</td><td>纯电阻电路</td><td></td><td></td><td></td><td></td><td></td><td></td></tr>
<tr><td>纯电感电路</td><td></td><td></td><td></td><td></td><td></td><td></td></tr>
<tr><td>纯电容电路</td><td></td><td></td><td></td><td></td><td></td><td></td></tr>
<tr><td rowspan="3">方法能力</td><td>收集信息</td><td></td><td></td><td></td><td></td><td></td><td></td></tr>
<tr><td>文献资料整理</td><td></td><td></td><td></td><td></td><td></td><td></td></tr>
<tr><td>成果演示</td><td></td><td></td><td></td><td></td><td></td><td></td></tr>
<tr><td rowspan="3">社会能力</td><td>合理分工</td><td></td><td></td><td></td><td></td><td></td><td></td></tr>
<tr><td>相互协作</td><td></td><td></td><td></td><td></td><td></td><td></td></tr>
<tr><td>同学及老师支持</td><td></td><td></td><td></td><td></td><td></td><td></td></tr>
<tr><td rowspan="2">个人能力</td><td>执行力</td><td></td><td></td><td></td><td></td><td></td><td></td></tr>
<tr><td>专注力</td><td></td><td></td><td></td><td></td><td></td><td></td></tr>
</table>

续表

成果评估	工作任务书	时间计划/进度记录						
		列举理由/部件描述						
		工作过程记录						
		解决问题记录						
		方案修改记录						
	环境保护	环境保护要求						
	成果汇报	汇报材料						

四、知识拓展

超级电容器

超级电容器是一种积累和释放电荷的电化学装置。与电池相比，它储存和释放能量的速度更快。超级电容器具有两个电极，其间有有机电解质或无机电解质。目前的趋势是采用石墨烯基材料，因为其是已知的较薄、较强的材料之一。托木斯克理工大学（俄罗斯）与里尔大学（法国）的研究人员一起合成了一种基于还原氧化石墨烯（rGO）的新材料，用于超级电容器。利用有机分子（高价碘的衍生物）对还原氧化石墨烯进行修饰的方法得到的材料，积累了 1.7 倍的电能。该研究成果发表在 *Electrochimica Acta* 杂志上。

图 4-3-9　超级电容器

五、能力延伸

（一）填空题

1. 纯电感元件对交流电的阻碍作用称为________，用________表示，其表达式为

________，单位为________；交流电频率越大，感抗越________，交流电频率越小，感抗越________，当交流电频率为 0（即直流电），感抗为________，电流顺利通过电感器，因此电感器具有________的作用。

2. 纯电容元件对交流电的阻碍作用称为________，用________表示，其表达式为________，单位为________；交流电频率越大，容抗越________，交流电频率越小，容抗越________，当交流电频率为 0（即直流电），容抗为________，电流无法通过电容器，因此电容器具有________的作用。

3. 在纯电阻电路中，其最大值、有效值、瞬时值均满足________定律。电阻上电压电流的相位________，其有功功率 = ________，而无功功率 = ________。

4. 在纯电感电路中，其最大值、有效值均满足________定律，而________不满足欧姆定律，电感上电压的相位________电流________，该电路的有功功率 = ________，而无功功率 = ________。

5. 在纯电容电路中，其最大值、有效值均满足________定律，而________不满足欧姆定律，电容上电压的相位________电流________，该电路的有功功率 = ________，而无功功率 = ________。

（二）判断题

1. 在纯电阻电路中，因电阻是耗能元件，故其无功功率为 0，功率因数为 1。（　　）

2. 在纯电阻、纯电容、纯电感电路中，最大值、有效值、瞬时值均满足欧姆定律。（　　）

3. 在纯电感电路中有功功率为 0，功率因数为 0。（　　）

4. 在纯电容电路中，电容两端的电压和流过电容的电流的相位关系是电压超前电流$\frac{\pi}{2}$。（　　）

任务四　复合电路分析

一、学习目标

【知识目标】

★理解 *RL* 串联电路的阻抗概念，掌握电压三角形、阻抗三角形的应用；

★理解 *RC* 串联电路的阻抗概念，掌握电压三角形、阻抗三角形的应用；

★理解 *RLC* 串联电路的阻抗概念，掌握电压三角形、阻抗三角形的应用。

【能力目标】

交流串联电路实验：会使用交流电压表、电流表，熟悉示波器的使用，会用示波器观察交流串联电路的电压、电流相位差。

【素质目标】

★塑造一丝不苟的敬业精神；

★培养勤奋、节俭、务实、守纪的职业素养；

★树立安全第一职业意识；

★具备一定分析问题、解决问题的能力。

二、工作任务

1. 获取必要的信息，了解 *RL* 串联、*RC* 串联和 *RLC* 串联电路的相关知识。
2. 小组讨论，完成引导问题。
3. 和老师沟通，解决当下认知中存在的问题。
4. 记录工作过程，填写相关任务。
5. 撰写汇报材料。
6. 小组汇报演示。

三、实施过程

职场演练

请同学们在 3 分钟内按 7S 现场管理的要求对自己的学习区域进行自检，不合格项进行整改，并在表 4-4-1 中做好相应的记录。

表 4-4-1　自检表

项次	检查内容	检查状况	检查结果
整理	学习区域是否有与学习无关的东西	□是　□否	□合格　□不合格
	学习工具、资料等摆放是否整齐有序	□是　□否	□合格　□不合格
整顿	学习工具和生活用具是否杂乱放置	□是　□否	□合格　□不合格
	学习资料是否随意摆放	□是　□否	□合格　□不合格

❖想一想、议一议

1. *RC* 串联电路、*RL* 串联电路、*RLC* 串联电路中阻抗与感抗、容抗的关系；总电压与各部分电压间的关系。

2. *RLC* 串联电路中，如何判断正弦交流电路的性质？阻抗三角形和功率三角形是相量图吗？电压三角形呢？你能正确画出这几个三角形吗？

3. *RLC* 串联电路中，由电压三角形，阻抗三角形和功率三角形求电压与电流相位差与功率因数的方法。

【知识链接】

本任务中的复合电路主要指 *RL* 串联电路、*RC* 串联电路和 *RLC* 串联电路。

（一）*RL* 串联电路

RL 串联电路由一个电阻器、一个电感元件串联组成。在电气设备和器件中，同时具有电阻和电感的事例很多，如荧光灯电路、变压器和电动机都可以视为电感与电阻串联电路，如图 4-4-1 所示。

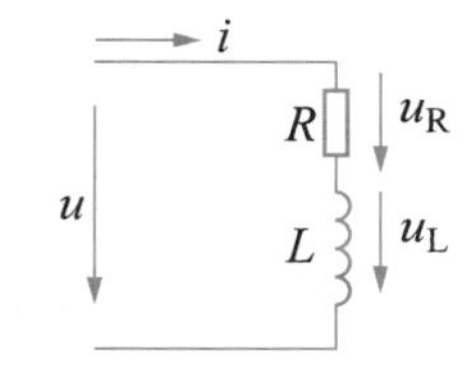

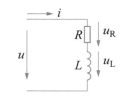

图 4-4-1　*RL* 串联电路

1）总电压的平方等于电阻器端电压的平方与电感器端电压的平方之和，即

$$U^2 = U_R^2 + U_L^2 \text{ 或 } U = \sqrt{U_R^2 + U_L^2}$$

由实验可知，如果以 *RL* 串联电路的电流为参考量，很容易得出如图 4-4-2（a）所示的 *RL* 串联电路矢量图。

RL 串联电路总电压与电阻端电压和电感器端电压满足电压三角形的关系，如图 4-4-2（b）所示。

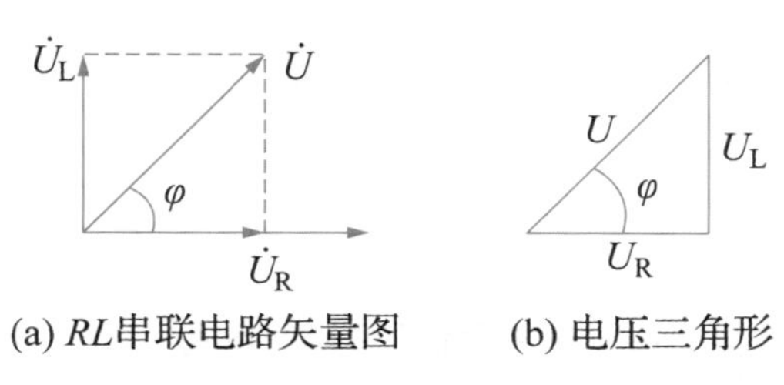

图 4-4-2　*RL* 串联电路矢量图和电压三角形

2）电路总阻抗的平方等于电阻器阻值的平方与电感器感抗的平方之和，即

$$Z^2 = R^2 + X_L^2 \text{ 或 } Z = \sqrt{R^2 + X_L^2}$$

式中，*Z*——*RL* 串联电路的阻抗，表示电阻与感抗对交流电共同的阻碍作用，欧姆（Ω）

由实验可知，*RL* 串联电路总阻抗与电阻器的阻值和电感器的感抗满足阻抗三角形的关系，如图 4-4-3 所示。阻抗三角形也可以由电压三角形的三条边分别除以电流 *I* 得到。

电压、阻抗三角形中的角度 φ，其实就是 *RL* 串联电路中电流与总电压之间的相位差，其

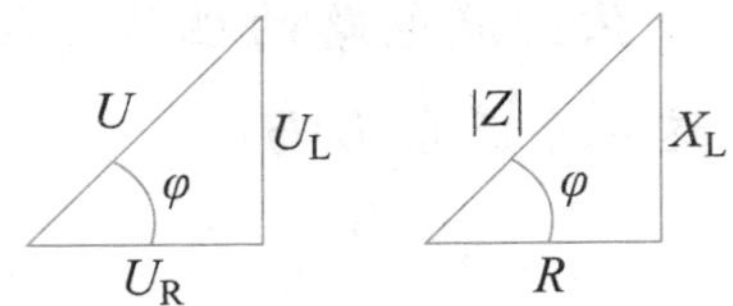

图 4-4-3　*RL* 串联电路阻抗三角形

数学计算公式为

$$\varphi = \arctan \frac{U_L}{U_R} \quad 或者 \ \varphi = \arctan \frac{X_L}{R}$$

从电压与阻抗三角形可见，*RL* 串联电路的总电压总是超前于电流小于 90°的相位角。

❖讲一讲

将一个电感线圈接到 20V 直流电源时，通过的电流为 1A，将此线圈接于 2000Hz、20V 的电源时，电流为 0.8A。求该线圈的电阻 *R* 和电感 *L*。

解：当线圈接直流电源时，其电感相当于短路，故

$$R = \frac{U}{I} = \frac{20}{1}\Omega = 20\Omega$$

当线圈接交流电源时，其阻抗为

$$|Z| = \frac{U}{I} = \frac{20}{0.8}\Omega = 25\Omega$$

$$X_L = \sqrt{|Z|^2 - R^2} = \sqrt{25^2 - 20^2}\ \Omega \approx 15\Omega$$

故感抗和电感为

$$L = \frac{X_L}{2\pi f} = \frac{15}{2 \times 3.14 \times 2000}\text{H} = 0.00119\text{H} = 1.19\text{mH}$$

❖练一练

把电阻 $R=60\Omega$，电感 $L=255$mH 的线圈串联接入频率 $f=50$Hz，电压 $U=110$V 的交流电路中，分别求出 X_L、I、U_R、U_L、$\cos\varphi$。

（二）*RC* 串联电路

RC 串联电路由一个电阻器、一个电容元件串联组成。*RC* 串联电路在电子技术中应用尤其广泛，常见的有 *RC* 耦合、*RC* 振荡、*RC* 移相电路等。

1）总电压的平方等于电阻器端电压的平方与电容器端电压的平方之和，即

$$U^2 = U_R^2 + U_C^2 \ 或 \ U = \sqrt{U_R^2 + U_C^2}$$

如果以 *RC* 串联电路的电流为参考量，很容易得出如图 4-4-4（a）所示的 *RC* 串联电路矢量图。*RC* 串联电路总电压与电阻端电压和电感器端电压满足电压三角形的关系，如图 4-4-4（b）所示。

2）电路总阻抗的平方等于电阻器阻值的平方与电感器感抗的平方之和，即

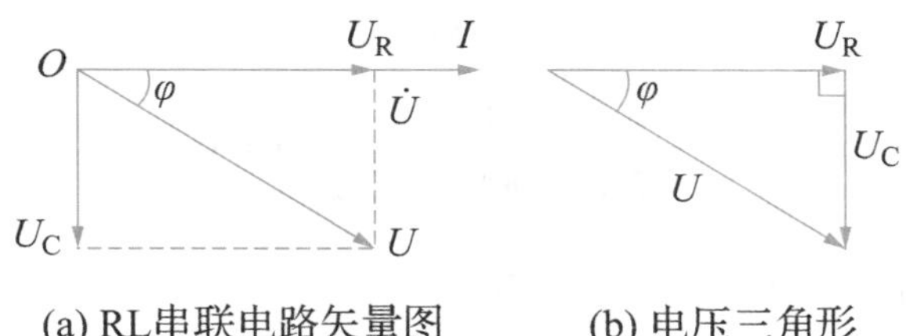

图 4-4-4　*RC* 串联电路矢量图和电压三角形

$$Z^2 = R^2 + X_C^2 \text{ 或 } Z = \sqrt{R^2 + X_C^2}$$

式中，Z——RC 串联电路的阻抗，表示电阻与电容对交流电共同的阻碍作用，欧姆（Ω）。

RC 串联电路总阻抗与电阻器的阻值和电容器的容抗满足阻抗三角形的关系，如图 4-4-5 所示。阻抗三角形也可以由电压三角形的三条边分别除以电流得到。

图 4-4-5　*RC* 串联电路阻抗三角形

电压、阻抗三角形中的角度 φ，其实就是 RC 串联电路中电流与总电压之间的相位差，其数学计算公式为

$$\varphi = \arctan\frac{U_C}{U_R} \text{ 或者 } \varphi = \arctan\frac{X_C}{R}$$

从电压与阻抗三角形可见，RC 串联电路的电流总是超前于总电压一个小于 90°的相位角。

❖讲一讲

如图 4-4-6 所示电路为 RC 串联电路，电源电压为 u，电阻和电容上的电压分别为 u_R 和 u_C，取电容两端的电压为输出电压，已知电路阻抗为 2000Ω，电源频率为 1000Hz，并设 u 与 u_C 之间的相位差为 30°，试求参数 R 和 C，并说明在相位上 u 比 u_C 超前还是滞后。

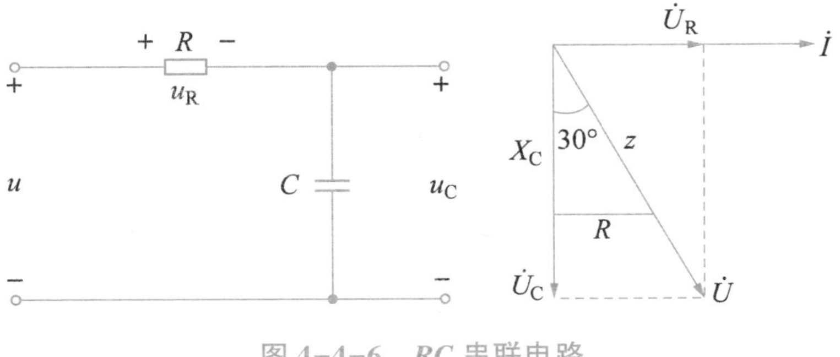

图 4-4-6　*RC* 串联电路

解：可以利用相量图来直接求解。以电流作参考相量，令其初相位为零，如图 4-4-6 所示。

$$R = |Z| \cdot \sin 30^\circ = (2000 \times \sin 30^\circ)\Omega = 1000\Omega$$

$$X_C = |Z| \cdot \cos 30° = (2000 \times \cos 30°)\Omega = 1732\Omega$$

$$C = \frac{1}{\omega X_C} = \frac{1}{2\pi \times 1000 \times 1732}\mu\text{F} \approx 0.092\mu\text{F}$$

由相量图可见，$\dot{U}$ 比 $\dot{U}_C$ 在相位上超前 30°。

❖练一练

一个 *RC* 串联电路，当输入电压为 1000Hz、12V 时，电路中的电流为 2mA，电容电压 $\dot{U}_C$ 滞后于电源电压 $\dot{U}$60°，求 *R* 和 *C*。

（三）*RLC* 串联电路

1. *RLC* 串联电路的相关知识

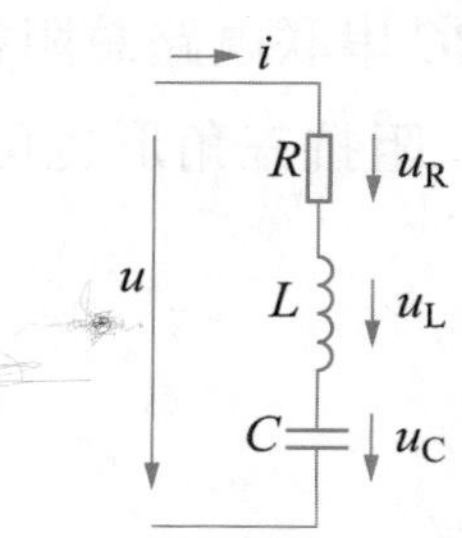

图 4-4-7　*RLC* 串联电路

RLC 串联电路由一个电阻器、一个电感元件和一个电容元件串联组成。*RLC* 串联电路在电工电子技术应用也非常广泛，如收音机中为了选择电台而设置的接收选台电路，就是电阻、电感和电容串联电路的应用实例。*RLC* 串联电路原理如图 4-4-7 所示。

1）总电压的平方等于电感器端电压与电容器端电压之差的平方与电阻器端电压的平方之和，即

$$U^2 = (U_C - U_L)^2 + U_R^2$$

或

$$U = \sqrt{(U_C - U_L)^2 + U_R^2}$$

可知，*RLC* 串联电路总电压与电阻器端电压、电感器端电压与电容器端电压之差满足电压三角形的关系，当电感器端电压大于（或小于）电容器端电压，电路呈感性（或容性）时，其电压三角形如图 4-4-8 所示。如果以 *RLC* 串联电路的电流为参考量，很容易得出 *RLC* 串联电路矢量图。矢量图很清楚地表示出 *RLC* 串联电路呈感性（或容性）的特点，电路总电压超前（或滞后）电流 φ，如图 4-4-8 所示。

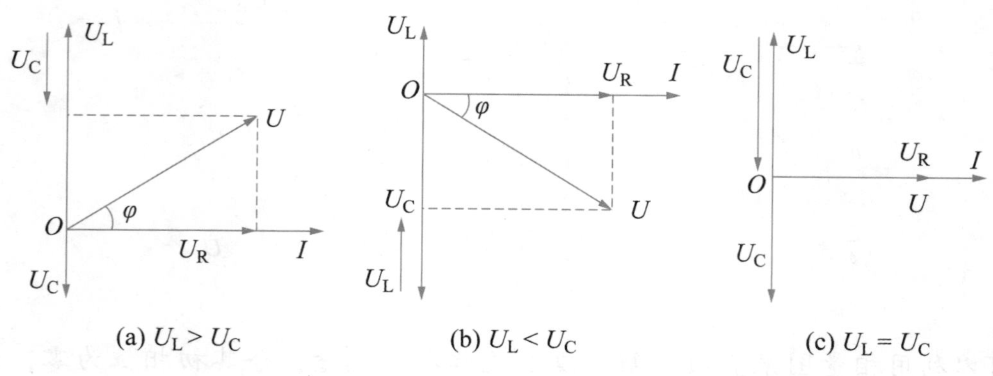

图 4-4-8　*RLC* 串联电路矢量图

2）电路总阻抗的平方等于感抗与容抗之差的平方与电阻器阻值的平方之和，即 $Z^2 =$

$(X_C-X_L)^2+R^2$

$$Z=\sqrt{(X_C-X_L)^2+R^2}$$

式中，Z——RLC 串联电路的阻抗，表示电阻、感抗、容抗对交流电共同阻碍作用，欧姆（Ω）。

可知，RLC 串联电路总阻抗与电阻器的阻值、电感器的感抗与电容器的容抗之差满足阻抗三角形的关系，如图 4-4-9 所示。阻抗三角形也可以由电压三角形的三条边分别除以电流得到。

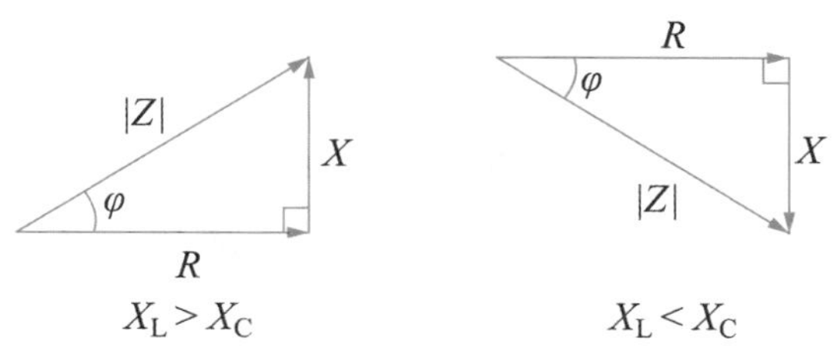

图 4-4-9　阻抗三角形

电压、阻抗三角形中的角度 φ，其实就是 RLC 串联电路中电流与总电压之间的相位差，当电路呈感性时，φ 的数学计算公式为

$$\varphi=\arctan\frac{X_L-X_C}{X_R}$$

当电路呈容性时，φ 的数学计算公式为

$$\varphi=\arctan\frac{X_C-X_L}{X_R}$$

当电路中感抗等于容抗 $X_L=X_C$ 时，RLC 串联电路呈纯电阻性，这种现象称为 RLC 串联谐振。关于 RLC 串联谐振的特点将会在本模块任务五中详细介绍。

2. RLC 串联电路的电压与电流的相位关系

在纯电阻电路中，电流、电压同相；在纯电感电路中，电压超前于电流 90°；在纯电容电路中，电流超前于电压 90°；在串联电路中，同一时刻电流处处都相等。以电流为参考量，RLC 串联电路中电流与各元件端电压的瞬时值表达式为

$$i=I_m\sin\omega t$$

$$u_R=U_{Rm}\sin\omega t$$

$$u_L=U_{Lm}\sin\left(\omega t+\frac{\pi}{2}\right)$$

$$u_C=U_{Cm}\sin\left(\omega t-\frac{\pi}{2}\right)$$

当感抗 X_L 大于容抗 X_C 时，电路呈感性，电流滞后于总电压，其电流与电压相位关系如图 4-4-10（a）所示；当感抗 X_L 小于容抗 X_C 时，电路呈容性，电流超前于总电压，其电流与电压相位关系如图 4-4-10（b）所示；当感抗 X_L 等于容抗 X_C 时，电路呈电阻性，电流与电压同相，其电流与电压相位关系如图 4-4-10（c）所示。

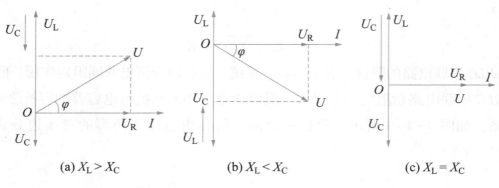

(a) $X_L > X_C$ (b) $X_L < X_C$ (c) $X_L = X_C$

图 4-4-10 *RLC* 串联电路矢量图

经反复实验证明，*RLC* 串联电路呈感性时，总电压总是超前于电流 0°~90°的相位角。*RLC* 串联电路呈容性时，总电压总是滞后于电流 0°~90°的相位角。

❖讲一讲

在 *RLC* 串联电路中，交流电源电压 U=220V，频率 f=50Hz，R=30Ω，L=445mH，C=32μF。求：1）电路中的电流大小 I；2）总电压与电流的相位差 φ；3）各元件上的电压 U_R、U_L、U_C。

解：1）$X_L = 2\pi fL \approx 140\Omega$，$X_C = \dfrac{1}{2\pi fC} \approx 100\ \Omega$

$$|Z| = \sqrt{R^2 + (X_L - X_C)^2} = 50\Omega$$

$$I = \frac{U}{|Z|} = 4.4\text{A}$$

2）$\varphi = \arctan \dfrac{X_L - X_C}{R} = \arctan \dfrac{40}{30} \approx 53.1°$，即总电压比电流超前 53.1°，电路呈感性。

3）$U_R = RI = 132$ V，$U_L = X_L I = 616$ V，$U_C = X_C I = 440$ V。

❖练一练

在 *RLC* 串联交流电路中，R=30Ω，L=127mH，C=40μF，$u = 220\sqrt{2}\sin(314t+20°)$ V。求：1）电流的有效值 I 与瞬时值 i；2）各部分电压的有效值与瞬时值；3）作相量图。

❖理一理

请同学们结合本任务所学内容，根据自己所学情况整理 *RL*、*RC*、*RLC* 串联电路的特点，如表 4-4-2 所示。

表 4-4-2 *RL*、*RC*、*RLC* 串联电路的特点

内容		*RLC* 电路	*RL* 电路	*RC* 电路
等效阻抗	大小	$Z = \sqrt{R^2 + (X_L - X_C)^2}$	$Z = \sqrt{R^2 + X_L^2}$	$Z = \sqrt{R^2 + X_C^2}$
	阻抗角	$\varphi = \arctan \dfrac{X}{R}$	$\varphi = \arctan \dfrac{X_L}{R}$	$\varphi = \arctan \dfrac{X_C}{R}$

续表

内容		RLC 电路	RL 电路	RC 电路
电压电流关系	大小关系	$U=\sqrt{U_R^2+(U_L-U_C)^2}$	$U=\sqrt{U_R^2+U_L^2}$	$U=\sqrt{U_R^2+U_C^2}$
电路性质	感性电路	$X_L>X_C$，$U_L>U_C$，$\varphi>0$		
	容性电路	$X_L<X_C$，$U_L<U_C$，$\varphi<0$		
	谐振电路	$X_L=X_C$，$U_L=U_C$，$\varphi=0$		
	有功功率	$P=I^2R=UI\cos\varphi$	$P=I^2R=UI\cos\varphi$	$P=I^2R=UI\cos\varphi$
	无功功率	$Q=I^2X=UI\sin\varphi$	$Q=I^2X_L=UI\sin\varphi$	$Q=I^2X_C=UI\sin\varphi$
	视在功率	$S=UI=\sqrt{P^2+Q^2}$	$S=UI=\sqrt{P^2+Q^2}$	$S=UI=\sqrt{P^2+Q^2}$

❖做一做

按学校整体布置的要求，根据本班的实际情况对学习区域进行 7S 整理。请各学习小组 QC（品质检验员）分别对组员进行 7S 检查，将检查结果记录在表 4-4-3 中，对做得不好的小组长督促整改。

表 4-4-3　7S 检查表

项次	检查内容	配分	得分	不良事项
整理	学习区域是否有与学习无关的东西	5		
	学习工具、资料等摆放是否整齐有序	5		
整顿	学习工具和生活用具是否杂乱放置	5		
	学习资料是否随意摆放	5		
清扫	工作区域是否整洁，是否有垃圾	5		
	桌面、台面是否干净整齐	5		
清洁	地面是否保持干净，无垃圾、无污迹及纸屑等	5		
	是否乱丢纸屑等	5		
素养	是否完全明白 7S 的含义	10		
	是否有随地吐痰及乱扔垃圾现象	10		
	学习期间是否做与学习无关的事情，如玩手机等	10		
安全	是否在学习期间打闹	10		
	是否知道紧急疏散的路径	10		
节约	是否存在浪费纸张、文具等物品的情况	5		
	是否随手关灯	5		
合计		100		

续表

评语	

注：80 分以上为合格，不足之处自行改善；60~80 分须向检查小组作书面改善交流；60 分以下，除向检查小组作书面改善交流外，还将全班通报批评。

审核： 检查：

❖ 评一评

请同学们对学习过程进行评估，并在表 4-4-4 中记录。

表 4-4-4 评估表

姓名			学习 1				日期	
班级			工作任务 1				小组	
1-优秀		2-良好		3-合格		4-基本合格		5-不合格
确定的目标			1	2	3	4	5	观察到的行为
工作过程评估	专业能力	*RL* 串联电路						
		RC 串联电路						
		RLC 串联电路						
	方法能力	收集信息						
		文献资料整理						
		成果演示						
	社会能力	合理分工						
		相互协作						
		同学及老师支持						
	个人能力	执行力						
		专注力						

续表

成果评估	工作任务书	时间计划/进度记录						
		列举理由/部件描述						
		工作过程记录						
		解决问题记录						
		方案修改记录						
	环境保护	环境保护要求						
	成果汇报	汇报材料						

四、知识拓展

能源材料

能源材料主要有太阳能电池材料、储氢材料、固体氧化物电池材料等。

太阳能电池材料是新能源材料，IBM 公司研制的多层复合太阳能电池，转换率高达 40%。

氢是无污染、高效的理想能源，氢的利用关键是氢的储存与运输。氢对一般材料会产生腐蚀，造成氢脆及其渗漏，在运输中也易爆炸，储氢材料的储氢方式是能与氢结合形成氢化物，当需要时加热放氢，放完后又可以继续充氢的材料。储氢材料多为金属化合物，如 LaNi5H、Ti1. 2Mn1. 6H3 等。

固体氧化物燃料电池的研究十分活跃，关键是电池材料，如固体电解质薄膜和电池阴极材料，还有质子交换膜型燃料电池用的有机质子交换膜等。

智能材料

智能材料是继天然材料、合成高分子材料、人工设计材料之后的第四代材料，是现代高技术新材料发展的重要方向之一。国外在智能材料的研发方面取得很多技术突破，如英国宇航公司的导线传感器，用于测试飞机蒙皮上的应变与温度情况；英国开发出一种快速反应形状记忆合金，寿命期具有百万次循环，且输出功率高，以它作制动器时反应时间仅为 10min；形状记忆合金还已成功应用于卫星天线等、医学等领域。

另外，还有压电材料、磁致伸缩材料、导电高分子材料、电流变液和磁流变液等智能材料驱动组件材料等功能材料。

五、能力延伸

（一）填空题

1. 在 *RL* 串联电路中，总电压 $U=$________；电路的总电压与电流的相位关系为电压________电流一个________，电路呈________；其阻抗 $Z=$________，阻抗三角形的 3 个边分别为________、________、________；其有功功率 $P=$________，无功功率 $Q=$________，视在功率 $S=$________，功率三角形的 3 个边分别为________、________、________。

2. 在 RC 串联电路中电压的数量关系为 $U=$________；电路的总电压与电流的相位关系为电压________电流一个________，电路呈________，电压三角形的 3 个边分别为________、________、________；其阻抗 $Z=$________，阻抗三角形的 3 个边分别为________、________、________；其有功功率 $P=$________，无功功率 $Q=$________，视在功率 $S=$________，功率三角形的 3 个边分别为________、________、________。

3. 电抗体现了________和________共同对交流电的________作用，表达式为________，单位为________。

4. 在 RLC 串联电路，总电压 $U=$________；电路的总电压与电流的相位关系为电压________电流一个________，其阻抗 $Z=$________，阻抗三角形的 3 个边分别为________、________、________；其有功功率 $P=$________，无功功率 $Q=$________，视在功率 $S=$________，功率三角形的 3 个边分别为________、________、________。

5. 在 RLC 串联电路中，当 $X_L=X_C$，电路呈________；$X_L>X_C$，电路呈________；$X_L<X_C$，电路呈________。

（二）判断题

1. RL 串联电路的电压三角形的三边分别是 U_R、U_L、U_C。（ ）

2. RL 串联电路和 RC 串联电路中，电路的性质均为容性。（ ）

3. RLC 串联电路中，其功率三角形的 3 个边分别是 P、Q_L、Q_C。（ ）

（三）选择题

1. 已知电容器通过 50Hz 的电流时，其容抗 X_C 为 100Ω，电流超前电压 90°，当频率升高到 500Hz 时，其容抗 X_C 和电流与电压相位差为（ ）。

A. 10Ω 90°　B. 10 Ω 45°　C. 200 Ω 90°　D. 2000 Ω 45°

2. 如图 4-4-11 所示电路的属性是（ ）。

A. 阻性　B. 感性　C. 容性　D. 都不是

3. 如图 4-4-12 所示电路的属性是（ ）。

A. 阻性　B. 感性　C. 容性　D. 都不是

$X_L=80\Omega$　$R=3\Omega$

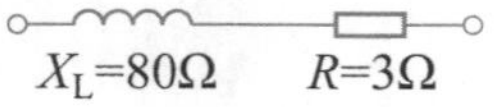

图 4-4-11　选择题 2 图

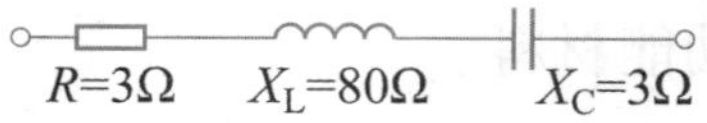

$R=3\Omega$　$X_L=80\Omega$　$X_C=3\Omega$

图 4-4-12　选择题 3 图

（四）作图题

画出 RLC 串联电路的电压三角形、阻抗三角形、功率三角形。

任务五　单相交流电路功率分析

一、学习目标

【知识目标】

★理解电路中瞬时功率、有功功率、无功功率和视在功率的物理概念；

★理解功率三角形和电路的功率因数，了解功率因数的意义。

【能力目标】

★会计算电路的有功功率、无功功率和视在功率；

★会使用单相感应式电能表，了解新型电能计量仪表；

★会使用仪表测量交流电路的功率和功率因数。

【素质目标】

★塑造一丝不苟的敬业精神；

★培养勤奋、节俭、务实、守纪的职业素养；

★树立安全第一职业意识；

★具备一定分析问题、解决问题的能力。

二、工作任务

1. 获取必要的信息，了解单相交流电路功率的相关知识。
2. 小组讨论，完成引导问题。
3. 和老师沟通，解决存在的问题。
4. 记录工作过程，填写相关任务。
5. 撰写汇报材料。
6. 小组汇报演示。

三、实施过程

职场演练

请同学们在 3min 内按 7S 现场管理的要求对自己的学习区域进行自检，不合格项进行整改，在表 4-5-1 中做好相应的记录。

表 4-5-1 自检表

项次	检查内容	检查状况	检查结果
整理	学习区域是否有与学习无关的东西	□是 □否	□合格 □不合格
	学习工具、资料等摆放是否整齐有序	□是 □否	□合格 □不合格
整顿	学习工具和生活用具是否杂乱放置	□是 □否	□合格 □不合格
	学习资料是否随意摆放	□是 □否	□合格 □不合格

❖想一想、议一议

1. 交流电路中的 3 种功率，单位上有什么不同？有功功率、无功功率和视在功率及三者之间的数量关系如何？

2. 用电设备的铭牌上标明的额定功率是什么功率？电源设备（如发电机）铭牌上标明的额定功率是指什么功率？

3. 提高功率因数的意义是什么？如何提高功率因素？

【知识链接】

（一）交流电的功率

由电阻、电感和电容组合而成的电路在工作时要从电源吸取功率，显然此功率与单一参数电路的功率是不完全相同的。本任务将 3 种元件组合成的电路作为一个无源二端网络讨论其功率，不涉及电路内部的组合方式，如图 4-5-1 所示。

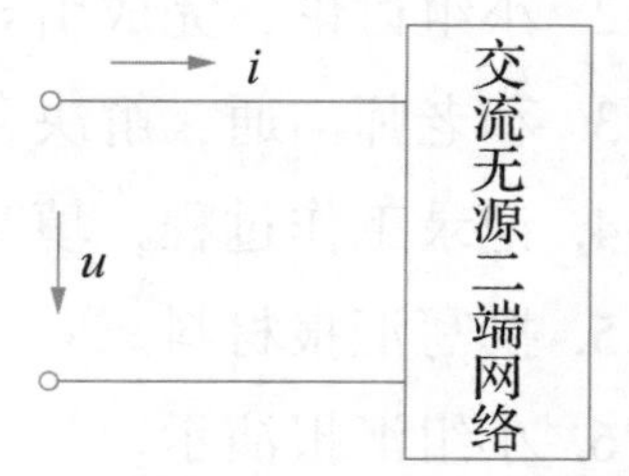

图 4-5-1 交流无源二端网络

设流入该二端网络的电流 $i=I\sqrt{2}\sin\omega t$，二端网络两端点之间的电压 $u=U\sqrt{2}\sin(\omega t+\varphi)$，二端网络的等效复阻抗 $Z=|Z|\angle\varphi$。

1. 瞬时功率

二端网络在某瞬时吸收的功率称为瞬时功率，用符号 p 表示。

$$\begin{aligned} p &= ui \\ &= U\sqrt{2}\sin(\omega t+\varphi)\times I\sqrt{2}\sin\omega t \\ &= UI[\cos\varphi-\cos(2\omega t+\varphi)] \end{aligned}$$

从上式可知，瞬时功率总是随时间而变化的，当 p 为正值时，表示二端网络从电源吸收功率；当 p 为负值时，表示二端网络向电源释放功率。

2. 有功功率

由于瞬时功率随时间不断地变化，工程上应用很不方便。在工程上常用的交流电路的功率是指有功功率，即取瞬时功率在一个周期内的平均值，又称为平均功率，并用 P 表示，有功功率的单位是 W 或 kW。

$$
\begin{aligned}
P &= \frac{1}{T}\int_{T}^{0} p\mathrm{d}t \\
&= \frac{1}{T}\int_{T}^{0} UI[\cos\varphi - \cos(2\omega t + \varphi)]\mathrm{d}t \\
&= UI\cos\varphi
\end{aligned}
$$

可知，有功功率是一个不随时间变化的恒定值。因为二端网络中有电阻、电感和电容，而电感、电容是不消耗有功功率的，所以有功功率就是二端网络中电阻所消耗的功率。例如，荧光灯的额定功率是 40W，就是指日光灯等效电路中电阻所消耗的功率是 40W。

上式表明有功功率不仅与电压、电流有效值的乘积有关，还与电压与电流相位差角 φ 的余弦函数有关。上式中的 $\cos\varphi$ 为电路的功率因数，φ 角又称为功率因数角。因为 φ 角是二端网络复阻抗的阻抗角，所以功率因数是由二端网络的参数和频率决定的。

3. 无功功率

在二端网络中，由于有电感、电容，它们虽然不消耗电能，但与电源之间有能量的交换。从前述单一参数交流电路中可知，对电感，有 $Q_L = U_L I$；对电容，有 $Q_C = U_C I$。故二端网络总的无功功率是全部电感和电容无功功率的代数和。应该注意到，在同一交流电流作用下，或在同一交流电压作用下，无论是并联还是串联电路，电感和电容瞬时功率的符号始终是相反的。在串联电路中电流 $\dot{I}$ 是同一电流，但电压$\dot{U}_L$ 和$\dot{U}_C$ 反相；并联电路中电压 $\dot{U}$ 是同一电压，但电流$\dot{I}_L$ 和$\dot{I}_C$ 反相。所以，电路无功功率代数和为

$$Q = Q_L - Q_C = UI\sin\varphi$$

4. 视在功率

二端网络的总电压和总电流有效值的乘积称为视在功率，用符号 S 表示，即 $S = UI$，视在功率的单位是伏安（V·A），或千伏安（kV·A）。

有功功率 P、无功功率 Q 和视在功率 S 三者之间的关系为

$$S = \sqrt{P^2 + Q^2}$$

$$P = S\cos\varphi$$

$$Q = S\sin\varphi$$

$$\varphi = \arctan\frac{Q}{P}$$

三者也可以组成一个直角三角形，如图 4-5-2 所示，此三角形称为功率三角形。

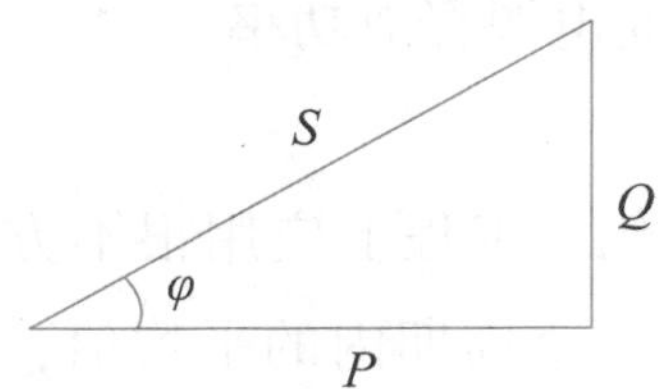

图 4-5-2 *RC* 串联电路功率三角形

若二端网络中含有多个不同功率因数的负载时，每个负载的视在功率分别以 S_1、S_2、S_3……表示，但总的视在功率：

$$S \neq S_1+S_2+S_3+\cdots$$

在求总视在功率时，应分别求出总有功功率 P 和总无功功率 Q，然后根据功率三角形再求出视在功率，即

$$P=P_1+P_2+P_3+\cdots$$

$$Q=Q_1+Q_2+Q_3+\cdots$$

$$S=\sqrt{P^2+Q^2}$$

（二）电能的测量

电能表是一种专门测量电能的仪表，在工农业生产领域用电、家庭照明中所耗用的电能，都需要用电能表来计量。电能表（俗称火表）又称电度表、千瓦时计、积算电力计。

测量直流电能的电能表为电动式电能表，由于结构、工艺复杂、成本高，不宜测量交流电能。测量交流电能的电能表为感应电能表，其结构、工艺简单，价格低廉，测量的灵敏度和准确度高。

感应式电能表分为单相和三相两种，三相电能表又分为有功电能表和无功电能表。单相电能表用于单相用电器和照明电路，三相电能表用于测量电站、厂矿和企业的用电量。这里主要介绍单相感应式电能表。

目前所用的电相电能表绝大多数是感应式电能表，如图 4-5-3 所示是几种常见的单相感应式电能表。

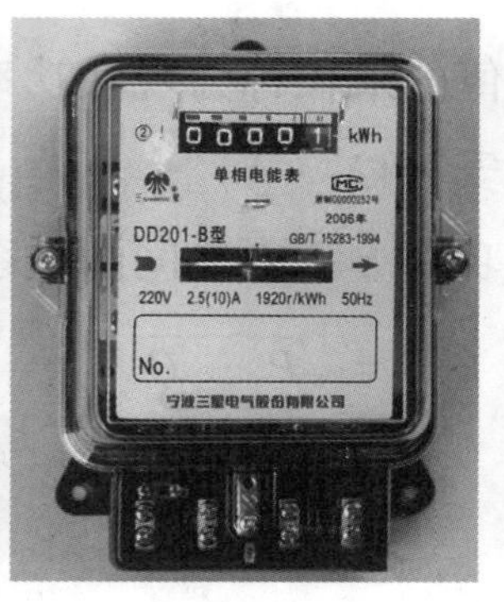

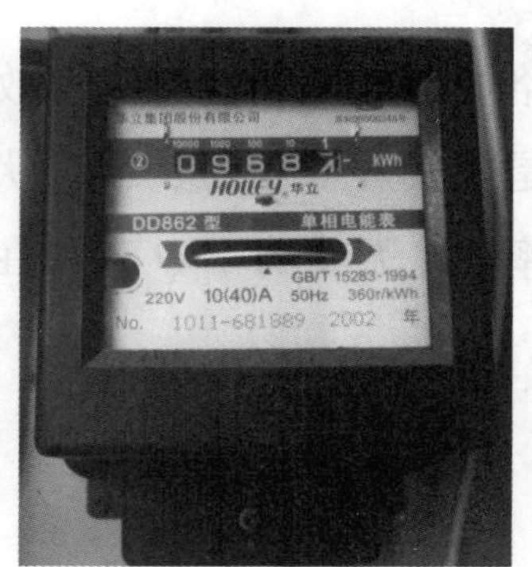

图 4-5-3 几种常见的单相感应式电能表

1. 单相电能表接线

口诀（注：火线—相线，零线—中性线）

- 单相电表四个孔；一二为火三四零。
- 进出颠倒表反转；火线如此零线行。
- 一号端旁小连片；保持原样莫拆除。
- 零火互换易窃电；留下隐患事故生。

如图 4-5-4 所示，较小电流（几十安以下）单相电能表有 4 个接线柱（或称接线孔）。从左到右标号为 1、2、3、4 时，若直接与电源线相接（即电能表的最大允许电流和额定电压不小于被测电路的最大电流和电压，所以不用通过电流互感器和电压互感器扩大两程），则从电源端来的相线接 1 端，2 端接去向负载的相线，3 端接电源端的中性线，4 端接去向负载的中性线，即“一二接火三四零，单数为进双数出”。

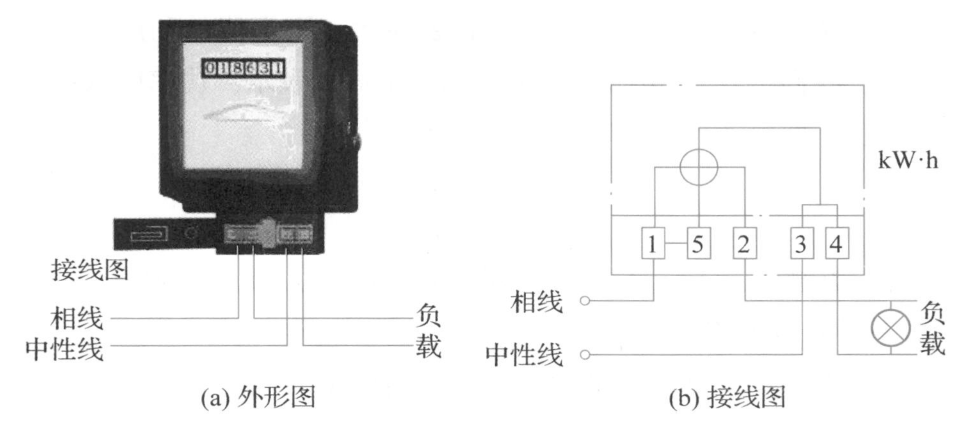

(a) 外形图　　(b) 接线图

图 4-5-4　单相电能表的接线

接线时，一定要注意将各条线用紧固螺钉压紧，但又要注意不要因用力过大而压断部分导线。为此，应尽可能使用独股硬导线，若导线较细，可打成双股。

2. 电能表的读数

单相电能表的计数器有 5 位或 6 位数字，从右向左以此为小数、个位、十位、百位、千位、万位。表面上标有各项参数值，如图 4-5-5 所示，包括额定电压（220 V）、额定电流[2.5（10）A]、工作频率（50Hz）、每千瓦时对应铝盘转数（1920r/kW · h）等。

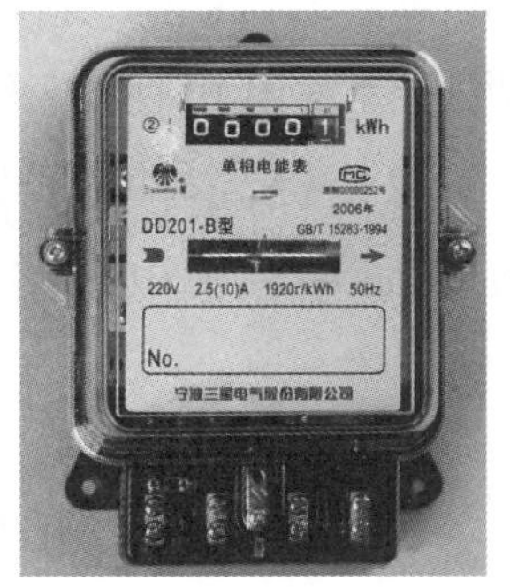

图 4-5-5　电能表读数

每千瓦时对应的铝盘转数表示用电器每消耗 1 kW · h（1 kW · h=1 度）电能时电能表的转数。

例如，1920 r/kW · h 表示用电器每消耗 1 kW · h 电能时，电能表转过 1920 转。

用电量即消耗电能为

$$W=\frac{N}{K}$$

式中，N——铝盘在 t 时间内转过的圈数，转（r）；

W——负载在 t 时间内消耗的电能，千瓦时（kW·h）；

K——电能表常数，电能表每千瓦时对应的铝盘转数（r/kW·h）。

电能表常数“K”是一个重要参数，通常该参数标于电能表铭牌上。

【例 1】 已知某一住户家电能表铭牌上显示 $K=1920\text{r/kW}\cdot\text{h}$，铝盘转过的圈数 $N=10000\text{r}$，求该住户所用的电量。

解：由题意可得

$$W=\frac{N}{K}=5.208\ \text{kW}\cdot\text{h}=5.208\ 度$$

每月的用电量=电能表本月的读数-上月的读数。

（三）功率因数

在交流电路的功率计算中，有功功率所占比例越大，则电能的利用率就越高。为了衡量电能利用率的高低，我们引入了功率因数的概念，用 $\cos\varphi$ 表示，功率因数在数值上等于有功功率与视在功率之比，即

$$\cos\varphi=\frac{P}{S}$$

式中，如果 S 一定，P 越大，$\cos\varphi$ 越大，功率因数越高，电能利用率越高。

（1）提高功率因数的意义

要节约电能，一个重要举措就是最大限度地提高设备的电能利用率，降低设备对无功功率的占用，提高功率因数，从而提高有功功率在视在功率中的比例。提高功率因数的重要意义体现在两个方面。

1）提高电气设备对电能的利用率，使设备的容量得到充分利用。如一台容量（即视在功率）为 500kV·A 的发动机，如果它的功率因数 $\cos\varphi=1$，则它输出的有功功率 $P=S\cos\varphi=500\ \text{kW}$，如果它的功率因数 $\cos\varphi=0.6$，则它输出的有功功率 $P=S\cos\varphi=300\ \text{kW}$，说明这台发电机在功率因数为 0.6 时对它额定容量的利用率（有功功率）只有 60%。

2）提高输电线路对电能的传输效率，减少电压损失，节约输电线路的材料。在 $P=IU\cos\varphi$ 中，输电线路传输的电流：

$$I=\frac{p}{U\cos\varphi}$$

如果传输功率 P 不变（即传输同样的功率），功率因数 $\cos\varphi$ 越高，则传输电流 I 越小，所需电线的横截面积越小，这样就可以用横截面积小的电线传输同样的功率，节省了电线材料。再则，因传输电流减小，电线的电压损失 $\Delta U=IR$ 也小，一方面节约了电能，另一方面保证了用电设备所需的额定电压。

（2）提高功率因数的方法

电力系统中大量使用感性负载，如各类电动机、变压器、荧光灯等，这些感性负载占用

无功功率大，所以功率因数较低。技术上为提高电力系统的功率因数，通常采用下面两种方法。

并联电容器补偿法：在感性电路两端并联适当电容量的电容器，抵消电感对无功功率的占用，从而提高功率因数。

合理选用用电设备：在电力系统中提高自然功率因数主要是指合理选用电动机，即不要用大容量的电动机来带动小功率负载（俗话说的“不要用大马拉小车”）。另外，应尽量不让电动机空转。

【例 2】　已知电阻 $R=30\Omega$，电感 $L=328\text{mH}$，电容 $C=40\mu\text{F}$，串联后接到电压为 $u=220\sqrt{2}\sin(314t+30°)\text{V}$ 的电源上。求电路的 P、Q 和 S。

解：电路的阻抗为

$$Z=R+\text{j}(X_L-X_C)=30+\text{j}\left(314\times382\times10^{-3}-\frac{1}{314\times40\times10^{-6}}\right)\Omega$$

$$=30+\text{j}(120-80)\Omega=(30+\text{j}40)\Omega=50\angle53.1°\Omega$$

电压相量为　$\dot{U}=220\angle30°\text{V}$

因此，电流相量为

$$\dot{I}=\frac{\dot{U}}{Z}=\frac{220\angle30°}{50\angle53.1°}\text{A}=4.4\angle-23.1°\text{A}$$

电路的有功功率为

$$P=UI\cos\varphi=220\times4.4\angle53.1°\text{W}=58\text{W}$$

电路的无功功率为

$$Q=UI\sin\varphi=220\times4.4\sin53.1°\text{var}=774\text{var}$$

电路的视在功率为

$$S=UI=220\times4.4\text{V}\cdot\text{A}=968\text{V}\cdot\text{A}$$

❖练一练

在 RLC 串联交流电路中，$R=30\Omega$，$L=127\text{mH}$，$C=40\mu\text{F}$，$u=220\sqrt{2}\sin(314t+20°)\text{V}$。求有功功率 P、无功功率 Q 和视在功率 S。

❖理一理

请同学们结合本任务所学内容，根据自己所学情况进行整理。

❖做一做

按学校整体布置的要求，根据本班的实际情况对学习区域进行 7S 整理。请各学习小组 QC（品质检验员）分别对组员进行 7S 检查，将检查结果记录在表 4-5-2 中，做得不好的小组长督促整改。

表 4-5-2 7S 检查表

项次	检查内容	配分	得分	不良事项
整理	学习区域是否有与学习无关的东西	5		
	学习工具、资料等摆放是否整齐有序	5		
整顿	学习工具和生活用具是否杂乱放置	5		
	学习资料是否随意摆放	5		
清扫	工作区域是否整洁，是否有垃圾	5		
	桌面、台面是否干净整齐	5		
清洁	地面是否保持干净，无垃圾、无污迹及纸屑等	5		
	是否乱丢纸屑等	5		
素养	是否完全明白 7S 的含义	10		
	是否有随地吐痰及乱扔垃圾现象	10		
	学习期间是否做与学习无关的事情，如玩手机等	10		
安全	是否在学习期间打闹	10		
	是否知道紧急疏散的路径	10		
节约	是否存在浪费纸张、文具等物品的情况	5		
	是否随手关灯	5		
合计		100		
评语				

注：80 分以上为合格，不足之处自行改善；60~80 分须向检查小组作书面改善交流；60 分以下，除向检查小组作书面改善交流外，还将全班通报批评。

审核： 检查：

❖评一评

请同学们对学习过程进行评估，并在表 4-5-3 中记录。

表 4-5-3　评估表

姓名	学习 1	日期
班级	工作任务 1	小组

1-优秀	2-良好	3-合格	4-基本合格	5-不合格

确定的目标			1	2	3	4	5	观察到的行为
工作过程评估	专业能力	*RL* 串联电路						
		RC 串联电路						
		RLC 串联电路						
	方法能力	收集信息						
		文献资料整理						
		成果演示						
	社会能力	合理分工						
		相互协作						
		同学及老师支持						
	个人能力	执行力						
		专注力						
成果评估	工作任务书	时间计划/进度记录						
		列举理由/部件描述						
		工作过程记录						
		解决问题记录						
		方案修改记录						
	环境保护	环境保护要求						
	成果汇报	汇报材料						

四、知识拓展

（一）*RLC* 串联谐振

RLC 串联谐振如图 4-5-6 所示。

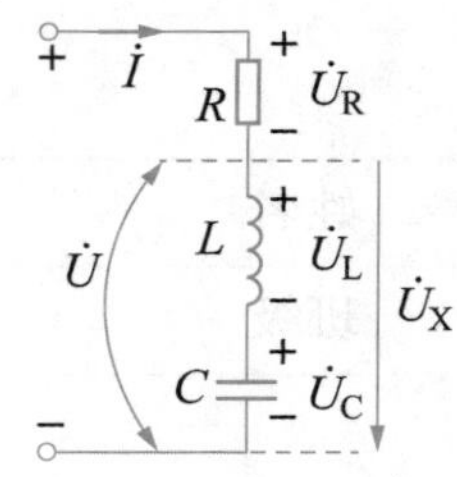

图 4-5-6　RLC 串联谐振电路

(1) 谐振的条件及谐振频率

谐振的条件：$X_L = X_C$。

谐振频率：$f_0 = \dfrac{1}{2\pi\sqrt{LC}}$。

(2) 串联谐振的特点

1) $Q=0 \rightarrow Q_L = -Q_C \neq 0$，$\lambda = \cos\varphi = 1$。

2) L 和 C 串联部分相当于短路，$Z=R=|Z|$ 最小，总电流 I 最大，电路呈现纯电阻特性。

3) $U_L = U_C \rightarrow$ 电压谐振

4) 品质因数：$Q = \dfrac{U_L}{U} = \dfrac{U_C}{U}$。

温馨提示：谐振在电力系统中应尽量避免，而在通信系统中恰好利用谐振来接收微弱的信号。

(二) 并联谐振

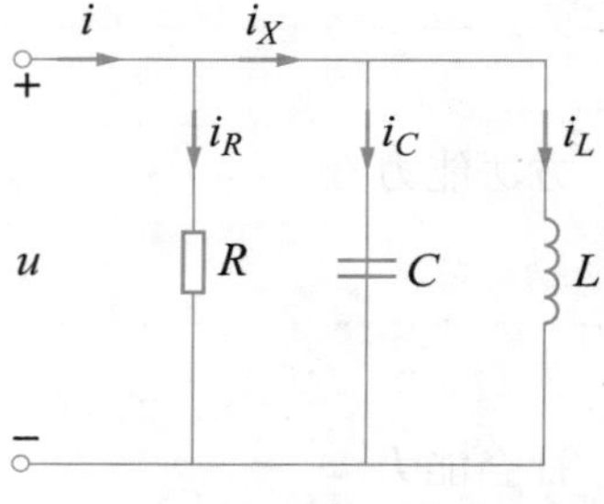

图 4-5-7　RLC 并联谐振

RLC 并联谐振如图 4-5-7 所示。

谐振的条件：$X_L = X_C$。

1) $Q=0 \rightarrow Q_L = -Q_C \neq 0$，$\lambda = \cos\varphi = 1$。

2) L 和 C 并联部分相当于断路，$Z=R=|Z|$ 最大，总电流 I 最小，电路呈现纯电阻特性。

3) $I_L = I_C \rightarrow$ 电流谐振。

4) 品质因数：$Q = \dfrac{I_L}{I} = \dfrac{I_C}{I}$。

任务六　综合实训：照明电路安装

一、学习目标

【知识目标】

★掌握照明电路配电板组成，了解电能表的用途和安装方法；

★了解开关、漏电保护器的结构、用途和安装方法。

【能力目标】

★会使用仪器仪表对元器件进行正确的测量；

★会安装照明电路配电板，训练电气安装技能；

★能对电路进行分析。

【素质目标】

★培养一丝不苟的敬业精神；

★养成勤奋、节俭、务实、守纪的职业素养；

★树立安全第一的职业意识；

★具备一定分析问题、解决问题的能力。

二、工作任务

1. 获取信息，了解电子产品装配工艺要求。
2. 常用工具的使用。
3. 焊接技能。
4. 简单电路调试。
5. 相互协作，完成工作任务。
6. 和老师沟通，解决存在的问题。
7. 记录工作过程，填写相关任务。
8. 撰写汇报材料。
9. 小组汇报演示。

三、实施过程

职场演练

请同学们在 3min 内按 7S 现场管理的要求对自己的学习区域进行自检，不合格项进行整改，并在表 4-6-1 中做好相应的记录。

表 4-6-1　自检表

项次	检查内容	检查状况	检查结果
整理	学习区域是否有与学习无关的东西	□是　□否	□合格　□不合格
	学习工具、资料等摆放是否整齐有序	□是　□否	□合格　□不合格
整顿	学习工具和生活用具是否杂乱放置	□是　□否	□合格　□不合格
	学习资料是否随意摆放	□是　□否	□合格　□不合格

（一）实验器材

万用表一个，总开关一个，电工安装工具一套，单相交流电能表一块，漏电保护器一块，配电板一块，开关一个，螺口灯头一个，单相插座一个，导线若干。

【知识链接】

家庭电路包括：进户线、电能表、总开关、漏电保护器、电灯、开关及插座。下面对各组成部分分别加以介绍。

1. 进户线

从室外引入室内的导线有两根，一根是相线，另一根是中性线。正常情况下，相线与中性线之间有 220V 的电压。中性线通常接地，这种情况下相线与中性线之间也有 220V 的电压。

2. 电能表

电能表的原理：表内有一字轮，字轮的转速和用电功率成正比，字轮累计的转数和通电时间成正比，通过字轮的累计转数即可知电路耗电的多少。图 4-6-1 所示为单相电能表的外形和接线图。单相交流电能表有四个接线端子，二进二出，连接时不要接错。单相电能表以通过的相电流为额定值，并有较高过载能力。例如，DD862 单相感应式电能表，适用于单相有功电能的计量。有直接接入式和互感器接入式两种接入方式，过载能力为 4 倍，过载时精度为二级。应根据电路的额定电流选取，一般电能表不作过载应用。

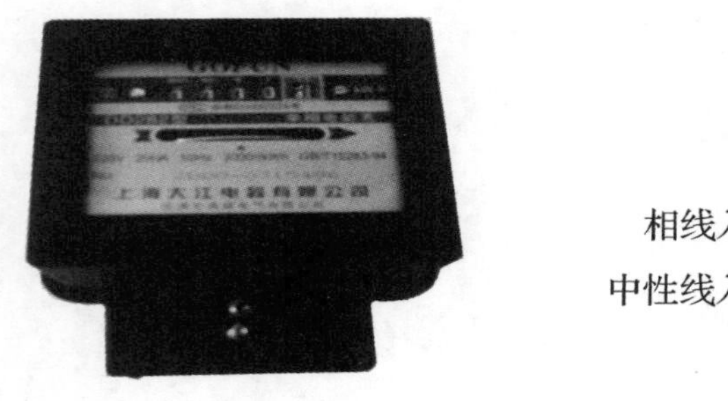

(a) 单相电能表的外形

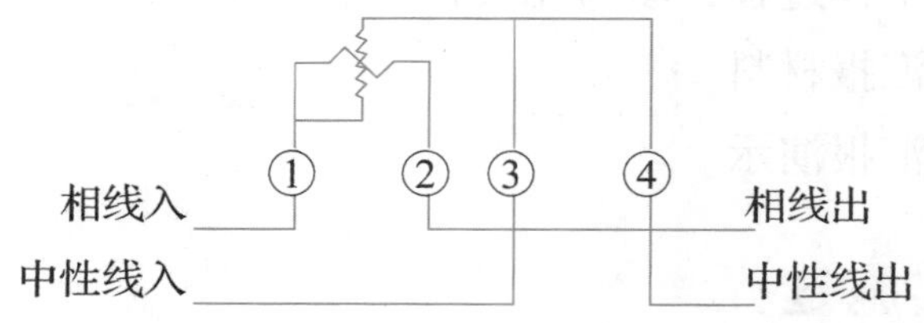

(b) 单相电能表的接线图

图 4-6-1　单相电能表的外形和接线图

3. 总开关

在本次实训中我们采用的是小型塑壳式断路器，通常是指额定电压在 500V 以下、额定电流在 100A 以下的小型低压断路器。这类断路器的特点是体积小、安装方便、工作可靠，适用于照明电路，小容量的动力设备作过载与短路保护，广泛用于工业、商业、高层建筑和民用住宅等各种场合，逐渐取代开启式闸刀开关。

4. 漏电保护器

漏电保护器又称触电保安器或漏电开关，是用来防止人身触电和设备事故的主要技术装置。在连接电源与用电设备的线路中，当线路或用电设备对地产生的漏电电流达到一定数值时，通过保护器内的互感器检取漏电信号并经过放大去驱动开关而达到断开电源的目的，从而避免人身触电伤亡和设备损坏事故的发生。在安装时，应垂直安装，倾斜度不得超过 5°，电源进线必须接在漏电保护器的上方，出线接在下方。安装漏电保护器后，被保护设备的金属外壳仍应采用保护接地或保护接零。

5. 电灯

电灯包括白炽灯、荧光灯、高压气体放电灯等。白炽灯发光是因为灯泡内的细钨丝通电后发热，灯丝温度高达 2000℃，达到白炽状态，于是灯丝发出明亮的白光。安装家庭电路时，各个用电器（包括两孔和三孔插座）是并联关系，在相线上要安装熔断器（保险盒）。两孔插座中左边接中性线，右边接相线。接白炽电灯时，开关一定要接在相线上，而且相线要接螺钉口灯头上的锡点，中性线接螺旋套。

6. 开关

开关可以控制各个支路的通断，开关应和被控制的用电器串联，必须接在相线上。断路器的内部结构为一组动、静触点，动触点与静触点闭合，电路接通；动触点与静触点断开，电路切断。拉线开关一般用在人不能触及的高处，暗装开关多用在室内墙体。

7. 插座

插座有两孔和三孔，用于插接电视机、洗衣机、电风扇和电冰箱等。插座一定要与灯座并联。插座有三孔的，它的两个孔分别接相线和中性线，另一个孔与大地连接。只有那些带有金属外壳的用电器（或者容易潮湿的用电器）才会使用三脚插头。家用电器上的三脚插头，两个脚接用电部分（如电冰箱、洗衣机中的电动机），另外那个与接地插孔相应的脚，是跟家用电器的外壳接通的。这样，把三脚插头插在三孔插座里，在把用电部分连入电路的同时，也把外壳与大地连接起来。为什么要这样做呢？家用电器的金属外壳本来是跟相线绝缘的，是不带电的，人体接触外壳并没有危险。但如果内部相线绝缘皮破损或失去绝缘性能，致使火线与外壳接通，外壳带了电，人体接触外壳等于接触火线，就会发生融电事故。如果把外壳用导线接地，即使外壳带了电，也会从接地导线流走、人体接触外壳就没有危险了。

（二）实验步骤

第一步：根据家用照明电路原理图，在木制配电板上设计出各个元器件的安装布局位置。注意：元器件布局要合理、美观，符合操作规范。

第二步：将单相电能表、自动空气开关、开关、灯座、插座等元器件固定在配电板上。

第三步：按照工艺要求安装布线。布线要求：铜芯硬导线采用明线安装，红色线作为相线，蓝色线作为中性线；布线为左中性线右相线，布线做到横平竖直，转角呈 90°圆弧形，长线沉淀，同一平面内布线无交叉；所有接点要紧固，步压反圈，步压绝缘皮，芯线裸露不超过 1mm，开关必须安装在相线上。

第四步：安装完毕后，检测连线有无接错，用万用表欧姆挡检查电路有无短路，确认无误后，再进行调整，以保证配电板的整洁、干净。

第五步：将单相电能表的进线接入 220V 的电源上，先合上空气开关，再合上灯泡开关，灯泡应该正常发光，再观察电能表的工作情况（电能表转动快慢由灯泡的功率大小而定，功率越大，转动越快；功率越小，转动越慢）。

（三）装配实物

按图 4-6-2 所示实物图进行装配。

（四）实验总结

1）本次实验为照明电路安装实验，在该实验中，电能表、漏电保护断路器是按哪些参数选择的？

2）在安装过程中，是否按照工艺要求进行操作，安装的电路是否整洁美观？

3）通过本次实验，有哪些收获，在技能上有哪些提高？

图 4-6-2　实验接线图

（五）实训评分表

实训评价表如表 4-6-2 所示。

表 4-6-2　实训评价表

项目	配分	评分标准	得分
器件的识别	20 分	检查元器件的外观，用万用表检查各元器件的通断情况，元器件有质量问题没有发现，每错一个扣 4 分	
电路安装	30 分	元器件安装倾斜，每松动一处扣 2 分，布线不美观扣 2 分，导线和接头连接不牢固，每一处扣 2 分	
导线连接	20 分	导线连错，每一处扣 4 分	
电路调试	20 分	电路通电不成功，扣 5 分，每调试一次加扣 3 分	
安全文明操作	10 分	违反安全操作，工作台上脏乱，酌情扣 3~10 分	
合计	100 分		

❖做一做

按学校整体布置的要求，根据本班的实际情况对学习区域进行7S整理。请各学习小组QC（品质检验员）分别对组员进行7S检查，将检查结果记录在表4-6-3中，对做得不好的小组长督促整改。

表4-6-3　7S检查表

项次	检查内容	配分	得分	不良事项
整理	学习区域是否有与学习无关的东西	5		
	学习工具、资料等摆放是否整齐有序	5		
整顿	学习工具和生活用具是否杂乱放置	5		
	学习资料是否随意摆放	5		
清扫	工作区域是否整洁，是否有垃圾	5		
	桌面、台面是否干净整齐	5		
清洁	地面是否保持干净，无垃圾、污迹及纸屑等	5		
	是否乱丢纸屑等	5		
素养	是否完全明白7S的含义	10		
	是否有随地吐痰及乱扔垃圾等现象	10		
	学习期间是否做与学习无关的事情，如玩手机等	10		
安全	是否在学习期间打闹	10		
	是否知道紧急疏散的路径	10		
节约	是否节能（电烙铁的使用、照明灯开关是否合理）	5		
	是否存在浪费纸张、文具等物品的情况	5		
合计		100		
评语				

注：80分以上为合格，不足之处自行改善；60~80分须向检查小组作书面改善交流；60分以下，除向检查小组作书面改善交流外，还将全班通报批评。

审核：　　　　　　　　　　　　　　　　检查：

❖评一评

请同学们对学习过程进行评估，并在表4-6-4中记录。

表 4-6-4 评估表

姓名	学习 1	日期
班级	工作任务 1	小组

1-优秀	2-良好	3-合格	4-基本合格	5-不合格

确定的目标			1	2	3	4	5	观察到的行为
工作过程评估	专业能力	制订工作计划						
		万用表基本功能电路						
		万用表的结构						
		照明组件的识别						
		照明组件的组装						
	方法能力	收集信息						
		文献资料整理						
		成果演示						
	社会能力	合理分工						
		相互协作						
		同学及老师支持						
	个人能力	执行力						
		专注力						
成果评估	工作任务书	时间计划/进度记录						
		工作过程记录						
		解决问题记录						
		方案修改记录						
	环境保护	环境保护要求						
	成果汇报	汇报材料						

模块五

三相正弦交流电源及安全用电

传统上将电力系统划分为发电、输电和配电三大组成系统。发电系统发出的电能经由输电系统的输送，最后由配电系统分配给各个用户。一般的，将电力系统中从降压配电变电站（高压配电变电站）出口到用户端的这一段系统称为配电系统。配电系统是由多种配电设备（或元件）和配电设施所组成的变换电压和直接向终端用户分配电能的一个电力网络系统。本模块主要指三相正弦交流电源和安全用电。

任务一　三相正弦交流电源的认识

一、学习目标

【知识目标】

★了解三相正弦对称电源的概念，理解相序的概念；

★了解电源星形联结的特点。

【能力目标】

能绘制其电压矢量图。

【素质目标】

★塑造一丝不苟的敬业精神；

★培养勤奋、节俭、务实、守纪的职业素养；

★树立安全第一的职业意识；

★具备一定分析问题、解决问题的能力。

二、工作任务

1. 获取必要的信息，了解三相正弦交流电源。
2. 小组讨论，完成引导问题。
3. 和老师沟通，解决存在的问题。

4. 记录工作过程，填写相关任务。
5. 撰写汇报材料。
6. 小组汇报演示。

三、实施过程

职场演练

请同学们在 3min 内按 7S 现场管理的要求对自己的学习区域进行自检，不合格项进行整改，在表 5-1-1 中做好相应的记录。

表 5-1-1 自检表

项次	检查内容	检查状况	检查结果
整理	学习区域是否有与学习无关的东西	□是 □否	□合格 □不合格
	学习工具、资料等摆放是否整齐有序	□是 □否	□合格 □不合格
整顿	学习工具和生活用具是否杂乱放置	□是 □否	□合格 □不合格
	学习资料是否随意摆放	□是 □否	□合格 □不合格

❖想一想、议一议

1. 什么叫三相对称电源？

2. 什么叫相序？

3. 三相电源的星形连接有什么特点？其电压矢量图是什么样的？

【知识链接】

(一) 对称三相电动势

振幅相等、频率相同，在相位上彼此相差 120°的 3 个电动势称为对称三相电动势。对称三相电动势瞬时值的数学表达式为

U 相电动势： $e_1 = E_m\sin(\omega t)$

V 相电动势： $e_2 = E_m\sin(\omega t-120°)$

W 相电动势： $e_3 = E_m\sin(\omega t+120°)$

显然，有 $e_1+e_2+e_3=0$。对称三相电动势的波形图与相量图如图 5-1-1 所示。

（二）相序

三相电动势达到最大值（振幅）的先后次序称为相序。e_1 比 e_2 超前 120°，e_2 比 e_3 超前 120°，而 e_3 又比 e_1 超前 120°，这种相序称为正相序或顺相序；反之，如果 e_1 比 e_3 超前 120°，e_3 比 e_2 超前 120°，e_2 比 e_1 超前 120°，称这种相序为负相序或逆相序。

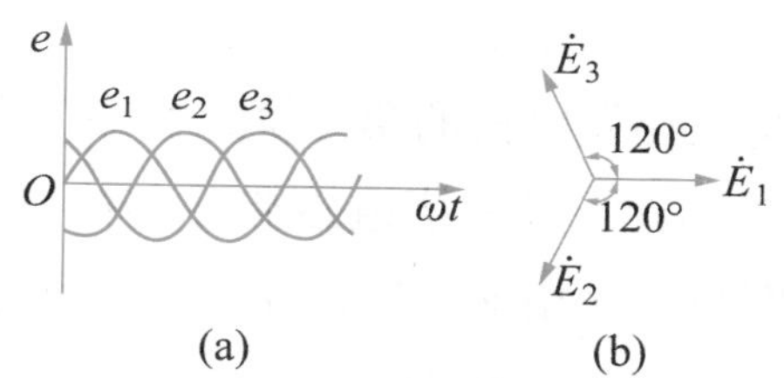

图 5-1-1　对称三相电动势波形图与相量图

为使电力系统能够安全可靠地运行，通常统一规定技术标准，一般在配电盘上用黄色标出 U 相，用绿色标出 V 相，用红色标出 W 相。

（三）三相电源的联结

三相电源有星形（亦称Y）接法和三角形（亦称△）接法两种。

1. 三相电源的星形（Y）联结

将三相发电机三相绕组的末端 U_2、V_2、W_2（相尾）联结在一点，始端 U_1、V_1、W_1（相头）分别与负载相连，这种连接方法称为星形联结，如图 5-1-2 所示。

从三相电源 3 个相头 U_1、V_1、W_1 引出的 3 根导线称为端线或相线，俗称火线，任意两个相线之间的电压称为做线电压。星形公共联结点 N 称为中点，从中点引出的导线称为中性线。由 3 根相线和 1 根中线组成的输电方式称为三相四线制（通常在低压配电中采用）。

每相绕组始端与末端之间的电压（即相线与中性线之间的电压）称为相电压，它们的瞬时值用 u_1、u_2、u_3 来表示，显然这 3 个相电压也是对称的。相电压大小（有效值）均为

$$U_1=U_2=U_3=U_P$$

任意两相始端之间的电压（即相线与相线之间的电压）称为线电压，瞬时值用 u_{12}、u_{23}、u_{31}来表示。星形联结的相量图如 5-1-3 所示。

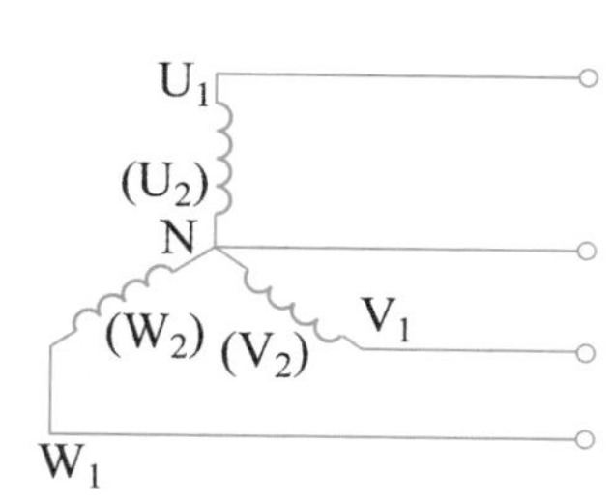

图 5-1-2　三相绕组的星形联结

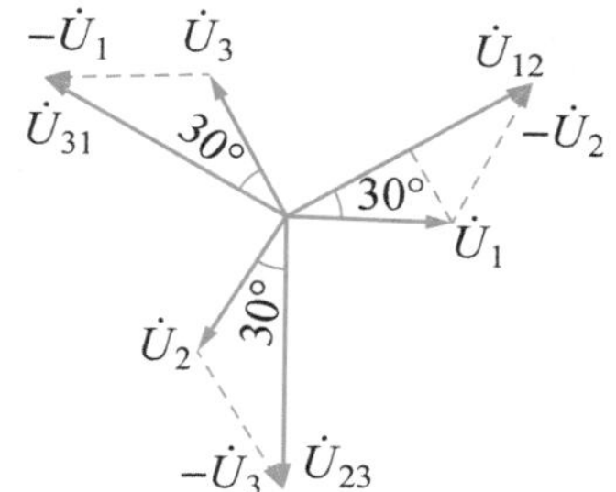

图 5-1-3　相电压与线电压的相量图

3 个线电压也是对称的，大小（有效值）均为

$$U_{12}=U_{23}=U_{31}=U_L=\sqrt{3}\,U_P$$

线电压比相对应的相电压超前 30°，如线电压 u_{12} 比相电压 u_1 超前 30°，线电压 u_{23} 比相电

压 u_2 超前 30°，线电压 u_{31} 比相电压 u_3 超前 30°。

2. 三相电源的三角形联结

将三相发电机的第二绕组始端 V 与第一绕组的末端 U 相连、第三绕组始端 W 与第二绕组的末端 V 相连、第一绕组始端 U 与第三绕组的末端 W 相连，并从三个始端 U、V、W 引出 3 根导线分别与负载相连，这种连接方法称为三角形（△）联结，如图 5-1-4 所示。

线电压等于相电压，即

$$U_L = U_P$$

若没有中性线，只有 3 根相线的输电方式称为三相三线制，如图 5-1-5 所示。

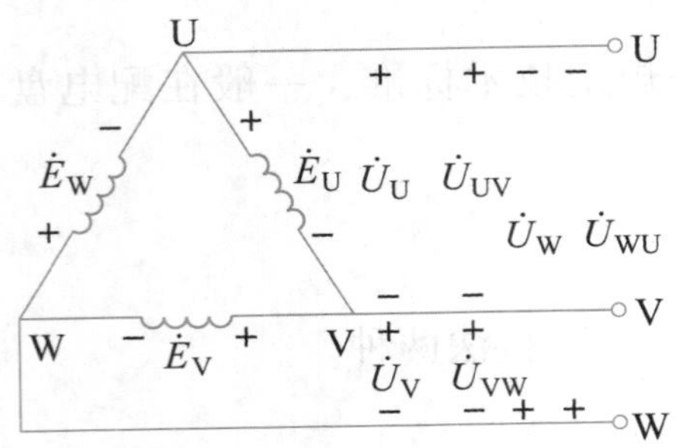

图 5-1-4　三相绕组的三角形联结

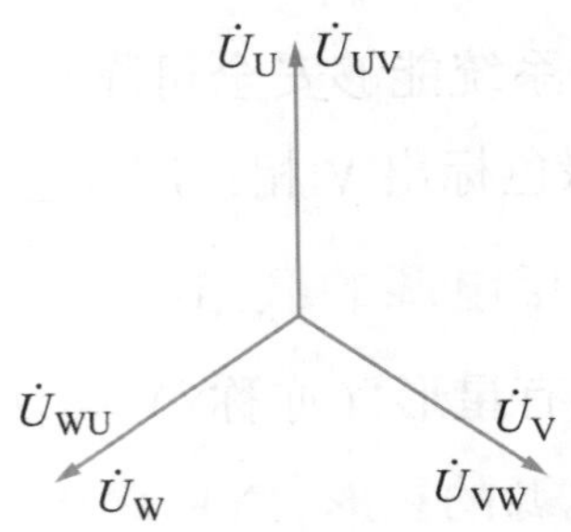

图 5-1-5　三相三线制

在工业用电系统中如果只引出 3 根导线（三相三线制），那么就都是相线（没有中性线），这时所说的三相电压大小均指线电压 U_L；而民用电源需要引出中性线，所说的电压大小均指相电压 U_P。

例：已知发电机三相绕组产生的电动势大小均为 $E=220V$，试求：1）三相电源为星形联结时的相电压 U_P 与线电压 U_L；2）三相电源为三角形接法时的相电压 U_P 与线电压 U_L。

解：1）三相电源星形联结。相电压 $U_P=E=220V$，线电压 $U_L \approx \sqrt{3}U_P=380V$。

2）三相电源三角形联结。相电压 $U_P=E=220V$，线电压 $U_L=U_P=220V$。

❖理一理

请同学们对本任务所介绍内容，根据自己所学情况进行整理，在表 5-1-2 中做好记录。同时根据自己的所学情况，对照表 5-1-2 逐一检查所学知识点，并如实记录在表中。

表 5-1-2　知识点检查记录表

检查项目	理解概念		回忆		复述		存在的问题
	能	不能	能	不能	能	不能	
三相对称电源							
三相电源的星形联结的特点							

❖做一做

按学校整体布置的要求，根据本班的实际情况对学习区域进行 7S 整理。请各学习小组 QC

（品质检验员）分别对组员进行 7S 检查，将检查结果记录在表 5-1-3 中，做得不好的小组长督促整改。

表 5-1-3 7S 检查表

项次	检查内容	配分	得分	不良事项
整理	学习区域是否有与学习无关的东西	5		
	学习工具、资料等摆放是否整齐有序	5		
整顿	学习工具和生活用具是否杂乱放置	5		
	学习资料是否随意摆放	5		
清扫	工作区域是否整洁，是否有垃圾	5		
	桌面、台面是否干净整齐	5		
清洁	地面是否保持干净，无垃圾、无污迹及纸屑等	5		
	是否乱丢纸屑等	5		
素养	是否完全明白 7S 的含义	10		
	是否有随地吐痰及乱扔垃圾现象	10		
	学习期间是否做与学习无关的事情，如玩手机等	10		
安全	是否在学习期间打闹	10		
	是否知道紧急疏散的路径	10		
节约	照明灯开关是否合理	5		
	是否存在浪费纸张、文具等物品的情况	5		
合计		100		
评语				

注：80 分以上为合格，不足之处自行改善；60~80 分须向检查小组作书面改善交流；60 分以下，除向检查小组作书面改善交流外，还将全班通报批评。

审核： 检查：

❖ 评一评

请同学们对学习过程进行评估，并在表 5-1-4 中记录。

表 5-1-4 评估表

<table>
<tr><td colspan="3">姓名</td><td colspan="3">学习 1</td><td colspan="3">日期</td></tr>
<tr><td colspan="3">班级</td><td colspan="3">工作任务 1</td><td colspan="3">小组</td></tr>
<tr><td colspan="3"></td><td colspan="3"></td><td colspan="3"></td></tr>
<tr><td colspan="2">1-优秀</td><td>2-良好</td><td colspan="2">3-合格</td><td colspan="2">4-基本合格</td><td colspan="2">5-不合格</td></tr>
<tr><td colspan="3">确定的目标</td><td>1</td><td>2</td><td>3</td><td>4</td><td>5</td><td>观察到的行为</td></tr>
<tr><td rowspan="11">工作过程评估</td><td rowspan="3">专业能力</td><td>三相交流电源</td><td></td><td></td><td></td><td></td><td></td><td></td></tr>
<tr><td>相序</td><td></td><td></td><td></td><td></td><td></td><td></td></tr>
<tr><td>三相交流电源的联结</td><td></td><td></td><td></td><td></td><td></td><td></td></tr>
<tr><td rowspan="3">方法能力</td><td>收集信息</td><td></td><td></td><td></td><td></td><td></td><td></td></tr>
<tr><td>文献资料整理</td><td></td><td></td><td></td><td></td><td></td><td></td></tr>
<tr><td>成果演示</td><td></td><td></td><td></td><td></td><td></td><td></td></tr>
<tr><td rowspan="3">社会能力</td><td>合理分工</td><td></td><td></td><td></td><td></td><td></td><td></td></tr>
<tr><td>相互协作</td><td></td><td></td><td></td><td></td><td></td><td></td></tr>
<tr><td>同学及老师支持</td><td></td><td></td><td></td><td></td><td></td><td></td></tr>
<tr><td rowspan="2">个人能力</td><td>执行力</td><td></td><td></td><td></td><td></td><td></td><td></td></tr>
<tr><td>专注力</td><td></td><td></td><td></td><td></td><td></td><td></td></tr>
<tr><td rowspan="7">成果评估</td><td rowspan="5">工作任务书</td><td>时间计划/进度记录</td><td></td><td></td><td></td><td></td><td></td><td></td></tr>
<tr><td>列举理由/部件描述</td><td></td><td></td><td></td><td></td><td></td><td></td></tr>
<tr><td>工作过程记录</td><td></td><td></td><td></td><td></td><td></td><td></td></tr>
<tr><td>解决问题记录</td><td></td><td></td><td></td><td></td><td></td><td></td></tr>
<tr><td>方案修改记录</td><td></td><td></td><td></td><td></td><td></td><td></td></tr>
<tr><td>环境保护</td><td>环境保护要求</td><td></td><td></td><td></td><td></td><td></td><td></td></tr>
<tr><td>成果汇报</td><td>汇报材料</td><td></td><td></td><td></td><td></td><td></td><td></td></tr>
</table>

四、知识拓展

未来配电网的发展走向

未来配电网建设将根据不同区域的经济社会发展水平、用户性质和环境要求等情况，采

用差异化的建设标准，合理满足区域发展和各类用户的用电需求。

目前我国正处于城镇化发展中后期，2020 年城镇化率为 63.89%。未来城镇化的发展将会对电力需求增长起到积极的促进作用。

为了适应城镇化快速发展需求，使未来配电网的供电可靠性越来越高，国家电网公司印发了《关于加强配电网规划与建设工作的意见》，提出 2015 年全面解决无电地区用电问题；基本解决县域电网与主网联系薄弱问题；率先建成现代配电网，北京、上海等 A+类供电区域户均停电时间小于 15min，达到世界先进水平，省会城市的市中心等 A 类供电区域小于 90min，一般城市的市区等 B 类供电区域小于 4h；2020 年全面建成世界一流的现代配电网，A+类供电区域户均停电时间小于 5min，达到世界领先水平，A 类供电区域小于 30min，达到世界先进水平，B 类供电区域小于 1h。

值得注意的是，未来配电网将呈现智能化发展趋势，配网必须加快适应分布式电源等接入要求。

分布式电源指小型（容量一般小于 5 万千瓦）、向当地负荷供电、可直接连接到配电网上的电源装置。根据使用技术的不同，分布式电源可分为小型的水力发电、风力发电、光伏发电、潮汐发电、生物质发电，以及余热、余压、余气利用发电和天然气冷热电多联供等。分布式电源一般为清洁能源，对于实现我国碳达峰和碳中和目标具有重要意义。目前，我国分布式电源总装机容量约 8000 万千瓦，其中，分布式利用的小水电最多，总装机容量约 6000 万千瓦。我国小水电资源丰富，大陆地区单站装机容量 5 万千瓦及以下的小水电技术开发量约为 1.28 亿千瓦，年发电量为 5350 亿千瓦时。2020 年我国小水电装机规模超过 8000 万千瓦，分布式风电装机规模超过 3000 万千瓦，分布式光伏发电装机规模超过 3000 万千瓦。

此外，未来配电网还将适应电动汽车等新型负荷即插即用的要求。电动汽车的大规模使用离不开完善、便捷的充换电设施，更离不开现代配电网的发展。大力发展电动汽车对降低我国原油对外依存度，保障能源供应安全，减少城市地区 PM2.5（环境空气中空气动力学当量直径小于等于 2.5μm 的颗粒物）等环境污染物排放，提高生活品质都具有重要意义。

五、能力延伸

（一）填空题

1. 三相交流电动势达到最大值的先后顺序称为________。习惯上三相交流电源的相序为________，三相负载的相序为________。

2. 在电工技术和电力工程中，把振幅相同、频率相同，相位彼此相差________和三相电动势称为________，能供给三相电动势的电源称为________。

3. 对称三相四线制电源中，如果线电压 $U_l=380V$，那么其相电压 $U_\Phi=$________V。相电压的相位________相应相电压相位________。

（二）判断题

1. 负载做星形连接时，中性线电流一定为零。 （ ）

2. 只要负载作星形连接，必有采用三相四线制。 （ ）

（三）选择题

1. 对称三相电动势是指(　　)的三相电动势。

A. 最大值相等、频率相同、相位相同

B. 最大值相等、频率相同、相位彼此相差$\frac{\pi}{3}$

C. 最大值相等、频率相同、相位彼此相差$\frac{2\pi}{3}$

D. 最大值相等、频率不同、相位彼此相差$\frac{2\pi}{3}$

2. 在对称三相电动势中，相序为 $L_1-L_2-L_3$，如果 L_2 的初相位为 0°，那么 L_1 和 L_3 的初相位分别是(　　)。

A. 120°　240°　　B. −120°　120°　　C. 240°　120°　　D. 120°　−120°

（四）计算题

已知对称三相电动势相序为 $L_1-L_2-L_3$，其中，$e_1=380\sin\left(100\pi+\frac{\pi}{3}\right)$ V，试画出这三相电动势的最大值旋转相量图和波形图。

任务二　安全用电常识及触电急救

一、学习目标

【知识目标】

★记住安全电压值，明白安全用电的重要性；

★能辨别触电的种类和原因，知道防止触电的保护措施；

★掌握触电急救的相关知识。

【能力目标】

★能处理生活、工作中的安全用电事故；

★能进行触电救护。

【素质目标】

★塑造一丝不苟的敬业精神；

★培养勤奋、节俭、务实、守纪的职业素养；

★树立安全第一的职业意识；

★具备一定分析问题、解决问题的能力。

二、工作任务

1. 获取必要的信息，掌握安全用电的相关知识；
2. 安全用电常识；
3. 触电及保护措施；
4. 触电的现场处理；
5. 胸外心脏挤压法；
6. 口对口人工呼吸法。

三、实施过程

职场演练

请同学们在3min内按7S现场管理的要求对自己的学习区域进行自检，不合格项进行整改，在表5-2-1中做好相应的记录。

表5-2-1　自检表

项次	检查内容	检查状况	检查结果
整理	学习区域是否有与学习无关的东西	□是　□否	□合格　□不合格
	学习工具、资料等摆放是否整齐有序	□是　□否	□合格　□不合格
整顿	学习工具和生活用具是否杂乱放置	□是　□否	□合格　□不合格
	学习资料是否随意摆放	□是　□否	□合格　□不合格

❖想一想

在生活中，有的人敢直接接触220V的市电，而不会触电，而有的人只要接触几十伏的电，就会有明显的触电反映，这是为什么呢？

【知识链接】

（一）安全用电

电是我们生活和工作中最重要的能源，电能与其他形式的能源相比，具有便于输送、使用方便、容易控制等优点。它是现代文明的基础，也是一个国家现代化程度的标志。但是，如果人们缺乏相关的知识和技能，不能合理、正确地用电，便容易产生安全事故，造成巨大的生命和财产损失。所以，我们要学会安全用电。

1. 人体允许电流

人体允许电流是指发生触电后触电者能自行摆脱电源，解除触电危害的最大电流。通常情况下，电流的范围是 50~60Hz 的交流电 10mA 和直流电 50mA 为人体的安全电流。一般来说，男性的人体允许电流为 9mA，而女性的为 6mA。表 5-2-2 所示为不同交流电流对人体的影响。

表 5-2-2 不同交流电流对人体的影响

交流电流（mA）	对人体的影响程度
0.6~1.5	手指有微麻刺感觉
2~3	手指有强烈麻刺感觉
5~7	手部肌肉痉挛
8~10	手部有剧痛感，难以摆脱电源，但仍能脱离电源
20~25	手麻痹、不能摆脱电源，全身剧痛、呼吸困难
50~80	呼吸麻痹、心脑震颤
90~100	呼吸麻痹，延续 3s 以上心脏就会停止跳动
500 以上	持续 1s 以上有死亡危险

2. 安全电压

安全电压是指为了防止触电事故而采用的对人体不会造成伤害的电压。根据用电场所环境和条件的不同，对安全电压的具体要求也不一样，国家标准规定了五个安全电压等级，如表 5-2-3 所示。

表 5-2-3 安全电压等级及使用场所

安全电压等级	使用场所
42V	较干燥的环境，或者一般场所使用的安全电压
36V	一般场所使用的安全电压
24V	在一般手提照明灯具或者在环境稍差、高度不足的地方作照明用
12V	使用在温度大、有较多金属导体场所的手照明灯等
6V	水下作业所采用的安全电压

注意：当环境和条件发生变化时，即使是安全电压，也会产生不安全因素，所以要随时保持警惕性。

3. 安全用电

安全用电是指在规定条件下，采取一定的措施和手段，保证人身安全和设备安全的前提下正确用电。安全用电的原则是不接触低压带电体，不靠近高压带电体。

（二）触电及保护措施

触电是外部电流流经人体，造成人体器官组织损伤乃至死的事故，是最常见的用电安全事故。触电分为电击和电伤两类：电击是指电流通过人体内部，影响呼吸、心脏和神经系统，造成人体内部组织损伤乃至死亡的触电事故；电伤是指电流通过人体表面或人体与带电体之间产生电弧，造成肢体表面灼伤的触电事故。

因此，掌握触电的相关知识及预防知识，采取合理的施救措施，可以对触电事故进行补救。

1. 常见的触电形式

人体常见的触电形式有 3 种：单相触电、两相触电、跨步电压触电。

（1） 单相触电

人体的某一部位碰到相线或绝缘性能不好的电气设备外壳时，电流由相线经人体流入大地的触电现象，称为单相触电，又称单线触电，如图 5-2-1 所示。在低压三相四线制供电系统中，单相触电的电压为 220V。单相触电是最常见的触电方式。

图 5-2-1　单相触电

（2） 两相触电

人体的不同部位分别接触到同一电源的两根不同相位的相线，电流由一根相线经人体流到另一根相线的触电现象，称为两相触电，也称双线触电，如图 5-2-2 所示。

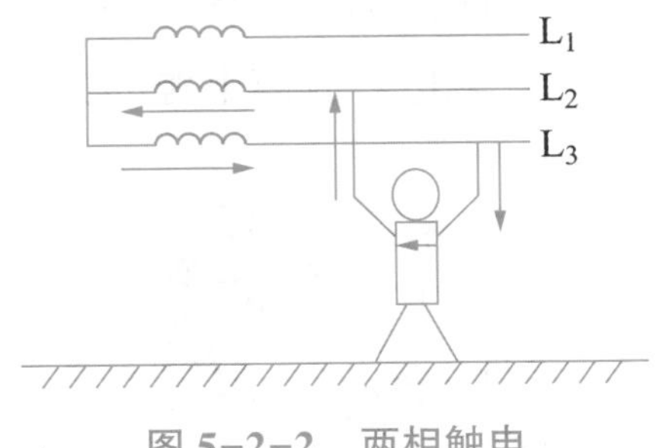

图 5-2-2　两相触电

（3） 跨步电压触电

跨跨步电压触电是指高压带电体着地时，电流流过周围土壤，产生电压降，人体接近高压着地点时，两脚之间形成跨步电压，当跨步电压达到一定程度时就会引起触电，如图 5-2-3 所示。其大小取决于离高压着地点的远近及两脚正对着地点方向的跨步距离，为了防止跨步电压触电，应离带电体着地点 20m 以外。

图 5-2-3　跨步电压触电

2. 防止触电的保护措施

1）加强绝缘性。加强带电体的绝缘，保证设备正常运行，必要时还可采取对电气设备的隔离措施。电气工作人员在进行操作时，要加强自身的绝缘保护。

2）加强自动断电保护。对用电设备和场所，要加强自动保护功能，如短路、漏电、过电流、过电压及欠电压等保护。当发生触电等事故时，能自动断开电源，实现自动保护功能。

3）对设备采取接地或接中性线保护措施。

4）加强警示。在施工区和电气维修场所等处，要加强警示。如进行线路维修时，在刀开关处要挂警示处牌，标注“电路维修中，禁止合闸”等。

5）利用人体模型模拟触电事故或模拟各种人身、设备违规现象及用电隐患，判断触电类型或指出违规现象并加以纠正。

当人触电以后会出现昏迷不醒的状态，应争分夺秒地进行抢救。触电现场抢救必须做到迅速、就地、准确、坚持，作为一名电工从业人员，必须学会触电急救方法。这也是《安全用电规范》“总则”中对电气工作人员的基本素质要求。

（三）触电的现场处理

1. 脱离电源

触电急救的第一步是使触电者尽快脱离电源，因为电流对人体的作用时间越长，对生命的威胁越大。图 5-2-4 所示为常见的让触电者脱离电源的方法。

(a)将触电者拉离电源

(b)将触电者身上电线拨

(c)用绝缘柄工具切断电线

图 5-2-4　常见的让触电者脱离电源的方法

1）救护人员若离电源开关较近，应立即断开电源开关；若较远，可用带绝缘柄的利器切断电源线。

2）若导线搭落在触电者身上或压在身下，可用干燥的木棒、竹竿等挑开导线。

3）站在干燥的木板等绝缘体上将触电者拉离带电体。

以上是使触电者脱离电源的常用方法，在实际中要根据现场情况合理采用。

2. 现场诊断

当触电者脱离电源后，除了拨打 120 外，还应进行必要的现场诊断和救护，直到医务人员来到为止，诊断方法如下，如图 5-2-5 所示。

一看：侧看触电者的胸部、腹部有无起伏动作，看触电者有无呼吸，看瞳孔有无放大。

二听：聆听触电者心脏的跳动情况和口鼻处的呼吸声响。

三摸：触摸触电者喉咙旁凹陷处的颈动脉，看有无脉动。

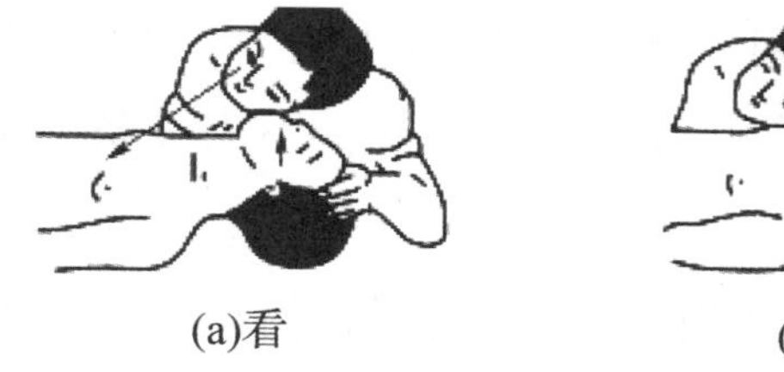
(a)看

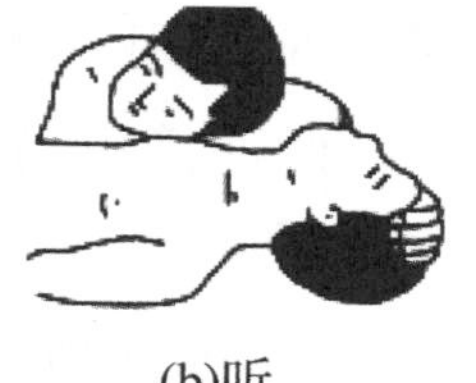
(b)听

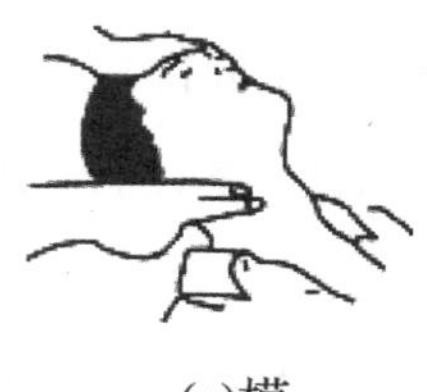
(c)模

图 5-2-5　现场诊断方法

3. 现场救护

当触电者脱离电源后，根据触电者的情况迅速进行施救，如表 5-2-4 所示。

表 5-2-4　触电者脱离电源后的救护

触电者情况	救治方法
头昏、乏力、恶心等	静卧休息，宽衣松裤带，通风
昏迷、呼吸心跳正常	平卧休息，宽衣松裤带，通风，摩擦全身使之发热，送医院或拨打 120
呼吸停止	立即进行口对口人工呼吸法救护，并及时送医院或拨打 120
心跳停止	立即进行人工胸外挤压法救护，并及时送医院或拨打 120

（四）口对口人工呼吸法

对“有心跳而呼吸停止”的触电者就采用“口对口（鼻）人工呼吸法”。具体做法如下：

1）把触电者移到空气流通的地方，最好放在平直的木板上，使其仰卧，头部尽量后仰。先把头侧向一边，掰开嘴，清除口腔中的杂物、假牙等，如图 5-2-6（a）所示。如果舌根下陷应将其拉出，使呼吸道畅通，如图 5-2-6（b）所示。同时解开衣领，松开上身的紧身衣服，使胸部可以自由扩张。

2）抢救者位于触电者的一侧，用一只手捏紧触电者的鼻孔，另一只手掰开口腔，深呼吸后，以口对口紧贴触电者的嘴唇吹气，使其胸部膨胀，如图 5-2-6（c）所示。

3）然后放松触电者的口鼻，使其胸部自然回复，让其自动呼气，时间约为3s，如图5-2-6（d）所示。

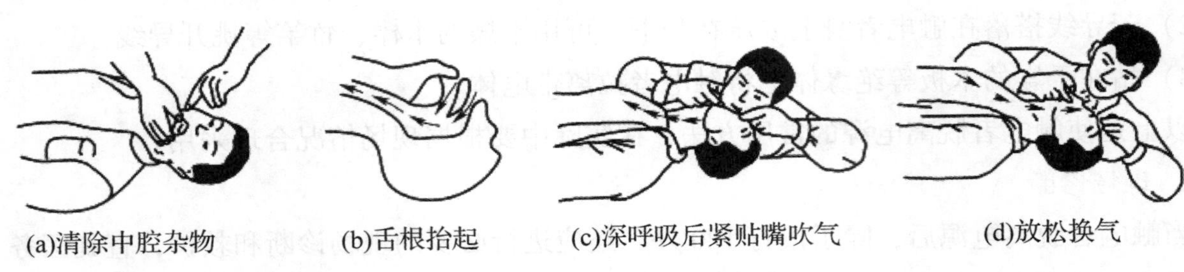

图5-2-6　口对口人工呼吸法

按照上述步骤反复循环进行，每4~5s吹气一次，每分钟约12次。如果触电者张口有困难，可用口对准其鼻孔吹气，其效果与上面方法相近。

（五）胸处心脏挤压法

对“有呼吸而心脏停跳”的触电者，应采用“人工胸外挤压法”。人工胸外心脏挤压法是用人工胸外挤压代替心脏的收缩作用，此法简单易学，效果好，不需设备，易于普及推广。具体做法如下：

1）使触电者仰卧在平直的木板上或平整的硬地面上，姿势与进行人工呼吸相同，但后背应实实在在着地，抢救者跨在触电者的腰部两侧，如图5-2-7（a）所示。

2）抢救者两手相叠，用掌根置于触电者胸部下端部位，即中指尖部置于其颈部凹陷的边缘，掌根所在的位置即为正确挤压区。然后自上而下直线均衡地用力挤压，使其胸部下陷3~4cm，以压迫心脏使其达到排血的作用，如图5-2-7（b）（c）所示。

3）使挤压到位的手掌突然放松，但手掌不要离开胸壁，依靠胸部的弹性自动回复原状，使心脏自然扩张，大静脉中的血液就能回流到心脏中，如图5-2-7（d）所示。

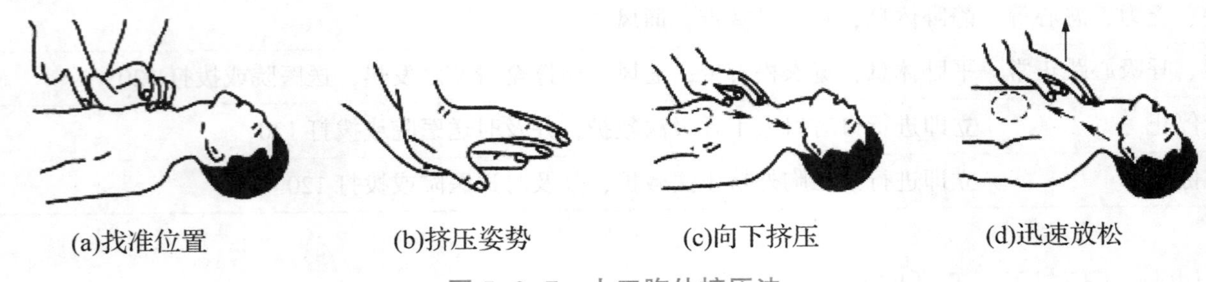

图5-2-7　人工胸外挤压法

按照上述步骤连续不断地进行，每分钟约60次。挤压时定位要准确，压力要适中，不要用力过猛，以免造成肋骨骨折、气胸、血胸等危险。但也不能用力过小，用力过小则达不到挤压目的。

❖做一做

分组练习口对口人工呼吸法、人工胸外挤压法及双重施救法，掌握各种急救方法的动作要领。

❖理一理

请同学们对本任务所学内容，根据自己所学情况进行整理，在表 5-2-5 中做好记录；同时根据自己的学习情况，对照表 5-2-5 逐一检查所学知识点，并如实在表 5-2-5 中做好记录。

表 5-2-5　知识点检查记录表

检查项目	理解概念		回忆		复述		存在的问题
	能	不能	能	不能	能	不能	
安全用电常识							
防触电措施							
触电现场处理							
人工呼吸法							

❖做一做

按学校整体布置的要求，根据本班的实际情况对学习区域进行 7S 整理。请各学习小组 QC（品质检验员）分别对组员进行 7S 检查，将检查结果记录在表 5-2-6 中，做得不好的小组长督促整改。

表 5-2-6　7S 检查表

项次	检查内容	配分	得分	不良事项
整理	学习区域是否有与学习无关的东西	5		
	学习工具、资料等摆放是否整齐有序	5		
整顿	学习工具和生活用具是否杂乱放置	5		
	学习资料是否随意摆放	5		
清扫	工作区域是否整洁，是否有垃圾	5		
	桌面、台面是否干净整齐	5		
清洁	地面是否保持干净，无垃圾、无污迹及纸屑等	5		
	是否乱丢纸屑等	5		
素养	是否完全明白 7S 的含义	10		
	是否有随地吐痰及乱扔垃圾现象	10		
	学习期间是否做与学习无关的事情，如玩手机等	10		
安全	是否在学习期间打闹	10		
	是否知道紧急疏散的路径	10		
节约	照明灯开关是否合理	5		
	是否存在浪费纸张、文具等物品的情况	5		

续表

<table>
<tr><td colspan="2">合计</td><td>100</td><td></td></tr>
<tr><td>评语</td><td colspan="3"></td></tr>
</table>

注：80 分以上为合格，不足之处自行改善；60~80 分须向检查小组作书面改善交流；60 分以下，除向检查小组作书面改善交流外，还将全班通报批评。

审核：　　　　　　　　　　　　检查：

❖评一评

请同学们对学习过程进行评估，并在表 5-2-7 中记录。

表 5-2-7　评估表

<table>
<tr><td colspan="3">姓名
班级</td><td colspan="3">学习 1
工作任务 1</td><td colspan="3">日期
小组</td></tr>
<tr><td colspan="3"></td><td colspan="3"></td><td colspan="3"></td></tr>
<tr><td colspan="2">1-优秀</td><td>2-良好</td><td colspan="2">3-合格</td><td colspan="2">4-基本合格</td><td colspan="2">5-不合格</td></tr>
<tr><td colspan="3">确定的目标</td><td>1</td><td>2</td><td>3</td><td>4</td><td>5</td><td>观察到的行为</td></tr>
<tr><td rowspan="12">工作过程评估</td><td rowspan="4">专业能力</td><td>熟悉安全用电常识</td><td></td><td></td><td></td><td></td><td></td><td></td></tr>
<tr><td>能运用防触电措施</td><td></td><td></td><td></td><td></td><td></td><td></td></tr>
<tr><td>能进行触电现场处理</td><td></td><td></td><td></td><td></td><td></td><td></td></tr>
<tr><td>会做人工呼吸</td><td></td><td></td><td></td><td></td><td></td><td></td></tr>
<tr><td rowspan="3">方法能力</td><td>收集信息</td><td></td><td></td><td></td><td></td><td></td><td></td></tr>
<tr><td>文献资料整理</td><td></td><td></td><td></td><td></td><td></td><td></td></tr>
<tr><td>成果演示</td><td></td><td></td><td></td><td></td><td></td><td></td></tr>
<tr><td rowspan="3">社会能力</td><td>合理分工</td><td></td><td></td><td></td><td></td><td></td><td></td></tr>
<tr><td>相互协作</td><td></td><td></td><td></td><td></td><td></td><td></td></tr>
<tr><td>同学及老师支持</td><td></td><td></td><td></td><td></td><td></td><td></td></tr>
<tr><td rowspan="2">个人能力</td><td>执行力</td><td></td><td></td><td></td><td></td><td></td><td></td></tr>
<tr><td>专注力</td><td></td><td></td><td></td><td></td><td></td><td></td></tr>
</table>

续表

成果评估	工作任务书	时间计划/进度记录						
		工作过程记录						
		解决问题记录						
		方案修改记录						
	环境保护	环境保护要求						
	成果汇报	汇报材料						

四、知识拓展

触电急救的基本原则和注意事项

触电急救的基本原则是动作迅速、方法正确。当通过人体的电流较小时，仅产生麻感，对机体影响不大。当通过人体的电流增大，但小于摆脱电流时，虽可能受到强烈冲击，但尚能自己摆脱电源，伤害可能不严重。当通过人体的电流进一步增大，至接近或达到致命电流时，触电人会出现神经麻痹、呼吸中断、心脏跳动停止等征象，外表呈现昏迷不醒的状态。这时，不应该认为是死亡，而应该看作是假死，并且迅速而持久地进行抢救。

有触电者经 4h 或更长时间的人工呼吸而得救的事例。有资料指出，从触电后 3min 开始救治者，90%有良好效果；从触电后 6min 开始救治者，10%有良好效果；而从触电后 12min 开始救治者，救活的可能性很小。由此可知，动作迅速是非常重要的。

必须采用正确的急救方法。施行人工呼吸和胸外心脏按压的抢救工作要坚持不断，切不可轻率停止，运送触电者去医院的途中也不能中止抢救。在抢救过程中，如果发现触电者皮肤由紫变红，瞳孔由大变小，则说明抢救收到了效果；如果发现触电者嘴唇稍有开、合，或眼皮活动，或喉嗓门有咽东西的动作，则应注意其是否有自主心脏跳动和自主呼吸。触电者能自主呼吸时，即可停止人工呼吸。如果人工呼吸停止后，触电者仍不能自主呼吸，则应立即再作人工呼吸。急救过程中，如果触电者身上出现尸斑或身体僵冷，经医生做出无法救活的诊断后方可停止抢救。

特别应当注意，当触电者的心脏还在跳动时，不得注射肾上腺素。

任务三 7S 现场管理

一、学习目标

【知识目标】

★了解 7S 管理的内涵；

★理解 7S 现场管理的实质。

【能力目标】

能按 7S 管理要求约束自己。

【素质目标】

★塑造一丝不苟的敬业精神；

★培养勤奋、节俭、务实、守纪的职业素养；

★树立安全第一的职业意识；

★具备一定分析问题、解决问题的能力。

二、工作任务

1. 获取必要的信息，了解 7S 现场管理的含义。
2. 共同讨论如何实施 7S 现场管理。
3. 和老师沟通，解决存在的问题。
4. 记录工作过程，填写相关任务。
5. 撰写汇报材料。
6. 小组汇报演示。

三、实施过程

❖试一试

请同学们将自己的课桌进行整理、整顿。

要求：根据自己的平时习惯进行。

❖想一想

我们一定遇到过这样的问题：

1. 急等要的东西找不到，心里特别烦躁。

2. 书桌上摆得零零乱乱，以及个人空间有一种压抑感。

3. 没有用的东西堆了很多，处理掉又舍不得，不处理又占用空间。

4. 工作台面上有一大堆东西，厘不清头绪。

5. 每次找一件东西，都要打开所有的抽屉箱柜翻找。

6. 教室环境脏乱，使得学习兴趣不高。

7. 计划好的事情，一忙就“延误”了。

8. 学习用品、生活用品堆放混乱，堆放长期不用的物品，占用大量空间。

每天都被这些小事缠绕，你的学习情绪就会受到影响，生活及学习效率也会大大降低！

解决上述“症状”的良方——推行 7S 现场管理

基础不扎实的“建筑物”经不住狂风暴雨的袭击。如同对人来说，华丽的衣裳有钱就能买到，而强壮的体质靠的是日积月累的锻炼。7S 是普普通通、简简单单的几个字，但是再简单的事不去做或没有彻底地去执行也不会有效果。

7S 真的有这么神奇吗？让我们拭目以待吧！

❖看一看、比一比（图 5-3-1）

整理对比图

整顿对比图

清扫对比图

安全对比图片

图 5-3-1　整理/整顿/清扫/安全对比图

❖素养：形成制度，养成习惯（图 5-3-2）

图 5-3-2　礼仪素养图 1

学习、工作中，无论何时都应该（图 5-3-3）：

贴心的微笑
专业的服务
发挥团队的力量
始终保持前进的步伐

图 5-3-3 礼仪素养图 2

❖读一读

（一）7S 现场管理法

7S 现场管理法简称 7S。7S 是整理（Seiri）、整顿（Seiton）、清扫（Seiso）、清洁（Seiketsu）、素养（Shitsuke）、安全（Safety）和速度/节约（Speed/Saving）这 7 个词的缩写。因为这 7 个词日语和英文中的第一个字母都是“S”，所以简称为 7S，开展以整理、整顿、清扫、清洁、素养、安全和节约为内容的活动，称为 7S 活动。7S 活动起源于日本，并在日本企业中广泛推行。7S 活动的对象是现场的“环境”。7S 活动的核心和精髓是素养，如果没有职工队伍素养的相应提高，7S 活动就难以开展和坚持下去。

1. 内容简介

（1）整理——Seiri

把要与不要的人、事、物分开，再将不需要的人、事、物加以处理，这是开始改善生产现场的第一步。其要点是对生产现场的现实摆放和停滞的各种物品进行分类，区分什么是现场需要的，什么是现场不需要的；其次，对于现场不需要的物品，如用剩的材料、多余的半成品、切下的料头、切屑、垃圾、废品、多余的工具、报废的设备、工人的个人生活用品等，要坚决清理出生产现场，这项工作的重点在于坚决把现场不需要的东西清理掉。对于车间里各个工位或设备的前后、通道左右、厂房上下、工具箱内外，以及车间的各个死角，都要彻底搜寻和清理，达到现场无不用之物。坚决做好这一步，是树立好作风的开始。日本有的公司提出口号：效率和安全始于整理！

整理的目的是增加作业面积、物流畅通、防止误用等。

（2）整顿——Seiton

把需要的人、事、物加以定量、定位。通过前一步整理后，对生产现场需要留下的物品进行科学合理的布置和摆放，以便用最快的速度取得所需之物，在最有效的规章、制度和最简捷的流程下完成作业。

整顿活动的目的是工作场所整洁明了，一目了然，减少取放物品的时间，提高工作效率，保持井井有条的工作秩序区。

（3）清扫——Seiso

把工作场所打扫干净，设备异常时马上修理，使之恢复正常。生产现场在生产过程中会产生灰尘、油污、铁屑、垃圾等，从而使现场变脏。脏的现场会使设备精度降低，故障多发，影响产品质量，使安全事故防不胜防；脏的现场更会影响人们的工作情绪，使人不愿久留。因此，必须通过清扫活动来清除那些脏物，创建一个明快、舒畅的工作环境。

目的是使员工保持一个良好的工作情绪，并保证稳定产品的品质，最终达到企业生产零故障和零损耗。

（4）清洁——Seiketsu

整理、整顿、清扫之后要认真维护，使现场保持完美和最佳状态。清洁，是对前三项活动的坚持与深入，从而消除发生安全事故的根源。创造一个良好的工作环境，使职工能愉快地工作。

清洁活动的目的是使整理、整顿和清扫工作成为一种惯例和制度，是标准化的基础，也是一个企业形成企业文化的开始。

（5）素养——Shitsuke

素养即教养，努力提高人员的素养，养成严格遵守规章制度的习惯和作风，这是 7S 活动的核心。没有人员素质的提高，各项活动就不能顺利开展，开展了也坚持不了。所以，抓 7S 活动，要始终着眼于提高人的素质。

目的是通过素养让员工成为一个遵守规章制度，并具有一个良好工作素养习惯的人。

（6）安全——Safety

清除隐患，排除险情，预防事故的发生。

目的是保障员工的人身安全，保证生产的连续安全正常的进行，同时减少因安全事故而带来的经济损失。

（7）节约——Speed/Saving

就是对时间、空间、能源等方面合理利用，以发挥它们的最大效能，从而创造一个高效率的、物尽其用的工作场所。

实施时应该秉持 3 个观念：能用的东西尽可能利用；以自己就是主人的心态对待企业的资源；切勿随意丢弃，丢弃前要思考其剩余的使用价值。

节约是对整理工作的补充和指导，在我国，由于资源相对不足，更应该在企业中秉持勤俭节约的原则。

2. 适用范围

各企事业和服务行业的办公室、车间、仓库、宿舍和公共场所及文件、记录、电子本档，网络等的管理。

生产要素：人、机、料、法、环的管理；公共事务、供水、供电、道路交通管理；社会道德，人员思想意识的管理。

3. 实施原则

（1）整理

整理就是彻底地将必要与不要的东西区分清楚，并将不要的东西加以处理，它是改善生产现场的第一步。需对“留之无用，弃之可惜”的观念予以突破，必须挑战“好不容易才做出来的”“丢了好浪费”“可能以后还有机会用到”等传统观念。经常对“所有的东西都是要用的”观念加以检讨。

整理的目的是改善和增加作业面积，现场无杂物，行道通畅，提高工作效率，消除管理上的混放、混料等差错事故，有利于减少库存、节约资金。

（2）整顿

把经过整理出来的需要的人、事、物加以定量、定位，简而言之，整顿就是人和物放置方法的标准化。整顿的关键是要做到定位、定品、定量。

抓住了上述几个要点，就可以制作看板，做到目视管理，从而提炼出适合本企业的东西放置方法，进而使该方法标准化。

（3）清扫

清扫就是彻底地将自己的工作环境四周打扫干净，设备异常时马上维修，使之恢复正常。

清扫活动的重点是必须按照决定清扫对象、清扫人员、清扫方法、准备清扫器具，实施清扫的步骤实施，方能真正起到作用。

清扫活动应遵循下列原则：

1）自己使用的物品如设备、工具等，要自己清扫而不要依赖他人，不增加专门的清扫工。

2）对设备的清扫，着眼于对设备的维护保养，清扫设备要同设备的点检和保养结合起来。

3）清扫的目的是改善，当清扫过程中发现有油水泄露等异常状况发生时，必须查明原因，并采取措施加以改进，而不能听之任之。

（4）清洁

清洁是指对整理、整顿、清扫之后的工作成果要认真维护，使现场保持完美和最佳状态。清洁，是对前三项活动的坚持和深入。清洁活动实施时，需要秉持三观念：

1）只有在“清洁的工作场所才能产生高效率，高品质的产品”；

2）清洁是一种用心的行为，千万不要在表面下功夫；

3）清洁是一种随时随地的工作，而不是上下班前后的工作。

清洁的要点原则是坚持“3 不要”——即不要放置不用的东西，不要弄乱，不要弄脏；不

仅物品需要清洁，现场工人同样需要清洁；工人不仅要做到形体上的清洁，还要做到精神的清洁。

（5）素养

要努力提高人员的素养，养成严格遵守规章制度的习惯和作风，素养是7S活动的核心，没有人员素质的提高，各项活动就不能顺利开展，就是开展了也坚持不了。

（6）节约

节约就是对时间、空间、能源等方面合理利用，以发挥它们的最大效能，从而创造一个高效率的、物尽其用的工作场所。

实施时应该秉持3个观念：能用的东西尽可能利用；以自己就是主人的心态对待企业的资源；切勿随意丢弃，丢弃前要思考其剩余的使用价值。

节约是对整理工作的补充和指导，在企业中秉持勤俭节约的原则。

（7）安全

安全就是要维护人身与财产不受侵害，以创造一个零故障，无意外事故发生的工作场所。实施的要点是：不要因小失大，应建立健全各项安全管理制度；对操作人员的操作技能进行训练；勿以善小而不为，勿以恶小而为之，全员参与，排除隐患，重视预防。

（二）7S现场管理实施

做任何工作都应遵循基本的规律，7S也不例外。通常我们说7S的原则有4个，第一是效率化原则，第二是持久性原则，第三是美观原则，第四是人性化原则。很多企业一开始做的时候，因为7S更多提到环境的优美，所以大家往往就以美观为终极目标，第一时间就去研究怎么漂亮，最后可能导致的结果就是“中看不中用”。

第一原则：效率化原则。

便于操作者操作。因为一个新的手段如果不能给员工带来方便，就算是铁的纪律要求下也是不得人心的。所以，推行7S工作必须考虑把定置的位置是否可以提高工作效率作为先决条件。

第二原则：美观原则。

随着时代的发展，客户不断追求精神上寄托，当你的产品做到不再只是产品，而是文化的代言人时，就能够征服更多的客户群。就像当面包不再只是食物，巧克力不再仅仅是零食，而是用来作为馈赠的礼品被赋予更深层次的情感的时候，你不得不赞叹一声：“只要你真正热爱你的事业，你就能为它创造神话。”

第三原则：持久性原则。

所谓持久性原则就是要求整顿这个环节，需要思考如何更加人性化、更加便于遵守和维持。维持不好的企业，往往人性化做得不够好，可能是只站在制作者自己的立场看待问题而导致的。

第四原则：人性化原则。

这里所讲的人性化原则，其实就是说通过7S的实施推行，进一步提高了人的素养。人是现场管理中诸要素的核心，在推行过程中，所制定的标准流程都是由人来完善的，而所有步骤的进行也都充分考虑了人的因素。

❖理一理

7S现场管理即整理、整顿、清扫、清洁、素养、安全和速度/节约7个方面，以此开展整理、整顿、清扫、清洁、素养、安全和节约为内容的活动，称为7S活动。7S活动的对象是现场的“环境”。7S活动的核心和精髓是素养。

推行的目的：消除企业在生产过程中可能面临的各类不良现象，有效解决工作场所凌乱、无序的状态，有效提升个人行动能力与素质，有效改善文件、资料、档案的管理，有效提升工作效率和团队业绩，使工序简洁化、人性化、标准化。

❖议一议

我们也许会这样认为：

1）每天都忙死了，连午休都没时间哪有时间推行7S?

2）7S就是打扫卫生。

3）我一个人做好了，其他人不改善有什么用?

4）7S可以包治百病吗?

5）7S活动看不到学习效益。

6）我们是来学习的，做7S是浪费时间。

7）我们是学生，不可能做好7S。

8）7S活动太形式化了，没什么实质内容。

❖做一做

按学校整体布置的要求，在本学期将7S现场管理在本班进行试点运行。根据本班的实际情况运用鱼刺法分析影响本班实施7S管理的因素。

❖理一理

请同学们对本任务所学内容，根据自己所学情况进行整理，在表5-3-1做好记录，同时根据自己的学习情况，对照表5-3-1逐一检查所学知识点，并如实在表中做好记录。

表5-3-1　知识点检查记录表

检查项目	理解概念		回忆		复述		存在的问题
	能	不能	能	不能	能	不能	
7S含义							
7S现场管理实施							

❖做一做

按学校整体布置的要求，根据本班的实际情况对学习区域进行7S整理。请各学习小组QC

（品质检验员）分别对组员进行7S检查，将检查结果记录在表5-3-2中，对做得不好的小组长督促整改。

表5-3-2 7S检查表

项次	检查内容	配分	得分	不良事项
整理	学习区域是否有与学习无关的东西	5		
	学习工具、资料等摆放是否整齐有序	5		
整顿	学习工具和生活用具是否杂乱放置	5		
	学习资料是否随意摆放	5		
清扫	工作区域是否整洁，是否有垃圾	5		
	桌面、台面是否干净整齐	5		
清洁	地面是否保持干净，无垃圾、无污迹及纸屑等	5		
	是否乱丢纸屑等	5		
素养	是否完全明白7S的含义	10		
	是否有随地吐痰及乱扔垃圾现象	10		
	学习期间是否做与学习无关的事情，如玩手机等	10		
安全	是否在学习期间打闹	10		
	是否知道紧急疏散的路径	10		
节约	照明灯开关是否合理	5		
	是否存在浪费纸张、文具等物品的情况	5		
合计		100		
评语				

注：80分以上为合格，不足之处自行改善；60~80分须向检查小组作书面改善交流；60分以下，除向检查小组作书面改善交流外，还将全班通报批评。

审核：　　　　　　　　　　　　检查：

❖评一评

请同学们对学习过程进行评估，并在表5-3-3中记录。

表 5-3-3　评估表

姓名			学习 1				日期	
班级			工作任务 1				小组	
1-优秀		2-良好		3-合格		4-基本合格		5-不合格
确定的目标			1	2	3	4	5	观察到的行为
工作过程评估	专业能力	制订工作计划						
		电路的组成						
		导线的选择						
		控制器件的作用						
		控制器件的区别						
	方法能力	收集信息						
		文献资料整理						
		成果演示						
	社会能力	合理分工						
		相互协作						
		同学及老师支持						
	个人能力	执行力						
		专注力						
成果评估	工作任务书	时间计划/进度记录						
		列举理由/部件描述						
		工作过程记录						
		解决问题记录						
		方案修改记录						
	环境保护	环境保护要求						
	成果汇报	汇报材料						

四、知识拓展

7S 理论起源、演变、应用到新 7S 模型理论企业管理

（一）起源

在 20 世纪 70~80 年代，汤姆·彼得斯和罗伯特·沃特曼这两位麦肯锡管理顾问公司的学者访问了美国历史悠久、优秀的 62 家大公司，以获利能力和成长的速度为准则，挑出了 43 家杰出的模范公司，其中包括 IBM、得州仪器、惠普、麦当劳、柯达、杜邦等各行业中的翘楚。他们对这些企业进行了深入调查、并与商学院的教授进行讨论，总结出这些企业成功的 7S 模型。

（二）演变

在 20 世纪 90 年代中期，理查德·戴尼经过对迅速崛起的现代新兴公司的研究，找到了这类新兴公司发展的核心动力，总结出了新 7S 体系，它包含"企业股东的高满意度、战略预见、瞄准速度的定位、出其不意的定位、使竞争规则不利于竞争对手、表明战略意图、同时发起系列的战略攻击"7 个方面。戴尼强调维系现代企业成功的三大核心是股东利益、战略预见、战略体系下的快速竞争。21 世纪，人们在 7S 基础上又提出了 8S 模型，认为（Strongbrand）强势品牌是其他 7S 的指导方针和运作精髓，强调品牌驱动业绩的范式，只有经营品牌化才能使企业基业长青。

（三）应用

硬件要素分析：①战略，企业的经营已经进入了"战略制胜"的时代，对战略最基本的规划应该是，根据企业的内外环境，对可得资源进行分配，以适应企业不同发展阶段的需求；②结构，战略需要健全的组织结构来保证实施，组织结构必须与战略相协调，结构的组织要素包括企业的目标、协同、人员、职位、相互关系、信息等，将这些要素进行有效的组合就是企业结构，通常的结构形式有集中功能化形式、去中心化形式、矩阵、网络化形式等；③制度，企业的发展和战略实施需要完善的制度作为保证，而实际上各项制度又是企业精神和战略思想的具体体现。所以，在战略实施过程中，应制定与战略思想相一致的制度体系，要防止制度的不配套、不协调，更要避免背离战略的制度出现。

软件要素分析：①风格，包括组织结构的文化风格和领导者的管理风格，通常情况下，杰出企业都呈现出既中央集权又地方分权的宽严并济的管理风格；②共同的价值观，是企业发展的动力，也是 7S 模型的核心，如组织对战略的理解和掌握、组织的信仰和态度；③人员，员工是产生效能的源泉，也是企业战略实施的关键，因此，企业要作好充分的人力准备，并了解他们的类型；④技能，员工的个人能力是企业作为整体多反映出来的独特竞争力，但是员工要掌握一定的技能，需要依靠严格、系统的培训。

麦肯锡咨询公司的理查德·帕斯卡尔和安东尼·阿索斯于 1981 年提出了企业发展的 7S 模型。但是 20 世纪 90 年代以来，企业间的竞争范围不断扩大，节奏日益加快，激烈程度不断升

级，于是竞争理论研究学者达维尼提出了企业发展的“新7S模型”，即更高的股东满意度、战略预测、速度定位、出其不意的定位、改变竞争规则、告示战略意图、同时和一连串的战略出击。

（四）新7S模型理论

新7S模型是建立在企业处于一种优势迅速崛起并迅速消失的超强竞争环境下，为了建立起永恒的竞争优势，而通过一连串短暂的行动来建立一系列暂时的竞争优势，而每一个行动又结合竞争对手及自身的特点来策划与评判。赢得竞争的关键是打破现状，而不是建立稳定和平衡。

1）更高的股东满意度：“股东”具有十分广泛的含义，就如同顾客的概念，它包括股东、客户和员工等，“以客为尊”是企业最重要的价值标准。

2）战略预测：只有了解市场和技术的未来演进，才能看清下一个优势会出现在哪里，以及企业应从哪里从事“破坏”，即率先创造出新的机会。

3）定位速度：企业快速从一个优势转移到下一个优势的能力很重要，它可以让企业捕捉市场需求，设法破坏现状，瓦解竞争对手的优势，并在对手采取行动之前创造出新优势。

4）出其不意的定位：要跳出传统的参照系，探寻价值创新的道路。

5）改变竞争规则：粉碎某一企业中既有的观念和标准模式，使对手亦步亦趋、被动应战。

6）告示战略意图：向公众及业内同行公布自己的未来行动打算，以警告对手不要侵入己方领地，同时在顾客资源中形成“占位”效应。

7）同时和一连串的战略出击：企业战略成功的关键在于将知识和能力妥善运用，以同时和一连串的行动夺取胜利，并将优势迅速转移到其他市场。

新7S模型包含3个层次。

第一层次：破坏的远见，即第1、2个S。在超强竞争环境下，企业必须不断地去破坏，向客户提供比对手更好的服务，以达到占据优势；创造更高的股东满意度是目的，战略预测则是看出并制造破坏机会的方法。

第二层次：破坏的能力，即第3、4个S。在组织中建立快速行动能力，才能将破坏变成现实；建立让对手惊奇的能力，则能增强破坏的力量。

第三层次：破坏的战术，即第5~7个S。改变动态竞争中的规则、利用告示作为影响未来的动态策略互动，实施战略出击是动态竞争攻防的方法。

五、能力延伸

1. 简述7S的含义。

2. 简述学习7S现场管理的心体体会。

参 考 文 献

［1］刘庆，刘琪．电工技术基础与技能[M]．北京：科学出版社，2015.

［2］邢江勇．电工电子技术[M]．3 版．北京：科学出版社，2017.

［3］许璐，张海红，丁艳玲．电工基础[M]．北京：国家开放大学出版社，2017.

［4］周绍敏．电工技术基础与技能[M]．3 版．北京：高等教育出版社，2019.

［5］苏永昌．电工技术基础与技能[M]．3 版．北京：高等教育出版社，2020.

［6］董国军．电工技术基础与技能[M]．2 版．北京：北京理工大学出版社，2019.